图 1.2 人面鱼纹彩陶盆

图 1.3 四羊方尊青铜器

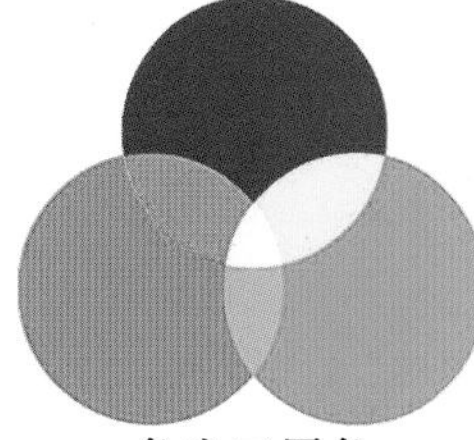

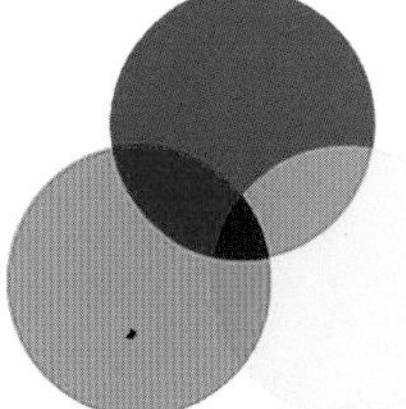

图 3.29 三原色

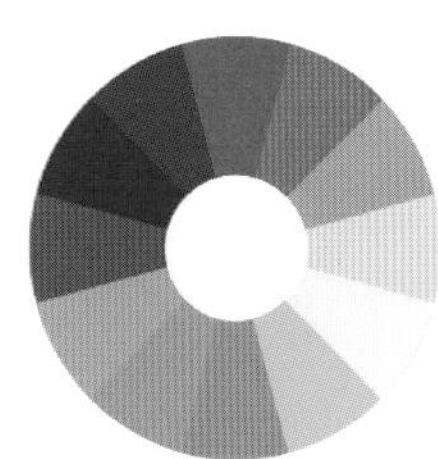

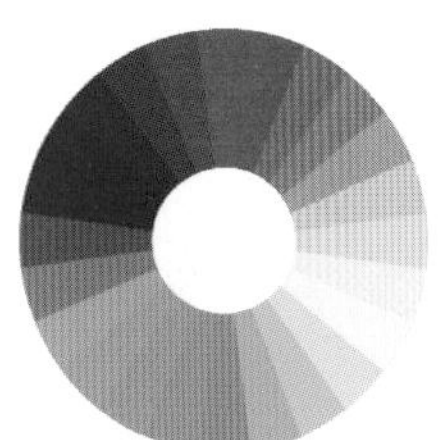

图 3.30 12 色相环与 24 色相环

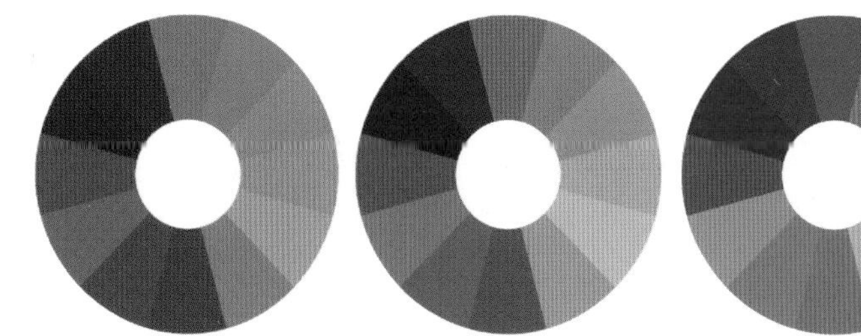

纯度低 ⟷ 纯度高

图 3.32 色彩的纯度的变化

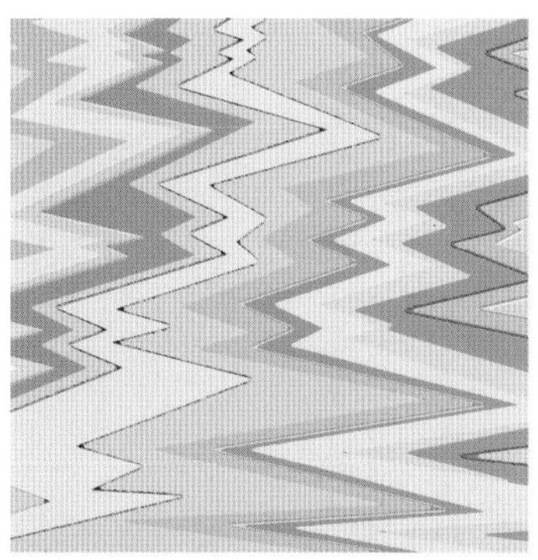

图 3.33 同一调和

图 3.34 近似调和

图 3.35 对比调和

图 4.5　从江鼓楼

图 4.39　上海世博会中国馆

图 4.42　辛亥革命武昌起义纪念馆

图 4.80　云冈石窟壁画

图 4.93　朝元图

图 5.33　城市立交桥夜景

图 5.34　旧金山金门大桥

图 5.43　惠州合生大桥

图 7.2　鲁克楚基桥

图 7.95　诸暨皖江桥夜景

图 7.97　桂林丽泽桥夜景

图 9.1　锦州云飞大桥照明的远景

图 9.2　锦州云飞大桥照明的近景

图 9.12　铜陵长江公路大桥夜景

图 9.13　钱塘江大桥夜景

图 9.14　日本明石海峡大桥夜景

图 9.15　密苏里河桥夜景

图 9.16　日本永代桥夜景

图 9.17　金门大桥夜景

图 9.18　武汉长江大桥夜景

图 9.19　华盛顿大桥夜景

图 9.24　泰州鼓楼大桥夜景照明

图 9.25　鼓楼大桥照明工具的设置

21世纪全国本科院校土木建筑类创新型应用人才培养规划教材

建筑美学

主　编　邓友生
副主编　邹　涵　吕小彪　李　纳
参　编　蓝培华

内容简介

本书根据高等学校建筑学、城市规划、室内设计、风景园林、交通工程等专业教学培养计划编写。全书共9章，主要内容为美学基础、建筑美学的哲学基础、建筑美学的表现技法、中外特色建筑之美、桥梁建筑美学及其景观特性、桥梁建筑造型基础、桥梁结构体系的力学美、桥梁结构及其附属设施的造型设计、桥梁照明与城市景观等。

本书既可作为高等学校相关专业的本科生、研究生的教材，也可作为专业书籍供建筑设计工作者、桥梁设计工作者和有关社会文化与艺术研究者参考。

图书在版编目(CIP)数据

建筑美学/邓友生主编．—北京：北京大学出版社，2014.5

(21世纪全国本科院校土木建筑类创新型应用人才培养规划教材)

ISBN 978-7-301-24148-6

Ⅰ.①建…　Ⅱ.①邓…　Ⅲ.①建筑美学—高等学校—教材　Ⅳ.①TU-80

中国版本图书馆CIP数据核字(2014)第074706号

书　　名：建筑美学

著作责任者：邓友生　主编

策 划 编 辑：卢　东　吴　迪

责 任 编 辑：伍大维

标 准 书 号：ISBN 978-7-301-24148-6/TU・0396

出 版 发 行：北京大学出版社

地　　址：北京市海淀区成府路205号　100871

网　　址：http://www.pup.cn　新浪官方微博：@北京大学出版社

电 子 信 箱：pup_6@163.com

电　　话：邮购部62752015　发行部62750672　编辑部62750667　出版部62754962

印　刷　者：三河市博文印刷有限公司

经　销　者：新华书店

787毫米×1092毫米　16开本　16印张　彩插2　370千字

2014年5月第1版　2016年6月第2次印刷

定　　价：36.00元

前　言

建筑美学是在建筑学和美学的基础上，研究建筑领域中美和审美问题的一门新兴学科。英国美学家罗杰斯·思克拉顿(Rogers Scruton)运用美学理论，从审美的角度论述了建筑具有实用性、区域性、技术性、总效性、公共性等基本特征，可视为建筑美学的创始人。梁思成、林徽因在《平郊建筑杂录》中论述："建筑审美可不能势利的。大名煊赫，尤其是有乾隆御笔碑石来赞扬的，并不一定便是宝贝；不见经传，湮没在人迹罕到的乱草中间的，更不一定不是一位无名英雄。以貌取人或者不可，'以貌取建'却是个好态度。"可见，建筑自身要美，还要被发现。故法国雕塑大师罗丹说："生活中不是没有美，而是缺少发现美的眼睛。"

本书根据建筑美学的时代发展趋势，主要针对房屋建筑美学与桥梁建筑美学进行研究，涵盖内容广泛，可供高等学校建筑学、城市规划、室内设计、风景园林、交通工程等专业本科生、研究生使用，也可供相关方面的科技研究人员参考。

本书内容丰富、取材新颖有趣，尤其是对中外特色建筑的选取，既不乏经典建筑，更有标新立异的作品。因此，本书也适合广大的业余爱好者使用。

本书由湖北工业大学邓友生教授组织编写，具体章节编写分工如下：湖北工业大学邹涵编写第1～3章和第4章的4.3节；湖北工业大学吕小彪编写第4章的4.2节和第5章、第6章；湖北工业大学李纳编写第4章的4.1节和第9章；湖北工业大学蓝培华编写第4章的4.4～4.6节；湖北工业大学邓友生编写第7章和第8章。全书由邓友生统稿并修改。闫卫玲和黄恒恒提供了大量图片，还对大部分章节做了小结并提炼了思考题，姚志刚、刘华飞和许文涛编辑了一些插图，在此一并表示感谢！

由于编者学识有限，书中不足之处在所难免，欢迎广大读者来函指正(dengys2009@126.com)。

邓友生
2013年12月 武汉

目　　录

第1章 美学基础

教学目标

本章主要介绍美学的基础知识。通过学习，应达到以下目标。

(1) 掌握美学研究的对象和范围，美的本质、分类和特征，以及美的规律的内涵及其在创作中的实际应用。

(2) 熟悉中西方美学思想的源流、形成和发展，形态构成与立体构成的要素及创造美的规律。

(3) 了解审美的心理过程，以及美学对生活和艺术等领域的积极意义。

教学要求

知识要点	能力要求	相关知识
美的定义与美学	(1) 了解美的定义及美学的定义 (2) 熟悉中西方美学思想的源流、形成和发展 (3) 掌握美学的研究对象	(1) 美的存在形式及分类方法 (2) 中西方美学思想与流派 (3) 美学学科的形成过程和研究对象
美的本质、分类和特征	(1) 了解中西方对美的本质的代表性观点 (2) 熟悉美的分类 (3) 掌握美的特征	(1) 中国当代美学界对于美的本质讨论 (2) 美的存在形式和分类方法及其意义 (3) 美与人类生活、人类实践活动的关系
审美意识与心理	(1) 理解审美意识与美感的概念 (2) 掌握审美心理及心理学的定义	(1) 美感产生与人类实践的关系 (2) 审美心理各元素在审美活动中的作用

基本概念

美、美学、审美关系、审美意识、审美心理、美感、平面构成、色彩构成、立体构成

引例

美——永恒的话题

美，是一个永恒的话题。

人类开始审美欣赏和审美创造被视作区别于其他动物的标志之一。旧石器时代的原始人就开始用圆形石头、兽牙、贝壳等作为装饰品佩带在身上，这种原始艺术可反映人类早期的审美活动。考古发现的

文字和图案记载说明舞蹈、音乐、诗歌等原始艺术形式早在远古时代就存在，但我们今天只有从洞穴壁画（图1.1）、陶器（图1.2）、青铜器（图1.3）中一探古代的原始艺术中的美。

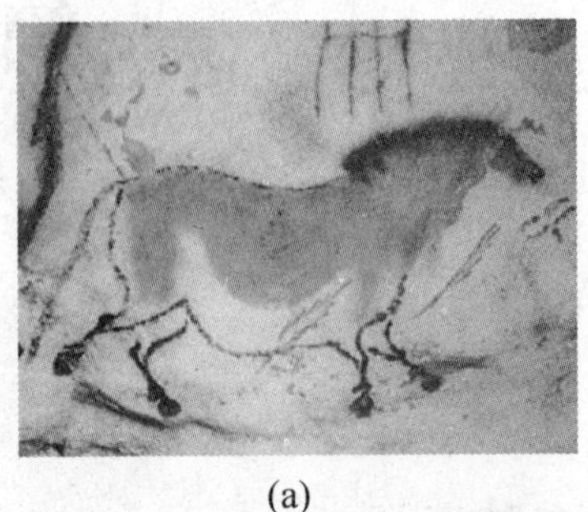

(a)

(b)

图1.1 拉斯科洞穴壁画(法国，15 000年前)

图1.2 人面鱼纹彩陶盆

图1.3 四羊方尊青铜器

人类关于美的讨论历久弥新，当今它更是时代的潮流所趋。而它又是一个难以说清道明的概念，古今中外美学家们至今仍未给出公认的定义。这正如美本身，充满无尽的吸引力与矛盾，令人神往却让人捉摸不定。

人类关于美的定义、美的本质、美的形式、审美活动等问题展开了长期的探讨。

1.1 美的定义与美学

1.1.1 美的定义

人们在生活中通常习惯使用带有美字的词汇，如美德、美名、美景、美文、美食、美酒、美貌等。但正如陈望衡所说：“我们对美很熟悉，但对美了解的最少。”法国启蒙思想家德尼·狄德罗(Denis Diderot)也说：“人们谈论得最多的往往是人们知道的很少的事物，而美的性质就是其中之一。”如何定义美，什么是美的本质，众说纷纭，几千年悬而未决。

从词源学来看，许慎在《说文解字》中写道：“美，甘也。从羊从大，羊在六畜中主给膳也。美与善同意。”此观点认为原始人以“羊大好吃为美”，体现了美最初来源于人的感官需要，即味觉感受。另一种观点如康殷在《文字源流浅说》中认为甲骨文的“美”字“像头上戴羽毛装饰物(如雉尾之类)的舞人之形……饰羽有美观意”，体现了人戴装饰而舞的形态、动作，即视觉感受，突显了美的宗教及社会意义。

“美”的英文 beauty 和法文 beauté 都来源于古希腊语和拉丁语，既表达好看、舒适、良好等客观事实，又表达愉快、高兴的感受。图 1.4 为古代“美”字的几种写法。

图 1.4 古代“美”字的几种写法

从古老的哲学著作名言中也可以一探“美”的芳踪，早在春秋战国时期就出现很多著名论著讨论美的本质。庄子在《庄子·齐物论》中写道“毛嫱、丽姬，人之所美也；鱼见之深入，鸟见之高飞，麋鹿见之决骤，四者孰知天下之正色哉?”以此说明美貌是人的感受，动物则不能。老子在《道德经》说：“天下皆知美之为美，斯恶已；皆知善之为善，斯不善已。”道出了美与丑、善与恶的相互对立和相互依存的关系。

而西方早在古希腊时期，以毕达哥拉斯(Pythagoras)、赫拉克利特(Herakleitos)、苏格拉底、柏拉图、亚里士多德等大哲学家为代表的大批哲人都热烈探讨过什么是美。

直到现在，思想家和哲学家们对美的认知仍在继续，没有定论。但是究其普遍意义的内涵来说，“美”是具体事物(物体、事情、行为、现象、环境等)的组成部分，人们因它的刺激和影响能产生愉悦与满足的感觉。它作为名词，是一个从具体事物中分解和抽取出来与“丑”相对的哲学概念或实体，是一个具有普遍意义的类概念；它作为形容词，是事物的一种性质，常形容某一客观事物引起人们愉悦情感的本质属性。

1.1.2 美学初探

正如前文所述，人类对于美的感知和追求似乎与生俱来，中西方对于“美的学问”——“美学”的探索也是由来已久。美学(Aesthetics)逐渐发展成为哲学的一个分支，是研究美、美感、审美活动和美的创造活动规律的一门科学。

东西方美学思想的源流可追溯到两三千年前，无数思想家和哲学家力图揭示美的根源与本质，并归纳美的规律和探索美的创造途径。

1. 中国美学思想的变迁

中国古代美学主要经历了儒、道、骚、禅四个演变过程。

先秦儒家以“为政以德”的思想为出发点，强调美与善的统一。例如，孔子在《论语·八佾》中写道“子谓《韶》：‘尽美矣，又尽善也。’谓《武》：‘尽美矣，未尽善也。’”，提出“尽善尽美”的美学主张；孟子在《孟子·尽心下》写道“充实之谓美”，提出真善美相统一的观点。

先秦道家追求的美是超越功利，自然无为，以获得绝对自由的精神状态。例如，庄子在《庄子·天道》中提出“淡然无极而众美从之”、“素朴而天下莫能与之争美”，把朴素自然之“道”视为美的最高境界，是客观唯心主义论美的代表。

楚骚美学派以屈原为代表，基于“美政”理想，延续了老子“天人合一”、强调人与自然关系的思想，这种将政治、伦理、道德的“善”作为“美”的内涵的传统传承至汉代。

魏晋南北朝时期，美学思想发生了转折，开始变为“重美轻善”，开始把美与政治、伦理、道德区分开来，具体深入地研究艺术之美的特征，美学研究获得了相对独立的地位和价值，美与艺术成为组成个人精神、气质不可或缺的部分。人物品藻和玄学思辨的发展促进了古代文学艺术具体理论的建立，这一时期提出了许多美学原则，如对创作美、欣赏美及美的技巧技法等提出了经验型的解释和总结。

至隋唐五代时期，一度回归先秦儒学，但讲求善美统一；唐中晚期佛学禅宗思想对美学产生了较大影响，在审美与艺术创作中体现了闲静、空灵的意境。

宋代推崇平淡天然、飘逸豪放的审美价值，不重堂皇的雕琢，同时儒、道、禅三家美学思想逐渐相互渗透。元代美学思想承接宋代，是古典主义美学的延续和深化。

明清时期美学观念出现转折，逐渐抛弃古典主义，浪漫主义美学观念盛行，重视“情”与“境”产生的美，主张在审美与艺术中大胆表现个人的真实情感，鼓励创新与自我表达。

鸦片战争后中国社会变为半殖民地半封建社会，随着西方文化的输入和民族资产阶级的产生，近代美学观念开始萌芽。王国维、蔡元培、瞿秋白等受西方超功利哲学和美学的影响，分别从中国文学赏析和美育的角度表达美学思想。王国维主张用艺术创造中的美解脱现实世界的痛苦；蔡元培则主张通过美感教育推行自由、平等、博爱观念；瞿秋白介绍并研究了马克思主义美学和文艺理论。

新中国成立后，蔡仪、朱光潜、李泽厚等对西方近现代美学思想做了较为系统的介绍和研究，并提出了各自的美学主张。

2. 西方美学思想的变迁

西方的“美学”一词最初来源于希腊语，意为“对感官的感受”。

哲学家泰勒斯(Thales)提出一种感性的美的标准，他曾写诗道：“去找一件唯一智慧的东西吧，去选择一件唯一美好的东西吧。”毕达哥拉斯则理性地提出自然客观论，认为美是数的和谐，在他的教义中写着：“什么是最美的？——和谐。”赫拉克利特以此为基础，从事物本质的相对性来看待和谐的美，他说：“相互排斥的东西结合在一起，不同的音调造成最美的和谐。”苏格拉底则从精神客观论角度提出“美即适合”、“美在效用”、“美即善”，强调了美与客观事物的实用关系及与人的精神关系。柏拉图在前人的基础上，基于“理念论”，阐释了美是“本原自在的绝对正义、绝对美德和绝对真知”。而他的学生亚里士多德认为“有机的整体、多样的和谐”是美的本质，并将美从艺术中分离出来，系统地制定了创造美的具体规则。

但这个时期关于美的观点常常和人们对真、善的认识交织在一起，对美的讨论大量出现在政治、道德、宗教、文艺等论著中，美学还没有被当做一个独立、特殊的研究对象。

直到1750年，德国哲学家G. 鲍姆嘉通(G. Baumgarten)在他的《美学》(*Aesthetic*)一书中首次将美学作为一门独立的学科提出。同时期的法国启蒙思想家狄德罗也在《美之根源及性质的哲学的研究》中提出了“美是关系”（美是事物的客观关系）的命题。

自此，美学的研究独立出来，逐步经历了德国古典美学、马克思主义美学、西方近现代美学三个美学研究的重要阶段。

德国古典美学以18世纪的法国启蒙主义美学、英国经验主义美学和德国理性主义美学为基础，理性与感性并重，形成了严密、完整的美学体系，开启了西方近现代美学研究，对美学发展影响深远。康德在他的《判断力批判》中率先提出了审美的先验综合判断，并论证了一系列美学根本问题。经由费希特、谢林、歌德、席勒的丰富和发展，黑格尔把德国古典美学推到了顶峰，成为马克思主义美学以前西方各美学思潮的集大成者。

俄国唯物主义哲学家车尔尼雪夫斯基则在《生活与美学》中提出：“任何事物，凡是我们在那里面看得见依照我们的理解应当如此的生活，那就是美的；任何东西，凡是显示出生活或使我们想起生活的，那就是美的。”他将生活中的美作为主要的美学研究对象，成为马克思主义美学的先驱。马克思在许多著作中论及了大量的美学问题，他把实证的观点引入美学研究，将对美的探讨建立在主客体辩证统一的基础上，为美学研究提供了一种全新的思路。

关于“美是什么”的纯哲学讨论，在19世纪中叶以后的近现代时期发生了转变，逐渐侧重于研究美感经验中的心理活动。这种反传统的美学研究潮流在20世纪愈演愈烈，出现了科学主义美学和人本主义美学两大思潮。前者反对传统的形而上学，提倡经验实证主义的研究方法；后者反对理性主义，转而重视个人感性。

在西方近现代美学史上，涌现了一批代表性人物和美学思潮，呈现出百花争鸣的景象。如德国费希纳(Fechner)的“实验美学”、英国贝尔(Bear)的“有意味的形式”、美国杜威(Dewey)的“经验美学”、意大利克罗齐(Croce)的“形象直觉说”、瑞士布洛B(Bullough)的“心理距离说”、德国利普斯(Lippes)的“移情说”、奥地利弗洛伊德的“力比多”理论，以及分析美学、现象学美学、存在主义美学、接受美学等。

总而言之，西方美学界的学说和派别众多，传统美学是研究美的学说，主要研究美永恒不变的标准。近现代则将美学定义为认识事物中认知感觉的理论和哲学。美学研究主要涉及三大问题：“美的本质”（本体论），“形式美的法则”（形式论、方法论）及“美与审美”（主客观的关系论）。通俗地说，就是研究美是“由人内心观念或感情赋予事物而主观产生美”，还是“来源于人对外界事物的客观感受”，以及“从主体、客体的关系上解释美”。

关注第一个问题的流派形成了“主观美论”，认为美不在物本身，而在心和精神层面，即从感性的角度及用心理认知来追寻理想美的境界。例如，柏拉图提出“美是理念，是一种主观印象”，大卫·休谟(David Hume)认为“美存在于观赏者的心灵中”，黑格尔认为“美由观念所赋予，美的本质在于精神境界，是理念的感性显现”，中世纪宗教教义也说“美是上帝的影子，上帝是美的化身”。近代西方的主观美论思潮广泛传播，重视人在审美活动中的作用，但却忽视了美既有本质的属性。

关注第二个问题的流派形成了“客观美论”，即从理性的角度及用数学的方法分析探寻形成美的形式和元素，由于美的特殊属性，使人们可以感受到它。例如，古希腊哲学家亚里士多德提出“秩序、匀称、明确”的客观存在是美感的来源，依靠“体积和安排”获得合适的大小和适当的比例，就能够产生美感。尤其在建筑领域，从古希腊开始就研究比例、尺度、柱式等建筑美的形式，这个传统在西方一直延续到20世纪初期。值得一提的是，在19世纪中叶，俄国出现了唯物主义美学思想，哲学家马克思认为“劳动创造美”，思想家车尔尼雪夫斯基认为“美是生活”。由此形成唯物主义美学与唯心主义美学两大学派。

关注第三个问题的流派形成了“主客观关系美论”，即认为美既不单独存在于物，也不单独存在于心，而是两者的统一。例如，德国的利普斯采用一种从心理学出发研究美学的方法，提出“移情说”，认为美是主观情感外射投掷到物质对象上的结果。

美学研究自公元前5世纪在古希腊开始盛行，直到当今，长达26个世纪，但至今也没有对美的本质问题形成定论。有学者甚至说“美学学说的错误，和它的数目一样多”。

由此，当今主流美学研究逐渐转向以认识论为主题的“审美美学”、“心理美学”、“主观美学”和“主体美学”。

无论学说如何演变，人类对于美的探讨总是没有止境的，“美”也因为它的神秘多变而更加引人入胜。我们以下就试图从“美的本质与特性”及“审美意识与心理”这两个方面来一探美的真容。

3. 美学的研究对象

鲍姆嘉通第一次明确提出了美学这一学科及美的研究对象，他在《美学》第一章写到“美学的对象就是感性认识的完善，这就是美；与此相反就是感性认识的不完善，这就是丑”，“美学是以美的方式去思维的艺术，是美的艺术的理论”。“美学研究什么”一直是学术界争议的热门问题。迄今为止基本形成了三种研究对象：美的哲学、审美心理学、艺术哲学。

(1) 研究美的哲学。包括美和美的本质问题。美学要讨论的问题不是具体的美的事物，而是所有美的事物所共同具有的属性，即产生美的根本原因。即决定各种美的事物成为美的原因是什么，以及从认识论上得出哲学结论——美是主观的，是客观的，还是主客观的统一，美和真、善的联系与区别是什么。美的哲学是整个美学学科理论的基础。

(2) 研究审美心理学。随着19世纪心理学的兴起，用心理学的观点和方法来解释与研究一切审美现象，审美心理学成为美学研究的中心。主要研究审美心理的特点和规律，包括审美心理与理性认识、道德评价的区别，美感与快感的联系与区别，尤其是审美活动中感觉、知觉、理性、情感、联想、想象等诸多心理功能的关系和作用，审美主体与客体之间的相互关系和作用。

(3) 研究艺术哲学。黑格尔说“美学就是研究美的艺术的哲学”，“美学的研究范围就是艺术，或则毋宁说，就是美的艺术”。因此，他认为美学的确切名称应当是“美的艺术的哲学”，是研究艺术的科学。艺术哲学主要研究艺术与现实的关系，以及艺术创造、艺术欣赏、艺术批评的普遍规律，即从哲学上研究艺术美的一般规律。在现代，对艺术美的研究取得了突破性进展，尤其是以各个不同艺术门类为研究对象的美学研究，已经成为美学研究的重要组成部分。

随着时代的发展，美学研究的对象也在不断扩大。审美原则渗透到日常社会生活当中，从而产生了技术美学、环境美学、生活美学等新的美学分支。在当代，美学研究的对象包括传统美学的研究对象，也包括人类其他各种审美活动和创造美的活动。

1.2 美的本质、分类与特征

1.2.1 美的本质

“美是什么”，这是柏拉图的发问。

美的本质是美学的基本理论问题，历代美学家、哲学家们都为此做出了不懈的探索。前人的解答五彩纷呈，我们要想洞察美的本质，须从客观实际出发，紧密联系人类丰富的审美实践活动来思考这个难解的理论之谜。

1. 西方对美本质的讨论

根据上文简述的西方美学思想的发展变迁，梳理出美的本质主要集中体现在以下五种学说。

1）古典主义：美是物质形式

以古希腊人为代表的古典主义学派认为美存在物体形式上，具体地说是在整体与各部分的比例协调上，如平衡、对称、变化、秩序等因素。因此美学研究主要关注造型艺术，包括建筑和雕塑等造型艺术。这一学说建立在朴素唯物主义的基础上。

毕达哥拉斯学派试图找到物体的最美形式，“黄金分割”就是他们发现的。古罗马的西塞罗(Cicero)在亚里士多德的“美就在于体积大小和秩序”的观点基础上，对美的本质做了补充，认为：“物体各部分的一种妥当的安排，配合到一种悦目的颜色上去，就叫做美。”这一定义广泛流行于古代和中世纪。至文艺复兴时代，很多美学专著论都强调比例，如达·芬奇探索人体最美的比例为“头长是身高的1/8；肩宽是身高的1/4；平伸双臂等于身高；人体与等边三角形、正方形、圆形的关系等”（图1.5）。

启蒙运动时期，德国的温克尔曼在《古代造型艺术史》中提出造型艺术最高的美就是“高贵的单纯，静穆的伟大”，体现在形体的轮廓和线条上。康德则在《美的分析》中认为美是由感官直接感觉到的，即物体及其运动的形式美。受到他的形式主义美学影响，近代产生了印象主义、超现实主义、街头主义等形式主义，“实验美学”也是由该理论衍生出来的。

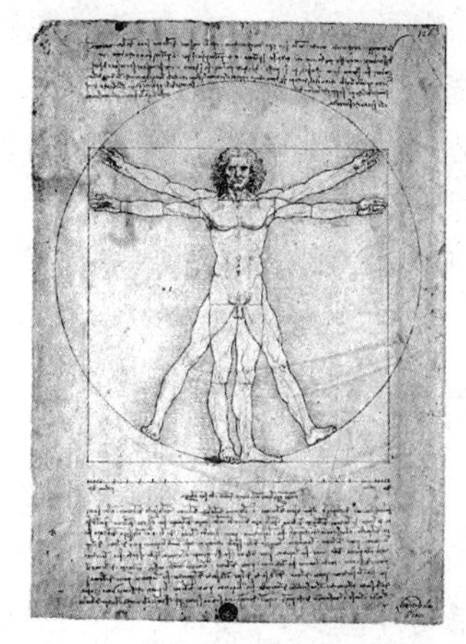

图1.5 达·芬奇的美学人体比例图

2）新柏拉图主义和理性主义：美是完善

新柏拉图主义认为完美，即一件事物，如果符合它那类事物所特有的形体结构或模样而完整无缺，那就是美的。如鲍姆嘉通说“美学的对象就是感性认识的完善，这本身就是美”。理性主义认为“完善”是指同类事物的常态，美的事物应符合它本质所规定的内在目的，当内在的美遇到外界的美，才产生内外相应的美的感受。“美是完善”与“内外相应”都带有神秘主义和唯心主义倾向。

3）英国经济主义：美是愉快

英国经验主义的出现改变了经院派思辨哲学主导的局面，以近代自然科学为出发点，把哲学和美学的研究对象转移到以人为主体的认识活动上。它批判了以先天理性为依据的古典主义和理性主义，把研究重点从对物体形式的分析转移到对美感的生理学和心理学的分析，从主体生理、心理角度阐述美学问题，认为美不在事物本身，而在主体的心中。代表性人物有巴克莱(Berkeley)、大卫·休谟(主观唯心主义)和傅克(机械唯物主义)。

4）德国古典美学：美是理性的内容和感性的形式

德国古典美学以康德、席勒和黑格尔为代表人物，对前人的美学经验进行系统总结，将辩证法和历史观引入哲学思辨，认为美是理性与感性的和谐统一。黑格尔的客观唯心主义概括“美是理念的感性显现，包含三个要点：理念，感性显现，以及二者的统一”。其中理念是指美的内容；感性显现指艺术形式，艺术以感性形象将理念具体化；内容与形式、主体与客体、理性与感性、内在与外在、一般与个别、无限与有限等对立因素合为辩证统一的整体。德国古典主义美学构成了马克思主义美学的思想来源。

5）俄国现实主义：美是生活

俄国现实主义从社会生活探索美的根源，认为劳动创造了美。车尔尼雪夫斯基说“美是生活，现实生活本身就是美的”。他们认为一切美的事物都包括在现实里，艺术美是现实美的再现，是对生活美的复制。

西方近现代美学日益趋向多元化和专门化。关于作品分析、艺术评论、审美心理的实证研究愈益增多，出现了实验美学、社会学美学、形式主义美学、格式塔(Gestalt)心理学美学、精神分析美学、现象学美学、结构主义美学等美学流派。

2. 中国对美本质的讨论

中国美学史上对美的本质的探讨，与西方美学史直接联系，但世界观不大相同，具有独特性。中国美学史上的一些美学范畴是西方美学史不曾出现的，如气韵、风骨、意境、神韵等。

李泽厚认为“中国美学最精彩的是孔子的积极进取精神，庄子对人生的审美态度，除了这两个人之外，还有屈原。如果说儒家学说的美是人道的东西，以庄子为代表的道家的美是自然的话，那么屈原的美就是道德的象征。还有就是中国的禅宗。儒、道、骚、禅是中国美学传统的四大支柱”。

1）儒家美学观：美善统一

儒家的美学观中，美和善是紧密联系的。孔子认为“里仁为美”，“尽美矣，又尽善也”。孟子提出“充实之谓美”，即充实人的仁、义、礼、智等品德才是美的。荀子则说“不全不粹之不足以为美也”，要用后天学习和教育来补充。总而言之，儒家认为“美善统一，中和为美，天人合一”是美的本质。

这种审美取向反映在艺术作品上，一方面，讲究外观和品质的融合，审美外观和实用功能同样重要；另一方面，要求让使用者在精神和心理上达到平和，不显得突兀，不在事物、概念的任何一个对立方面走向极端，若过分强调作品中的某一方面，会导致“失和”，从而会打破情绪的平和，这样是不美的。

汉代在文化上“尊儒”，两汉时期的艺术作品是儒家美学的代表。孔子曾提出“文质彬彬，然后君子”，认为真正的君子应该是文武兼修、德才兼备。反映在美学上可以理解为："文"是事物的外在表象，即外形；"质"是事物的内在本质，是功能；"文质彬彬"则要求器物造型与功能的巧妙结合。例如，西汉的"长信宫灯"，有着实用的功能与独特的造型、精巧的结构及精美的装饰(图 1.6)。

图 1.6 长信宫灯

2）道家美学观：美在自然

道家的美学观认为美存在于自然，是有局限性的，主张超出有限的形体美，追求无限的"道"。老子说"天下皆知美之为美，斯恶已；皆知善之为善，斯不善已"。庄子强调自然、本真之美，认为"其美者自美，吾不知其美也"，"朴素而天下莫能与之争美"，"淡然无极而终美从之"。

魏晋南北朝时期倾向于直接欣赏和品评人物，追求人格的自然美和个性美。东晋著名画家顾恺之的《洛神赋图》(图 1.7)描绘了曹植与"洛神"真挚纯洁的爱情故事，是对道家美学思想的较好注解。顾恺之通过对人神交往的铺陈，将个人生命的感悟体验倾注于作品中，体现了中国传统艺术对神仙意境的追求，弥漫着探索自由、超脱人生境界的艺术诉求。

图 1.7 《洛神赋图》局部(宋摹本)

3）屈骚美学观：美在道德

儒家思想是屈原美学思想的理论基础。屈原发展儒家美学思想，并形成了具有独特的浪漫主义情怀的美学精神。他在《离骚》中写道：“苟余情其信姱以练要兮，长顑颔亦何伤?”此句中“信”指诚，“姱(kuā)”指美好，“练要”指精纯，“长”指长久，“顑颔(kǎn hàn)”指因饥饿而面黄的样子。整句意为：“只要我的内心是真正的美好而又精纯，就是长久饥饿而面黄肌瘦又有何可悲?”，主张人的道德情操既要美又要真，坚持和肯定人格道德美，特别是“内美”，坚持真理和正义。

屈原的美学思想基本上是儒家美学的发展深化，但更具有那种由楚文化而来的天真狂放的浪漫主义。例如，东汉时期的青铜艺术品《马踏飞燕》(图 1.8)，以浪漫主义手法烘托了骏马矫健的英姿和风驰电掣的神情，给人们丰富的想象力和感染力。

图 1.8　《马踏飞燕》

4）佛家美学观：无美之美

佛教否定现实世界的美和经验性(感觉性)的美，现实世界的美属于依一定条件而生的“有为法”，因缘散则美空；感觉性的美(快乐感)是人类“无明”产生的“痴”，是一切烦恼与痛苦的渊源，都不是真正的美。在佛典中，正面肯定的美大体有两类形态：一类是“涅”；一类是“佛土”，认为真正的美是不依任何条件而存在的，超越现实世界的一切可视、可听、可感性，是超越主体感觉愉快之美的“涅”境界。

中国的佛家美学观以禅宗为代表走向成熟。慧能偈云：“菩提本无树，明镜亦非台。本来无一物，何处惹尘埃。”禅宗的美学观可以归纳为“无美之美”，即意境最核心的表现方式，美与艺术从此既可以是写实的，也可以是虚拟的。

禅宗的美学智慧使中国美学审美对象的根本特征自此发生了转变，从对“取象”的追求转向了对“取境”的追求，由“有我之境”人“无我之境”，从经验的世界转向心灵的境界。这个“境由心造”以极其精致、细腻、丰富、空灵的精神体验，重新塑造了中国人的审美经验(从庄子美学的平淡到禅宗美学的空灵)。而西方美学直到 19 世纪末才由“再现艺术”过渡到“表现艺术”。

唐代山水田园派诗人、画家王维是中国水墨山水画的开山鼻祖。他一生修禅，深谙禅宗美学，曾说："凡画，水墨最为上，肇自然之性，成造化之功。"他的画论讲究"意在笔先"，画面体现寂然淡泊的心境，散发幽静空灵的气韵，流露深邃的禅意。其代表作有《江干雪霁图卷》(图1.9)，体现了水墨渲染的画法和空寂的意境。但中国古代对美的探讨大多结合伦理学和艺术学，缺乏西方那种明确的哲学探讨。

图1.9 《江干雪霁图卷》

中国近代美学的历史开端是以王国维、梁启超的美学思想的出现为标志的。他们对西方美学的引进使中国美学走上了与世界美学共同发展的道路。古典主义大一统的局面逐渐结束，开始了浪漫主义与现实主义分离并多元化发展的阶段。

20世纪50年代对"美的本质"的大讨论主要形成四种学说：吕莹和高尔泰的主观说，认为"美是物在人的主观中的反映，是一种观念"，看到了人的感受、体验、情感等方面的联系，但完全否定客观事物在美感形成过程中的作用，是有片面性的；蔡仪的客观说，认为"美是客观的，不是主观的，美的事物之所以美，是在于这事物本身，不在于我们的意识作用"，同样是片面的；朱光潜的主客观统一说，他认为"美既离不开物(对象或客体)，也离不开人(创造和欣赏的主体)"；李泽厚的客观性与社会性的统一说，他肯定实践对审美主体和审美对象的本体地位。

粗略回顾了古今中外美学研究中对美的本质的探索历程，不难发现在不同的文化、不同的时代背景下，人们对美的理解是不尽相同的，甚至每个人对美的理解也是不同的。正如柏拉图说"美是难的"。

或许我们所能做的就是接近美，了解美，从而进一步探索美的真谛，了解美与人类社会实践的关系，激发我们对生活的热爱。

1.2.2 美的分类

在我们的生活中，美的形态是丰富多彩的。按不同的标准，美可分为不同的种类和形态。根据美的客观存在形式及其产生和发展的条件，可分为现实美(或生活美)和艺术美。现实美又可分为自然美和社会美。现实美是美客观存在的形态，是第一性的美；而艺术美是对现实美的反映形态，是艺术家创造的“第二自然”，属于第二性的美。

1. 自然美

美的自然对象可以分为两种：一种是经过人类劳动和改造加工、利用的自然对象，如耕种的田野、园林等；另一种是未经直接加工改造的自然，如苍穹、海洋、山川、原始森林等。

前一种自然美与社会事物接近，凝聚着人类的劳动，常常作用于人类的感性和理性认识，唤起人类的审美愉悦。例如，南北朝时期民歌《敕勒歌》写道：“敕勒川，阴山下。天似穹庐，笼盖四野。天苍苍，野茫茫，风吹草低见牛羊。”他们用穹庐和圆顶毡帐来比喻草原的天空，用“风吹草低见牛羊”歌咏北国草原壮丽富饶的风光，抒写热爱家乡、热爱生活的豪情。这种审美情趣与他们的生活方式有着密切联系。穹庐是游牧民族的生活起居空间，牛羊和牧草是他们的衣食来源。对于这些与他们的生活和命运相关的事物，他们有着极深厚的感情。

后一种自然美作为人类的生活环境和生活资料的来源，是人类生活劳动不可或缺的，因而给人以美感，如太阳和月亮是人类歌颂赞美的永恒主题。古希腊人、古埃及人都信奉太阳神，中国也有太阳神羲和及夸父追日的神话传说。宋代苏轼在《水调歌头》中写道：“人有悲欢离合，月有阴晴圆缺，此事古难全。但愿人长久，千里共婵娟。”用以表达对亲人朋友的思念之情及美好祝愿。只愿互相思念的人能够天长地久，即使相隔千里，也能通过月光来传递思念(或者共享这美丽的月光)。又如，壮美的名山大川常激起诗人美好的遐想。杜甫登泰山顶发生“会当凌绝顶，一览众山小”的感叹；李白望庐山瀑布咏叹“飞流直下三千尺，疑是银河落九天”；白居易咏长江“日出江花红胜火，春来江水绿如蓝”；苏轼游庐山后有“横看成岭侧成峰，远近高低各不同”的感慨等。

自然美的特征在于它是人的本质意识在自然事物中的感性显现，是自然性和社会性的统一。自然美基本具有3个具体特征。

(1) 自然美的自然性：构成自然美的先决条件是自然事物本身的尺度、形态、色彩、质感、声响、气味等属性。

(2) 自然美重在形式：美的事物总是体现为形式与内涵两者的统一，但相比于社会美和艺术美，自然美更侧重于形式。自然美的形式是具体的，其内涵是朦胧的，需要通过形式引发。

(3) 自然美的联想性：人们通过自然形态产生联想而产生美感，联想越丰富生动，这种美感就越强烈。

2. 社会美

社会美来源于人类的社会实践，即现实生活中广泛存在的社会事件和现象所呈现的美(它与自然美合称现实美)。因此人的美在社会美中占有中心地位。社会美除了体现在作为实践主体的人身上，如行为美、语言美、心灵美等，还体现在人类的劳动产品上，即经过劳动加工，改变了自然原有形式的劳动产品，如园林、建筑等环境。

《国语·楚语》记载，楚灵王耗费了楚国大量的人力、物力筑成了章华台，该台华丽无比，楚灵王甚为得意，邀大臣伍举一起登台观赏，并问：“台美夫?”伍举答道：“臣闻国君服宠以为美，安民以为乐，听德以为聪，致远以为明。不闻其以土木之崇高雕镂为美……夫美也者，上下、内外、小大、远近皆无害焉，故曰美。”其大意是国君任用有才能和贤德的人，使人民安居乐业才是美、快乐和聪明，而不是以建造高大的宫殿、雕刻各种装饰为美。伍举将美定义为没有害处的事物。同一个人工建设的章华台，楚灵王认为是美的，伍举却认为它劳民伤财，不能体现国君应有的治国美德。

由此可见社会美来源于人类的社会实践，是社会实践的直接体现，它重在美的内容，即人的品质、性格方面的美。与自然美相比，社会美在内容和形式的关系上更偏重于内容，社会美总是与那些反映人类历史发展方向的进步的道德观和政治理想直接联结在一起。形式美与内容美的和谐统一是社会美的最高形态。

3. 艺术美

艺术美作为美的一种形态，相对于现实美而言，是人的创造性劳动的产物所呈现出来的美。它既是现实美在艺术中的反映，又是创造者对现实生活(包括自然现象和社会现象)能动反映的产物。它是人为按照美的规律，在个人或集体的审美观点、审美理想指引下，依据现实生活，进行创造并运用一定的物质材料所体现出来的美，是艺术家的审美意识的物态化，是一种特殊的审美对象。

由于艺术美是人们对原始、朴素、粗糙、散漫的现实美去粗取精、去伪存真、由此及彼、由表及里地改造创作的结果，是人类对现实美的感知、体验及理解的加工、提炼、熔铸和升华，因而比自然形态的现实美更集中、精粹、典型，更理想化，更富有审美价值，它给人的审美感受也就更纯粹、生动、强烈和深刻。所以，艺术美是现实美的集中概括，它来源于现实美，又高于现实美。

艺术美的载体种类众多，有视觉艺术，如绘画、雕塑、工艺品、建筑、书法、篆刻等；有听觉艺术，如音乐；有语言艺术，如文学；有综合艺术，如舞蹈、戏剧、电影、电视等。各个艺术门类所体现的艺术美，既有共同的规律，又具有各自不同的特点。

根据艺术美的内部结构，大体分为内容的美和形式的美两个方面。艺术内容的美是指艺术品反映社会生活的内容和其表现的思想情感的美，其中体现着创作主体对客观现实的审美感受、审美判断、审美评价和审判理想；艺术形式的美是指艺术品多种形式要素的美，包括艺术内容的内在结构和外在形式两个方面，如诗的韵律、节奏，绘画的构图、造型、线条、色彩等。

艺术创造包含客观与主观两种因素。客观因素指生活内容，是创造的基础部分；主观因素是艺术家的审美理想、审美思想和审美感情，是创造的主导部分。二者结合产生了具体艺术作品，并创造了艺术美。

艺术美有5个主要的基本特征。

(1) 生动的形象性。艺术形象是艺术家根据实际生活的体验、认识，根据美的规律创造出来的具体可感且又带有强烈情感色彩的艺术情境。形象性是艺术美的首要特征。美的事物和现象是具体的、形象的，是凭着欣赏者的感官可以直接感受到的。例如，我们说一个花瓶是美的，指的一定是具体的而不是抽象的花瓶，它的美也必须通过具体的质地、颜色、形态、光泽等表现出来，使人通过各种感官感知。

(2) 强烈的感染性。艺术家把自己的内心感受、思想倾向、爱与憎都倾注于创造的艺术形象之中，因此艺术美应具有强烈的感染性，让审美者能够得到触动，从而达到创造艺术品的目的。美能使人愉悦，使人受到感染、受到教育。任何美的事物都能激发人的感情，使人们在精神上得到很大的愉悦和满足。无论是艳丽的花朵、明媚的阳光，还是优美的音乐及文明的行为和优美的语言，都会让人心情舒畅，为之动情。

(3) 鲜明的独创性。艺术品具有不可复制性，艺术美也应具有此鲜明的特征，这种美是由艺术家独立创作的，带有强烈的主观色彩。

(4) 高度的概括性。各种形式的艺术作品，如建筑、音乐、绘画和雕塑等都不是对现实事物的简单复制或陈述，而往往是对某一类事物的特性进行概括和提炼，从而体现这一事物的本质。因此艺术品应具有鲜明的个性和深刻的思想性，能够反映生活的某些本质和历史发展规律。

(5) 恒久的保存性。艺术品是它被创造的特定时间里的产物，因此具有鲜明的时代性，经过时间的洗礼，也具有恒久的历史性，有助于人们了解当时的社会现象。

例如，北宋画家张择端的《清明上河图》(图 1.10)采用现实主义手法和散点透视构图法，生动记录了中国 12 世纪城市生活的面貌。画中房屋、桥梁、城楼等体现了宋代建筑的特征，具有很高的历史价值和艺术价值。

图 1.10 《清明上河图》(局部)

1.2.3 美的特征

美的特征是指美的特性和品格，美的特征主要有以下几个方面。

1. 美的客观性

物质世界和精神世界的美都是客观存在的，不以欣赏者的主观意志为转移。

物质世界的美既存在于自然领域，也存在于社会领域。未经人工改造的宇宙星辰、风雨雷电、峻岭河海、花草树木、飞禽走兽，都存在着美。自人类出现之初创造的石器、陶器，到奴隶社会生产的青铜器，以及封建社会各种精美的建筑、瓷器，再到现代广袤的农田与楼房密集的城市、琳琅的商品，都存在着美。此外人性中最美好的善良、正义等行为举止，都体现出美。

精神世界的美也是客观存在的。人的心灵美实际上是现实美的反映，是现实中人与人之间关系和谐美的反映，并且心灵美也客观存在于语言、仪表、行为之中。而艺术美是现实美的反映，从来源上看，可以说它仍具有客观的物质性，只不过它是艺术家经过审美心理、审美趣味、审美观念、审美理想处理后的物化形式，而后又借一定的物质载体、媒介转化为美的艺术存在，在其现实存在上仍是客观的。

2. 美的社会性

无论是自然美、社会美还是艺术美，都无法脱离社会而存在。正如人类社会出现后才有善一样，人类通过社会实践才发现了美。

首先，美的社会性表现在它对社会的依赖。美来源于人类的社会实践，是一种社会现象。美虽然可以离开某个或某些具体的欣赏者的感受而独立存在，但美不能离开社会实践的主体——人，不能离开人类社会。所以，美只能对人而言，只能因人而存在。

自然美也不例外，没有人类社会实践对自然的认识和改造，就没有自然之美。太阳因它给予人类以光明、热量，大地因它给予人类以生息、繁衍，因而是美的。老鼠、苍蝇、蛔虫与人为害，因而是丑的。可见，自然美的社会性是人类实践赋予的，是人类社会的产物。随实践拓展的深入会带来自然与人类日益密切的联系，自然物除了它的物质功利性之外，还可以作为休息、观赏、游戏的对象，进而可以作为愉悦性情的对象，这样就有了有益于人类精神生活的功利性。像山花野草这些没有或很少有物质功利性的东西也成为人们审美的对象，甚至连一些在物质方面对人类有害的东西的某些方面、属性也能启迪人的智慧和引起精神上的愉悦，也可以成为人们的审美对象，如老鼠的机灵、蝴蝶的舞姿。自然美有社会性，社会美的社会性更是不言而喻了。

其次，美的社会性还表现在社会功利性上。社会功利即社会的功效和利益。人类之所以需要美、追求美，就因为它对自身有用。当然，美的效用并不只是表现在经济实用上，更重要的还表现在精神上。例如，一件衣服，虽然首先要考虑它的使用价值，但人们所以讲究色彩、款式，其主要的原因就是要使其在精神上得到愉悦和满足。

总之，美的社会效用主要体现在人的精神方面。它能丰富人们的生活，陶冶人们的情操，启发人们的思想，使人们的视野更加开阔、品格更加高尚、灵魂更加纯洁、精神更加振奋。

3. 美的形象性

美作为客观物质的社会存在，它是可感的、具体的、形象的。美的事物，无论现实美还是艺术美，都是借助具体可感的形象来展示其美的风采，即通过由特定的声、光、色、线、形、质等物理因素所构成的感性形式来展示自身。离开特定的感性形式，美将无所依傍。

对美的形象性及其反映形式的认识是在美学史上逐渐形成的，对美的形象性的认识缘起于古人对形式美的思考，而对形象美的反映形式的认识源自近代认识论和心理学的发展。

美的形象，一方面在于它的质料和形式的合规律性，如对称、均衡、比例、和谐等，二者统一构成完整的形象，被称为美的形象的形式因素，其主要反映形式是视觉、听觉和触觉等；另一方面在于它的内容的社会功利性，即有用、有利、有益于社会生活实践，是对实践的肯定，是一种价值，被称为美的形象的内容因素。把握和理解美的形式与内容相统一需要靠理性思维。形式与内容相统一得到美的形象，但以形式因素为主。

4. 美的感染性

美的感染性是指美的事物所具有的吸引人、激励人、愉悦人的特性，是指美的事物能够引起审美主体的感情波动或思绪变迁的特性。美的事物由于在具体感性形式中包含和体现着人的创造力——人的智慧、才能、实践能力等，体现着现实对人的实践的肯定，因此美的事物能使人从中体验到人的本质力量和价值而感到愉快欢悦，这就是美的感染愉悦性，这种感染作用主要表现为动情的特征。

美的感染性的基本表现为主体情感与美的事物的合二为一，具体表现形态有移情、共鸣和升华三种方式。

移情方式是指审美主体将自己的感受、情思、心绪、意志等映射到头脑里的美的表象上，使审美对象仿佛具有主观色彩而影响主体的情思，如“感时花落泪，恨别鸟惊心”。

共鸣方式是指审美对象和审美主体之间形成了协调关系，审美对象具有打动人心的魅力，审美主体的生活经验和思想感情又极为丰富，因而审美对象可以最大限度地调动审美主体的心理状态使其情思异常活跃。

升华方式是指在审美欣赏过程中，审美主体借助联想将自己对审美对象的感知、表象进行扩充和增补，形成更为丰富且深刻的审美感受，从而使感官上的快感升华为精神上的愉悦。

在现实的审美活动中，移情、共鸣和升华三种方式并非截然分明的，而是相辅相成的，美的感染性正是在三种方式的结合中表现出来的，只不过在具体的欣赏活动中有所侧重而已。掌握美的特征，有利于我们进行美的欣赏及创造美的作品。

1.3 审美意识与心理

1.3.1 审美意识与美感

1. 审美意识

审美意识是主体对客观感性形象的美学属性的能动反映，包括审美趣味、审美能力、审美观念、审美理想、审美感受等方面，是审美心理活动进入思维阶段后的意识活动。审美意识是广义的美感。

审美意识是人不同于动物而独有的社会意识。由于人的实践既有差异性，又有共同性，因此，审美意识也既有时代、民族、阶级乃至个人的独特性、差异性，又有普遍性、共同性。进步、健康的审美意识能被绝大多数人接受，并被提炼成宝贵的精神财富。

此外，审美意识是社会普遍现象的客观反映。一方面，人们在实践中从感性认知上升到理性认知的过程中，通过审美意识从本质上把握客观现实；另一方面，当审美意识形成和系统化以后，又可以反作用于客观美，使客观事物赋有精神意义，从而积极影响人们的精神世界，自觉地按照美的规律去改造客观世界的美。

2. 美感

所谓美感，就是由美的事物所激起的一种特殊的心理活动，表现为情感的激动和愉悦，也叫美感经验、审美经验或审美心理。美感构成审美意识的核心部分。

西方对于美感的研究和定义经过了历史性的发展变革。

柏拉图的“神奇迷狂说”是典型的神秘主义唯心论，他认为美感是人在迷狂状态中发生的。只有当神灵附着于灵魂，引起灵魂对天国的“回忆”时，美感才出现；人在迷狂中回忆起上界的“美本身”，于是欣喜若狂，美感就发生了。

17—18 世纪，新柏拉图主义者夏夫兹博里(The Earl of Shattesbury)和他的学生哈奇生(Hutcheson)提出了“内在感官说”，认为美感(趣味)来源于人天性中一种天然存在的专门欣赏美的器官，即五官之外的第六感官，所以“对事物的美感或感觉力是天生的”。

继而，康德的“先天共通感说”把美感归结于主观的天赋能力，认为审美判断有普遍性，原因在每个人都有共同的、先天的心理机能，即想象力和知解力的自由协调。

利普斯则进一步提出“移情说”，认为美感是由于人把自己的生命、感情移入知觉对象中而发生的“移情”，使无生命、无感情的事物有了人的生命、感情，而有限的“自我”进入无限的“非自我”，自我自由伸张，物我同一，从而感到愉快。

布洛的“距离说”则认为美感是由于主体与对象在保持一定的心理距离时产生的，即主体与现实功利目的保持距离，客体与其他事物的联系完全割断，是美感发生的根源。

以美国美学家鲁道夫·阿恩海姆(Rudolf Arnheim)为代表的格式塔“异质同构说”认为在事物的运动和形体结构与人的内在感情之间，存在着类似的力的作用模式。美感发生的原因就在于两种力的作用模式的一致。

弗洛伊德则提出“心理分析美感论”，认为艺术是在现实中不能满足的欲望主要是性欲的无意识转换，人们从中获得替代性的满足，所以得到愉快，产生快感。

马克思主义以前的旧唯物主义者则肯定美感是人对客观对象的认识和反映，美感是美的反映，其中亚里士多德的“求知”说、柏克的“社会生活情欲”和“保卫生命和自卫需要”说、费尔巴哈和车尔尼雪夫斯基的“自我认识”说等，都是这种倾向。此外，还有从生物学的观点解释美感的，如达尔文的“生物本性说”。

以上学说各不相同，但有一个共同点，就是从主观意识、人的心灵方面去寻找美感的根源和阐述美感的实质。这形成了我们对美感根源和实质的初步认识，主要有以下几个方面。

1）美感是人对美的肯定性情感态度

美感属于意识范畴，是人在对美的感受中表现出来的主观心理形式，没有美，就没有美感。不能把美感和美混为一谈。但美感对美的反映是一种情感体验的反映，是人类的一种高级的心理现象。

2）美感的发生始于人对自身本质力量的欣赏

人类最初只是从对象中看到实用价值，后来才从对象中看到自己的活动。当人类发现对象作为自己的活动成果、显示了自己的智慧和力量时，感到欣喜和愉快，认定对象是美的，美感就产生了，这也就是美感发生的历史契机。

3）美感的发生是人类社会实践的产物

人类能够从对象中发现自己的智慧和力量，这本身就是长期社会实践的结果。而能够感受美的感官，也是在长期社会实践中形成的。人在改造客观世界的过程中，同时也改造了自己的自然本性，发展了各种能力，人的各种器官都是通过长期的社会实践才从非人的感官发展为社会的人的感官的，审美感官同样是社会实践的成果。因此，美感是社会实践的产物。

美感既然是人类社会实践的产物，这就决定了它具有社会性，必然和人们的生活条件、世界观、伦理道德观念、文化修养等密切相关。美感既然是人类社会实践的产物，也必然随着社会实践的发展而发展，必然具有历史性。

1.3.2 审美心理与审美心理学

1. 审美心理

所谓审美，主要是指美感的产生和体验，而心理活动则指人的感知、感情和意志。审美活动是审美主体的多种心理因素综合作用的结果。因此就审美心理具体来说，是指人们美感的产生与体验中的感知、感情和意志的活动过程，即人在实施审美过程中可能产生的心理状态。它既受到个性倾向的影响，又受到环境因素的影响。审美心理学既介于美学与心理学之间，也属于社会学范畴。

2. 审美心理学

审美心理学又称心理学美学，是美学和心理学的交叉学科。它研究人类在审美过程中的心理活动规律和特征，涉及美感的产生和体验中的心理活动过程，以及审美心理倾向规律等内容。

3. 审美心理学的主要理论观点和流派

心理学主要的理论观点有直觉说、移情说、心理距离说、格式塔说、精神分析说等，影响较大的流派有格式塔学派、精神分析学派、行为主义学派、信息论学派和人本主义学派等。

直觉说即直觉主义美学，以意大利美学家克罗齐和德国哲学家叔本华为代表。克罗齐认为“审美即是直觉，直觉即是表现，表现即是创造”。

移情说对西方近代美学发展具有重要影响，代表人物有德国的费舍尔(Fisher)和利普斯(Lips)。其主要观点是把主体的感情外射到客体之中，使客体能够反映主体的意识和情感，因“主客相生、物我同一”而产生美和美感。移情说强调了主体的主观能动性，但是混淆了美和美感，从而陷入唯心主义。移情说和中国“天人合一、情境合一”的审美观点有很多相似点。

心理距离说以瑞士心理学家和美学家布洛为代表，提出“距离产生美”，即审美活动既不是纯粹主观的，又不是绝对客观的，而是两者在某种程度上的组合而产生的。该学说强调了艺术欣赏和创作中审美主体与客体的关系。

格式塔来源于德语，意为“形式”或“完形”，因此格式塔心理学又被称为形式心理学或完形心理学。其代表人物是奥地利心理学家艾伦菲尔斯(Ehrenfels)、德国心理学家韦特默(Witmer)、科勒(Kohler)、卡夫卡(Kafka)、鲁道夫·阿恩海姆等。该学说主要的观点是人的主观意识类似于物理中的“场”和“力的作用”，与客观对象有着同形同构的关系，整体不等于部分之和(如意识不是知觉之和)，但任何心理现象都是整体的完形。

精神分析说始于19世纪末的病理研究，又称心理分析学，经过一个多世纪发展形成系统的心理学学说体系，其代表人物是弗洛伊德和荣格。该学说认为艺术是人的无意识

(如本能、欲望和情结)的表现和升华。其贡献在于研究了审美活动的动力来源，揭示出审美心理的深层结构有无意识、潜意识和意识三个层次。

本章小结

通过本章的学习，可以初步了解美的内涵与美学的研究内容，以及中西方美学思想的源流、形成和发展历程；同时通过学习审美认知及审美心理的基础知识，了解欣赏美和创造美的客观条件及一般规律。

思考题

1-1 为什么说美学是一门既古老又年轻的学科?

1-2 中西方很多美学观点都认同“和谐产生美”，请说说这一观点对美的本质问题的思考的区别与联系。

1-3 中国古代的儒家与道家对美的本质的看法有何不同?

1-4 什么是艺术美? 艺术美产生的原因是什么?

1-5 试谈美感的心理特征。

1-6 艺术的独特品质和审美特征是什么?

1-7 试比较建筑、雕塑和绘画三类艺术审美特征的异同。

第2章 建筑美学的哲学基础

教学目标

本章主要讲述建筑美学的哲学思想、建筑美学的基本原理、建筑艺术的空间语言和建筑形式美的法则。通过学习，应达到以下目标。

(1) 掌握建筑美学的基本概念与研究内容及意义。

(2) 了解中西方建筑美学思想的发展历程。

教学要求

知识要点	能力要求	相关知识
建筑美学概述	(1) 理解建筑美学的定义和建筑艺术的基本特征 (2) 熟悉建筑美学的研究内容 (3) 掌握建筑美学的研究意义	(1) 建筑美学的产生与发展 (2) 建筑美学的研究对象
建筑美学的哲学思想	(1) 熟悉建筑美学思想的发展 (2) 掌握中国和西方的建筑美学思想	(1) 中国古典建筑哲学 (2) 西方建筑美学理论与流派

基本概念

建筑美学、美学思想、建筑的空间语言、建筑的形式美

引例

建筑——一门艺术

建筑是人类赖以工作、居住和生活的场所。城市里更是建筑林立，我们的日常生活都离不开建筑。建筑除了具有功能性，还具有象征性和艺术性。例如，我们旅游时常在标志性建筑前拍照留念；喜欢在环境幽雅的餐厅进餐；喜欢舒适惬意的居住环境；整洁宽敞的办公场所有助我们提高工作效率等。美好的建筑带给我们愉悦的感受。

建筑是一门艺术。德国哲学家谢林曾说“建筑是凝固的音乐”，而法国文学家歌德曾说“音乐是流动的建筑”；我国著名建筑学家梁思成曾根据北京天宁寺的韵律来谱曲。但建筑又不仅是艺术，它通过本身的形式美反映了人类改造自然的技术，更承载了人类的历史与文化。

2.1 建筑美学概述

2.1.1 建筑美学的定义及其基本特征

建筑美学建立在建筑学和美学的学科基础上，是艺术美学和建筑学的重要分支，它是研究建筑领域里的美学问题及建筑审美一般规律的科学。

虽然古典美学家将建筑和绘画、雕塑一同列为三大造型艺术，但在美学创立之初，对建筑美学的考虑就已出现在哲学家的著作中。虽然建筑美学思想的起源与美学一样久远，但至今尚不能认为建筑美学学科已完全成形。建筑美学作为一门学科直到20世纪中期才创立。英国美学家罗杰斯・思克拉顿(Roger Scruton)运用美学理论，从审美的角度论述了建筑具有实用性、地域性、技术性、总效性、公共性等基本特征。

(1) 实用性。建筑必须满足人类物质生活和精神需要，任何华而不实或毫无实用价值的建筑无法给人以美的感受。

(2) 地域性。建筑与能在各种不同场合中保持其审美特征的文学、音乐、绘画等艺术形式全然不同，它总是构成所在环境的重要面貌特征，即建筑具有地域性特征。

(3) 技术性。建筑艺术有赖于建筑技术，建筑实现的可能性总是由人类的能力所决定，即由建筑技术所能达到的水平程度来决定。

(4) 总效性。建筑具有广阔的艺术综合能力，建筑整合了包括城市景观艺术、公共空间艺术、室内装饰艺术、灯光艺术等多种艺术形式。

(5) 公共性。建筑是一种公共生活的现象，个人情感的表现在其他艺术形式中经常被看做是有价值和有意义的，但是在建筑艺术创作中却很难被理解。因而从某种意义上说，建筑乃是政治性最强的一种艺术形式，它常以自己的形象来反映现实社会中巨大的主题，并相当深刻地揭示现实生活的本质。

建筑美学的产生与发展，既与现代建筑技术飞速发展、建筑规模不断扩大密切相关，又与美学研究的不断深入与细分有着密切联系。历史表明，每一次先进建筑技术的出现，都必将导致一种新的建筑艺术表现形式的产生。

作为一门新兴的学科，建筑美学正处于形成与发展过程中，仍未具备完整的体系。以下简单介绍建筑美学的基本知识，便于我们探索和欣赏建筑之美。

2.1.2 建筑美学的研究内容

美的存在离不开人的价值取向，必然要涉及人(包括鉴赏者和创造者)的价值判断。正如维特鲁威(Vitruvius)在《建筑十书》中提出的建筑三要素——美观、实用和坚固，建筑之美更是与人类的价值需求密切相关。所以，可以认为建筑美学以人与建筑的审美关系为研究对象。

一般认为建筑美学有狭义和广义之分。狭义的建筑美学是指建筑单体的美学问题，尤其是单个建筑物造型美的规律和艺术风格的问题，包括建筑外观形态、建筑内部空间、建筑室内装饰等；而广义的建筑美学则把建筑放到广阔的特定时空背景中去研究，它不局限于建筑单体，更包括历史文化背景、城市及景观等整体环境，尤其是建筑物与其周围环境的相互关系研究建筑美学的问题。

建筑美学的具体研究内容：建筑艺术的审美本质；建筑艺术的审美特征；建筑艺术的审美价值和功能；鉴赏建筑艺术的心理机制、意义、方法等；建筑艺术的空间语言；建筑艺术的形式美法则；建筑艺术的发展历程和建筑观念、流派、风格的发展嬗变过程；建筑美与城乡环境、风景园林的关系等。

2.1.3 建筑美学的研究意义

建筑美学的研究意义主要体现在以下几个方面。

1. 建筑美是社会的真实映射

建筑是石头的史诗。它既能够真实地反映时代的政治、经济与文化状况，也能够反映时代中社会形态下人们的审美情趣、审美价值取向和美学追求。因而具有真实的美。中国古代的木构建筑与西方古代的石头建筑，以及现代普遍流行的钢筋混凝土和玻璃幕墙，不同时代的建筑物体现了不同的社会状况和生活状态。

2. 建筑美是科学技术的体现

建筑是科技的晴雨表。它最能够反映一个时代、一个社会的科技状况与创新能力。科技和创新体现了人类生产力的发展水平，是人类力量美的体现，因建筑能够直接体现这种美，所以具有研究价值。中国的长城、埃及的金字塔、印度的泰姬陵都代表了那个时代人类最先进的建造技术和科技水平。

3. 建筑美是文化的物质载体

建筑是凝固的音乐。不同时代的文化必然体现了不同时代的审美取向，文化必然会影响建筑的设计与建造。反过来，建筑也在很大程度上决定了人们的生存方式、生产方式及行为模式，并影响人们的行为模式和规范。

2.2 建筑美学的哲学思想

建筑美学思想是关于建筑的审美功能及审美价值等方面的美学思想和理论。

关于建筑美学思想的最早记录，在西方可上溯到古希腊的毕达哥拉斯学派，他们思考的美学问题已涉及数的比例、建筑几何形态的和谐等；在中国可以追溯到《老子》，已考虑到建筑空间的功能性等建筑美学问题：

《老子(十一章)》："三十幅共一毂，当其无，有车之用。埏埴以为器，当其无，有器之用。凿户牖以为室，当其无，有室之用。故有之以为利，无之以为用。"大意是："车轮上的三十辐条汇集到一个毂中，有了车毂中空的地方，才有车的作用。糅合陶土做成器具，有了器皿中空的地方，才有器皿的作用。开凿门窗建造房屋，有了门窗四壁中空的地方，才有房屋的作用。所以'有'给人便利，'无'发挥了它的作用。"

随着建筑美学思想的不断发展，建筑的审美价值已不仅仅局限于建筑单体本身的使用功能和形体美学，还体现于社会伦理和生活内容的价值，人们逐渐意识到建筑美不仅是客观存在的形式美，也是一种人类心理需求的合理映射。

从建筑美学思想的发展历程中，我们可以了解中西方不同文化对于建筑美学的影响，便于我们理解和掌握建筑美学的基本原理。

2.2.1 中国古典建筑美学思想

中国古代建筑传统中所反映的价值观、思维方式、行为方式、审美意识、文化心理等，一般都以古代哲学思想为基础，建筑美学与哲学浑然一体。古代哲学思想深刻地影响着中国古代建筑。

中国古代建筑美学深受人本主义的影响，“以人为本”、“臣服于自然”的思想在建筑中体现为形式与功能、技术与艺术、实用理性精神与浪漫审美情趣的统一与协调。“理性与感性包容并蓄”是中国古典建筑美学的突出特点。

1）精神准则——礼

中国古代美学思想认为艺术的美应具有客观的准则和标准，主张“约之以礼”。例如，战国思想家荀子认为艺术的重要作用在于把人的感情欲望导向礼义，以孔子为代表的儒家思想更是以礼教为尊。这种思想直接导致了中国古代建筑的等级制度，一直沿用了几千年。建筑所体现的伦理价值为现实的伦理秩序服务，礼教维护了以“君臣父子”为中心的等级制度。山东曲阜的孔庙不断被历代帝王扩建，充分体现了把尊孔尊礼的思想作为中国传统精神准则。如图 2.1 所示为孔庙的鸟瞰。

现存最早的关于建筑技术的国家规范是战国初期的《周礼·考工记》，其中明确记载了城市与建筑的型制：“匠人营国，方九里，旁三门，国中九经、九纬，经涂九轨，左祖右社，面朝后市，市朝一夫。”

意思是：王城每面边长九里，有三个城门。城内纵横各有九条道路，每条道路宽度为“九轨”(一轨为八尺)。王宫居中，左侧是宗庙，右侧是社坛(或社庙)，前面是朝会处，后面是市场。朝会处和市场的面积各为一夫(据考证一夫为 100 步×100 步)。如图 2.2 所示为《周礼·考工记》中的理想都城。

图 2.1　山东曲阜孔庙

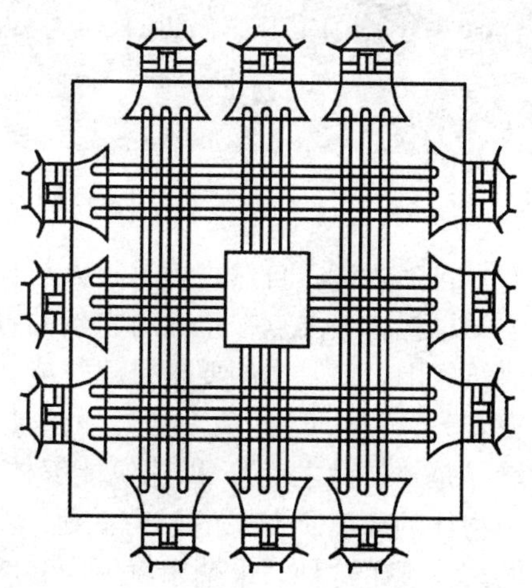

图 2.2　《周礼·考工记》中的理想都城

《礼记·曲礼下》载："君子将营宫室，宗庙为先，厩库为次，居室为后。"同样体现了建筑的型制区别。

中国古代建筑的审美特征反映了以人文主义为核心，把人文内涵置于首位的特点，强调了建筑艺术在伦理道德上的作用，建筑创作中把社会内容与象征意义作为美学的精神准则。

2）内涵表现——和

在第1章中我们已经学过中国古典美学思想，其中儒家美学思想对中国建筑美学的影响最为深远。儒家的美学观中，美和善是紧密联系的，认为"美善统一，中和为美，天人合一"是美的本质。具体反映在建筑上就是：美善统一，即重视社会价值与审美价值的统一；天人合一，即追求建筑形态和自然形态的统一；刚柔合一，讲究阳刚壮美与阴柔优美的统一(也可以理解为理性与浪漫的统一)；工艺合一，坚持技术法则与艺术构思的统一。

3）整体境界——意

中国古代建筑审美的最高境界是营造"建筑意"，即建筑整体营造的环境氛围带给人的心理感受。主要有两种建筑意境。

(1) 入世之境。基于建筑的本质功能考虑，是为人的生活服务的，即"入世"的境界。最基本的境界是"致用为美"的社会价值；以此为基础讲求"目观为美"，认为美的视觉标准是和谐；再高一个层次的要求就是"比德为美"，要求建筑环境能够反映出主人的高尚品德；最高的境界就是"畅神为美"，要求建筑形神兼备，使人得到精神上的满足，因此形成与周围环境相协调的特征。与凡尘生活融为一体的宫殿宗庙建筑是"入世"建筑的代表。如图2.3所示的北京故宫太和殿，采用了最高等级的重檐庑殿顶型制，是封建帝王绝对权威皇权的象征。

图2.3 北京故宫太和殿建筑群

(2) 自然之境。自然之境是指人与自然环境相互和谐统一的境界，这主要来自于古代道家哲学思想。其要点在于人对自然的看法及人与自然的相处方式。在建筑上主要表现为营造建筑氛围，最基本的要求是建筑能够在形式上自由；更高层次的要求是建筑"虽为人作，宛若天开"，即建筑清新自然，仿佛自然生长于周围环境中，没有人工雕琢之气；最高的境界是"出世之境"，即建筑能够体现人与自然的和谐关系，精神上得到的美的享受要高于物体的环境所带来的感官满足(基于中国禅宗哲学思想)。中国古典园林的私家园林，尤其体现了这种"采菊东篱下，悠然见南山"的出世意境。例如，图2.4所示的苏州拙政园的"小飞虹"造型轻盈通透，以彩虹比喻桥，表达了不受人间世俗的羁绊的出世精神，更显得具有浪漫主义朦胧美的意境；图 2.5 所示的苏州拙政园的“香洲画舫”，门楣题额“野航”两字，充分体现了杜甫“野航恰受二三人”的诗意，点出了景观主题。

图 2.4　苏州拙政园“小飞虹”

图 2.5　苏州拙政园“香洲画舫”

2.2.2　西方古典建筑美学思想

西方古典建筑美学思想是指 19 世纪中叶以前关于建筑审美问题的哲学思辨思想。西方古典建筑盛行的柱式建筑样式经历了从古希腊、古罗马、意大利文艺复兴直至欧洲、美国 19 世纪上半叶的历程。西方思想家大多将美学看成哲学的一部分，在思考美学问题时，热衷于将建筑作为美学理论实践的园地。例如，黑格尔《美学》第三卷对建筑美学的论述；再如，歌德最初是以哥特式建筑来论证“美在特征的显现”的。西方这　传统，一直传承至今。

人性与神性是西方古典建筑美学的核心思想。最初古希腊在自由民主体制下崇尚人体美，造就了辉煌的古代希腊建筑文化，如图 2.6 中的希腊雅典的伊瑞克提翁神庙的女像柱；古罗马的建筑艺术以古希腊建筑艺术为基础进行发展，罗马帝国建筑以规模宏大和风格豪华而著称，在罗马至今仍可以见到宽阔的街道和广场、宏伟的宫殿、巨大的斗兽场、大跨度的输水道桥，还有气势恢宏的剧场、凯旋门等大量建筑。古罗马时期采用的新式混凝土建筑材料和拱券建筑结构促进了西方古典建筑艺术的成熟发展，如图 2.7 所示的古罗马斗兽场。

图 2.6　雅典伊瑞克提翁神庙

图 2.7　古罗马斗兽场

5—13 世纪，神权至上的宗教观念与封建主义禁锢了建筑艺术的发展，象征着向往天堂神灵的哥特式建筑却得到广泛的建设；14—16 世纪，文艺复兴从意大利兴起，重拾对人性的关怀和重视，借助古典的柱式系统和严谨的比例来重新塑造理想中古典社会的协调秩序，如图 2.8 中的坦比哀多教堂体现了人文主义精神；为了适应绝对君权的强化和宫廷建筑的需要，17 世纪的法国掀起了一股古典主义建筑思潮，力图通过建造和古罗马一样辉煌的建筑来强化君王的绝对权力，认同古罗马建筑哲学所崇尚的唯理论，认为艺术需要有像数学一样严格、明确、清晰的规则和规范，建筑上极度追求柱式比例的纯粹美，如图 2.9 中的法国巴黎卢浮宫东立面是其中的代表作；古典主义建筑以法国为中心，向欧洲其他国家传播，后来又影响到世界广大地区，在宫廷建筑、纪念性建筑和大型公共建筑中采用最多。

图 2.8　坦比哀多教堂

图 2.9　巴黎卢浮宫

2.2.3　中国近现代建筑美学思想

鸦片战争前施行的闭关自守政策使传统的儒家文化未能调节更新，直至中国近代被迫沦为半殖民地半封建社会，“中学为体，西学为用”的思想随着洋务运动等政策及大批回国留学生的西化逐步开启了“西学东渐”的历史进程。中国近代建筑的现代化也以此为开端，在西方现代建筑文化冲击、推动下被动地展开。

因此中国的近现代建筑美学存在两种矛盾，但保持着并存的倾向：全盘否定传统，以及继承和发扬传统。

一方面，近代民族意识在五四运动时期达到高潮，形成以中国传统文化为本位的审美思潮。这一民族意识表现在建筑上，即“中国固有形式”的实践，也影响了建筑师在中国古典复兴方面的探索，如图 2.10 所示的南京中山陵。

另一方面，直至 20 世纪 50 年代引入德国包豪斯的现代建筑教学体系，以及介绍西方建筑思想的建筑书刊与归国留学生逐渐增多，西方现代主义建筑和城市规划思想开始对中国建筑界产生广泛影响。例如，图 2.11 所示的汉口汇丰银行大楼采用了西方新古典主义风格，开始强调实用、技术、经济和现代美学思想。

图 2.10 南京中山陵

图 2.11 汉口汇丰银行大楼

在国际化浪潮下，中国在现代时期逐渐主动向西方现代建筑学习。究其原因：首先，中国古典建筑的结构和材料已不能适应现代时期的功能需求；其次，古典建筑讲求伦理等级的美学观不能满足现代人追求平等、自由的精神需求。但是，中国建筑也不能直接照搬西方建筑理论与审美标准，而是应该审视传统与现代的矛盾，重拾传统文化中能够“古为今用”的精华，秉持符合中国时代需求的建筑美学思想进行建筑设计创作。

2.2.4 西方近现代建筑美学思想

19 世纪末和 20 世纪初，随着工业化时代的来临，社会条件发生了巨大变化，迈入资本主义社会。新的建筑结构(如框架、框剪、框筒、钢结构、悬索等结构)和建筑材料(如水泥、钢铁和玻璃等)相继出现，建造技术也得到突飞猛进的发展(如吊装)。且社会对建筑功能的需求发生了改变，宫殿、宗教建筑和纪念性建筑被大众服务的交通建筑、工业建筑、商业建筑和住宅所取代，无论是建筑功能还是建筑审美都产生了新的需求。因此，新的建筑体系必然替代西方古典主义建筑体系。西方近现代建筑美学主要经历了现代主义与后现代主义，且呈现百家争鸣、百花齐放的景象。

20 世纪 20 年代西方兴起了现代主义建筑风潮，以彼得·贝伦斯(Peter Behrens)、瓦尔特·格罗皮乌斯(Walter Gropius)、勒·柯布西耶(Le Corbusier)和密斯·凡·德罗(Mies Van Der Rohe)为代表的现代主义建筑大师，用大量著作和建筑实践宣扬了“重功能、轻形式”的设计理念。因此现代主义又被称为“功能主义”或“理性主义”，这种建筑式样又被称为“国际式”，其典型特征是立方体造型、平屋顶和大面积玻璃窗。图 2.12 中的包豪斯校舍和图 2.13 中的萨伏伊别墅，尤其表现了重视功能的设计原则。现代主义反对复古主义与折衷主义的繁缛，引领建筑的简洁美，以体现工业化带来的经济性与高效性。该时期以现代主义为出发点，还衍生出粗野主义、高技派、新古典主义等建筑流派。这种建筑与工业的结合直接导致了以技术美学为核心的审美思想，如以密斯为代表的极少主义。20 世纪 40—50 年代出现了以阿尔瓦阿尔托(Alvar Aalto)为代表的“人情化、地方性”倾向，以及弗兰克·劳埃德·赖特(Frank Lioyd Wrignt)的“有机建筑”理念，都是对理性主义的补充和充实。

图 2.12　包豪斯校舍

图 2.13　萨伏伊别墅

20 世纪 60 年代末，随着社会经济、文化的发展，人们逐步意识到现代主义极端地强调功能原则，缺少人文关怀，造成建筑和城市形式呆板、单调的现象。以罗伯特·文丘里(Robert Venturi)和查尔斯·詹克斯(Charles Jencks)为代表的后现代主义建筑大师认为建筑不应只是作为使用工具或工业产品，其审美价值应得到体现。他们采用适当的装饰元素和造型手法，重新塑造建筑的历史延续性、地域文化性和隐喻性，如图 2.14 所示的母亲之家。

该时期出现很多新的建筑流派，如未来主义、解构主义(如图 2.15 所示的布拉格的“跳舞房子”)、新理性主义等设计流派，日益呈现多元并立的局面。

图 2.14　母亲之家

图 2.15　布拉格的“跳舞房子”

在建筑发展过程中，建筑家主要从建筑本身出发，思考建筑美的问题。例如，维特鲁威的《建筑十书》将美观作为良好建筑的三个基本条件之一，思考了建筑的美学特征和要素；阿尔伯蒂(Alberti)的《论建筑》中，涉及了建筑美学问题；勒·柯布西耶的《走向新建筑》，以社会发展为背景，论述了工业化时代的美学特征，对所谓“技术美学”做了最有力的阐述；赖特的“有机建筑论”丰富了西方的建筑美学思想，与中国传统的老子道家思想形成共鸣。

西方当代建筑美学的发展受到当代美学思想发展的巨大影响，移植现象成为主导。例如，格式塔心理学影响了建筑审美心理学；符号学美学形成了对建筑语言与语境的关注和实践；结构主义美学促成了建筑结构主义思想的诞生；解构主义促成了后结构主义建筑美学的形成等。

本章小结

通过本章的学习，可以了解建筑美学的定义与建筑艺术的基本特征，以及建筑美学的研究内容及建筑美学的研究意义；基于审美认知及审美心理的基础知识，通过介绍中国和西方古代、近代及现代建筑美学思想的发展历史，并以大量建筑为实例，了解和理解不同哲学思辨影响下的建筑美学思想，从而掌握欣赏建筑之美的文化背景，为掌握建筑美的规律和创造建筑美奠定基础。

思考题

2-1 试论建筑从审美角度所具有的实用性、地区性、技术性、总效性和公共性等基本特征。

2-2 试论建筑美学的主要研究内容。

2-3 建筑美学的研究意义有哪几个方面?

2-4 试论中国与西方古典建筑美学思想。

2-5 试论近现代建筑美学思想的变革及建筑流派的产生。

第3章 建筑美学的表现技法

教学目标

本章主要讲述构成的基本原理、建筑艺术的空间语言和建筑形式美的法则，学习建筑美学的表现技法。通过学习，应达到以下目标。

(1) 了解形态构成与立体构成的要素及创造美的规律。

(2) 掌握建筑艺术的空间语言要素。

(3) 熟悉建筑形式美的法则。

教学要求

知识要点	能力要求	相关知识
形态构成与立体构成	(1) 了解色彩构成的原理和分类 (2) 理解平面构成的形态要素、平面构成的方法；理解立体构成的元素及其审美需求 (3) 掌握平面构成的形式美的法则、立体构成美的类型	(1) 色彩的属性与心理，色彩的调和 (2) 平面构成的发展与应用 (3) 立体构成的概念
建筑艺术的空间语言	熟悉建筑面、体形、体量、群体、空间、环境的特征	(1) 古希腊柱廊、中国古典建筑木结构 (2) 建筑形态 (3) 故宫建筑群
建筑形式美的法则	掌握建筑形式美的法则	(1) 主和从 (2) 对比和微差 (3) 均衡和稳定 (4) 韵律和节奏 (5) 比例和尺度 (6) 重复和再现 (7) 渗透和层次 (8) 空间序列

平面构成、色彩构成、立体构成、建筑的空间语言、建筑的形式美

引例

建筑艺术的解读

对建筑艺术的认知，从精神层面，可以梳理和分析形成这些物质形式美的背景，包括历史、文化、经济等，从而理解建筑美的内涵。那么，从物质层面，是否也具有普遍存在的一般性美的规律呢？

《圣经》中记载，远古时人们本来说着同种语言，但有一天，他们联合起来兴建能够通往天堂的高塔。上帝为了阻止这个计划，于是让人们的语言混乱不通，相互之间不能沟通，造塔计划因此中止，这塔后被称作“巴别塔”（古希伯来语中“巴别”是“混乱”的意思）。

从这个宗教故事我们能够认识到，语言不通将造成意识理解的混乱。但是在物质层面，建筑艺术可以通过空间语言解读，其形式之美也具有一般性的普遍规律。

3.1 形态构成与立体构成

在我们学习了美学基础和建筑美学的基本知识之后，有必要对建筑艺术这种特殊的美学形态的基本构成知识做一些了解。形态构成与立体构成是欣赏和分析建筑形态及空间之美的基础。

3.1.1 形态构成

形态构成包括平面构成和色彩构成两个部分。

1. 平面构成

1）平面构成的概念

“构成”是一个近代造型概念，其含义是指将不同或相同的形态按几个以上的单元重新组合成为一个新的单元，形成自然形态、几何形态和抽象形态等，并赋予其视觉化的、力学化的观念。

平面构成是构成学的三大支柱之一，主要按视觉规律、力学、心理、物理因素，围绕形、形体、形态研究二维空间的形态规律。

通过学习平面构成，可以增进对平面形式美法则的理解，将自然界中的现象、规律经过理性的概括、抽象、归纳转化为点、线、面等构成语言，能够培养二维审美和造型能力。

2）平面构成的发展与应用

随着人们对自然科学和哲学认识论的发展，平面构成建立在20世纪的量子力学微观认识论的基础之上。这种由宏观到微观认识的深化影响了造型艺术的发展。早在西方绘画中可见到构成观念的影子，如立体主义绘画、俄国的构成主义、荷兰的新造型主义，都主张放弃传统的写实造型，转而采用抽象的形式表现。后来德国包豪斯设计学院形成一个完整的现代设计基础训练的教学体系，奠定了构成设计观念在现代设计训练及应用中的地位和作用。

20 世纪 70 年代以来，平面构成作为一项设计基础内容，已广泛应用于工业设计、建筑设计、平面设计、时装设计、舞台美术、视觉传递等领域。

3）形态的分类

在人类生存的客观世界里，形态不外乎分为物质和精神两大类。凡是人们能够直接看到和触及的实际形态称为现实形态；凡是不能直接看到和触及而必须用语言文字描述的形态称为理念形态。

（1）自然形态——靠自然界本身的规律形成的形态称为自然形态，自然形态分为偶然型和规律型。

① 偶然型：自然形态中，一类如云、海潮、奇山怪石等，形成于偶然之中，形象混沌、朦胧弥漫，具有超越人类意志的魅力。

② 规律型：自然形态中，一类有规律或有序，可以预测，如植物的叶、花朵的开放、四季的更替等。

（2）人为形态——按加工方式的不同分为徒手型和机械型。

① 徒手型：是指仅用简单的手操工具进行加工，可以体现出人们加工的力度变化，因此徒手型带有人手的温暖，这种温暖感揉进野趣之中，便更有亲和力。

② 机械型：顾名思义，机械形态缺乏生动感和自由感，显得比较严谨、冷漠，但更具有理性和逻辑性。

4）平面构成的形态要素

人们所见的形象事物都是由三个最基本的要素组合而成的，这三个要素是点、线、面。我们了解形体空间的构成要素本身不是目的，重要的是了解要素空间表现上的作用，以使造型构图丰富、流畅。

（1）点。

① 点的概念、形态与特点。

点被认为是一种相对体积较小并且比较自由的形体。越小的形体越能给人以点的感觉。点的造型可以是多样的，但从视觉艺术方面来说，将点以规则的形体来表现则更能表达视觉的效果。例如，我们以圆形、方形、三角形、多边形等造型作为点的表现形式。

点的感觉与点的形状、大小、色质、排列及光影等均有关系。点的基本特点是注目性，点容易成为视觉中心，是由点的独立性所决定的。同一个点在画面中不同的位置，会形成不同的心理感受：画面中心的点具有平静、集中感；画面上方的点给人不稳定感；而位置偏下的点形成安定的感受；处于画面边缘的点带有逃脱的动感。当画面中有大小不同的点，大的点更容易先引起注意，但视线随后会转移到小点上。

建筑造型根据不同的要求对点形状做出处理，加大对比可使点强化。如果减少点与背景的对比、加大点的尺寸和密度，会使点淡化、线化或面化。

② 点的构成。

将大小一致的点的形状按一定的方向进行有规律的排列，这种形式的排列，我们一般称之为线化的点。其主要特点表现为通过点的有规律、有方向的排列，从而给人的视觉留下一种由点的移动而产生线的感觉，如图 3.1 所示。

由大渐小的点按一定的轨迹、方向进行变化，形成一种有韵律感的点。此种点的排列，所产生的视觉效果带有更加灵动柔和的美，如图 3.2 所示。

不同大小、疏密的混合排列，使之成为一种散点式的构成形式。这种构成形式会给人

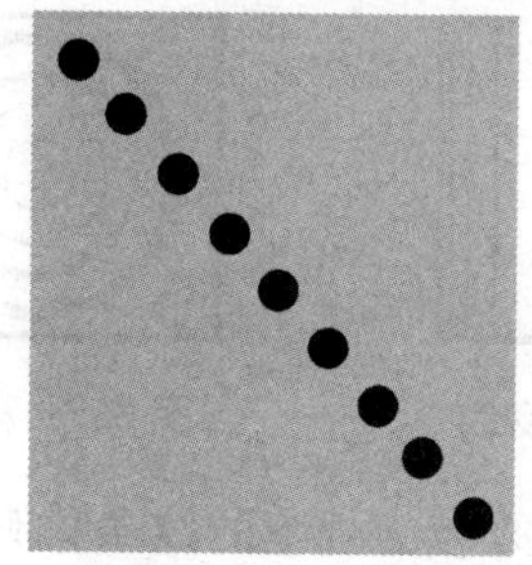
图 3.1 线化点

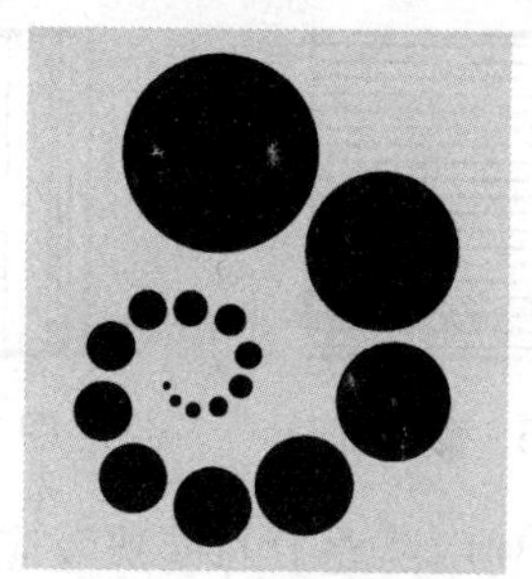
图 3.2 渐变点

以远近、虚实等空间视觉效果，如图 3.3 所示。此外，大量不同大小的点的不规则运动会产生混乱的视觉效果。

将点以大小一致的形式进行面化排列，这些密集的点能给人以强烈的整体面化倾向效果。进而将大小一致的点以相对的方向，逐渐重合，重合的点与未重合的点所产生的视觉效果具有较微妙的动态，如图 3.4 所示。

图 3.3 混合点

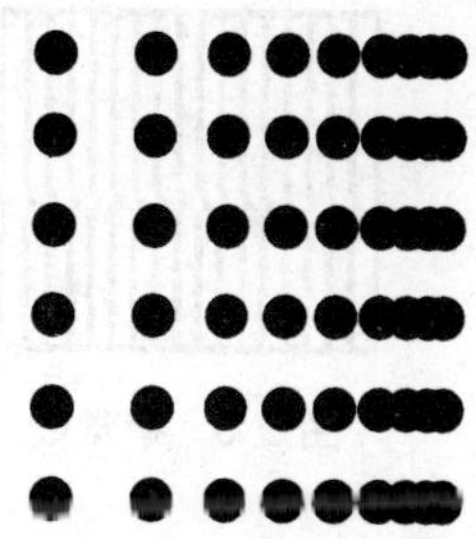
图 3.4 疏密点

(2) 线。

① 线的概念、形态与特点。

线是点运动的轨迹，一个点任意移动构成线的图形。点具有位置、长度、宽度、方向、形状等属性。

线和点一样，也有规则与不规则之分，形成直线和曲线两大形态，它们各具不同的构成效果。直线有垂直线、水平线、斜线、折线、平行线、虚线、交叉线等；曲线有弧线、抛物线、自由曲线等。直线给人静的感受，曲线则有运动、不安定的感觉。

② 线的构成。

面化的线：将线条(粗细不限)进行较密集的、等距离的排列，这种线的排列形式，明显地趋向于面的视觉效果，从而体现了无论是点、线的密集排列，都可产生面的感觉形态，如图 3.5 所示。

疏密变化的线：把线按不同的距离进行平行排列，线距大的线显得近，线距密的线则显得远。这种排列形式，体现出了一种较为常见的透视空间，如图 3.6 所示。

粗细变化的线：将粗细不同的线进行基本等距排列时，较粗的线条明显地给人以近、实的感觉；细线则表现出较远且虚的形态。所以，粗细线的排列、变化也能塑造一种虚实、远近空间的视觉效果，如图 3.7 所示。

图 3.5 面化线

图 3.6 疏密线

图 3.7 粗细线

错觉化的线：利用视觉中的错视效应，将原来较为规范的线条排列做一些切换变化，把它们重新连接起来，人们凭直觉仍会把这些线当做直线。其实，它们都已变成了另一种形态的曲线。这种错视在设计中的运用，常会给人一种奇幻的效果，如图 3.8 所示。

立体化的线：以粗细一致的曲线按一定的方向有节奏地变化，寻求曲线在某种形态下所能体现出的立体空间形态，如图 3.9 所示。

不规则的线：不规则的线的形式和种类非常多，不同的工具、不同的手法、不同的材料都可画出许多样式丰富多彩的线条。在平面设计中，不规则线的运用，可达到规则线所达不到的视觉效果。

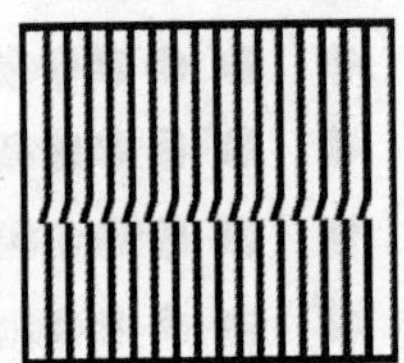

图 3.8 错觉线

图 3.9 立体线

(3) 面。

① 面的概念、形态与特点。

面是由线重复平行排列或线的运动至停止而形成的。面有长度、宽度，没有厚度，且有位置和方向，其形状丰富多变，有方形、圆形、三角形、多边形、多角形和不规则形面(由自由弧线、直线随意构成的面形)。

面的形态也是多种多样，并在视觉上具有不同的作用和特点。直线型的面具有安定、硬朗和秩序感；曲线型的面具有柔软、轻松和饱满感；不规则形的面具有生动、活泼和人情味。

除此之外，平面在空间形态上还有直面、斜面之分。直面显得端正、简洁，但较机械；斜面则方向性、空间感强。曲面较之平面更显柔顺、平滑、优美，平面、曲面的良好组合，可以使几何形态产生刚柔并济、生动活泼的美学效果，是创造形态美的重要手法。

② 面的构成。

几何形的面：将几个几何形状的面做自由组合，表现规则、平稳和较为理性的视觉效果，如图 3.10 所示。

自然形的面：寻找一些自然界的物体，如以动物、植物等形体的形式表现出来，给人以生动亲切的视觉效果，如图 3.11 所示的苹果产品的商标。

不规则形的面：自由喷洒的点滴偶然形成的面具有生动、活泼的效果，如图 3.12 所示。

人形曲面：具有理性人文特点，如图 3.13 所示的鲁宾杯，产生人脸和杯子的双重意向。

图 3.10　几何形面

图 3.11　自然形面

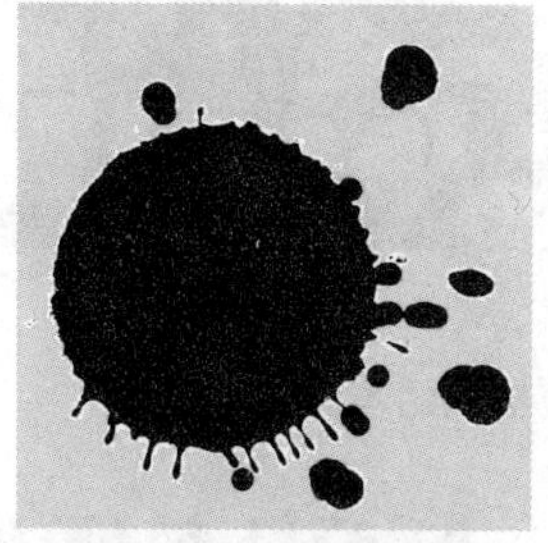
图 3.12　不规则形面

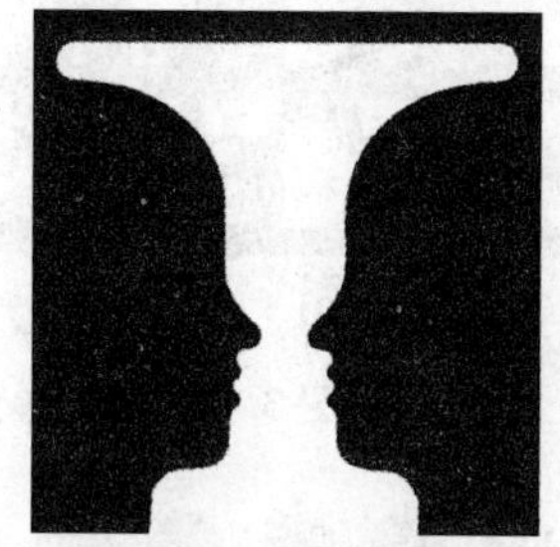
图 3.13　人形曲面

5）平面构成的方法

人类在日常生活中积累了大量审美经验，美的表现形式可大致归纳为有秩序的美和打破常规的美两类。有秩序的美的构成形式包括重复构成，以及带有较强韵律感的相似构成、发散构成等；而变异构成、对比构成等带有打破常规的性质。

（1）重复构成。在同一设计中，相同的形象出现两次或两次以上，称为重复构成。重复构成分为两种类型。

① 骨骼的重复。骨骼是构成图形的骨架格式，是按照数学方式有序的排列。骨骼可以固定每个基本形的位置，还将画面分为大小、形状相同或不同的空间，这个空间称为骨骼单位。水平线和垂直线构成骨骼变化的步骤，骨骼形状的变化由其宽窄、方向的变化决定。

② 单元形重复。在平面构成中用同一图形单元构成，称为单元形重复构成。单元形有形状、大小、色彩、肌理、方向等多种重复方式。图 3.14(a)和(b)采用了同一个单元形，只是骨骼排列不同。

（2）渐变构成。渐变是指渐次的、循序渐进变化而呈现出的有阶段性的调和秩序，如由远及近、由大及小、由浓及淡的变化。从构成角度看，渐变可分为基本形渐变和骨骼渐变两种。其中基本形渐变可以发生形状、大小、位置、方向、色彩、虚实等的变化。图 3.15 是基本形渐变构成，图 3.16 是骨骼渐变构成。

（3）相似构成。相似构成在大小、形状、肌理、色彩、骨骼等方面有着相似的特征。相似就是各单元形有不同的变化或者有相近似的地方，远看如出一辙，近看则变化万千且趣味无穷，如图 3.17 所示。

（4）发散构成。发散构成是骨骼单位环绕一个中心向四周重复或渐变，形成具有空间感的构成效果。发散中心不同或者发散方向不同，会产生不同的构成效果，可有对称和非对称的发散、曲线型或直线型的发散等，图 3.18 采用直线骨骼发散构成，图 3.19 采用曲线骨骼发散构成。

在发散构成中，按透视学的原理将平行直线集中消失到灭点的方法，尤其表现其空间感的构成方法也称为空间构成。

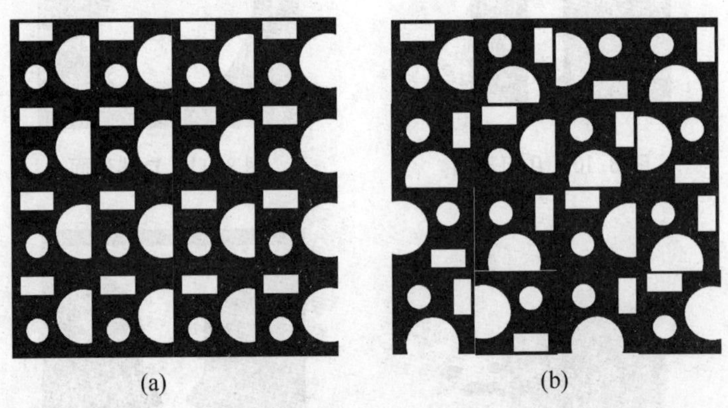

(a) (b)

图 3.14 基本单元形重复构成的不同排列

图 3.15 基本形渐变构成

图 3.16 骨骼渐变构成

图 3.17 相似构成

图 3.18 直线骨骼发散构成

图 3.19 曲线骨骼发散构成

(5) 变异构成。变异构成是指在有秩序的构成要素关系里，有个别元素或单元刻意打破这种秩序的构成方式。变异依赖于大多数秩序而存在，以衬托出少数或极小部分的不同。变异的目的在于突出焦点，打破单调重复的画面，如图 3.20 所示。任何元素均可做特异处理，如形状、大小、色彩、肌理、位置、方向等。

(6) 对比构成。对比构成是把反差很大的两个视觉要素，同时设置在一个视觉平面，但仍具有统一感的构成现象。这种构成体现了矛盾中统一的哲学思想，使各要素的特点突出，形成更加活跃的视觉效果。对比可以通过不同颜色的明暗、冷暖、饱和等，不同形状的大小、粗细、曲直等，方向的垂直、水平、倾斜，数量的多少，排列的疏密，位置的左右、高低、远近，形态的虚实、黑白、隐现，材质的软硬、干湿等多方面的对立因素来达到。如图 3.21 所示为对比构成。

(7) 集中构成。集中构成是指单元形在整个构图中无论是自由散布还是规律排列，都呈现出疏密有致的构成形式。通过无形中的疏密对比产生视觉张力，从而使最集中或最分散的地方成为整个设计的视觉焦点。因此集中构成其实也是一种对比手法，利用单元形的排列产生疏密、虚实、松紧的对比效果，如图 3.22 所示。

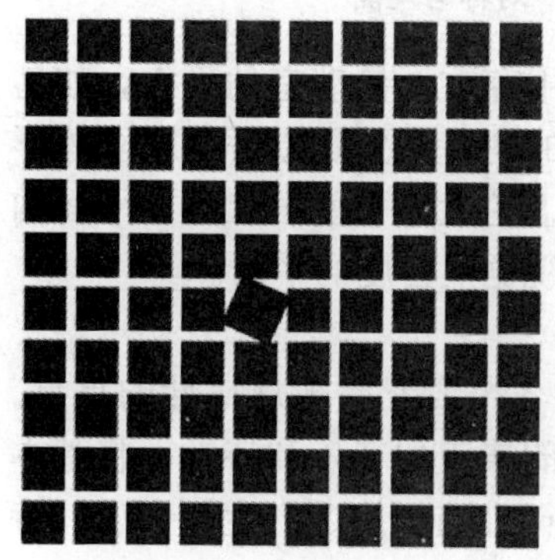

图 3.20 变异构成

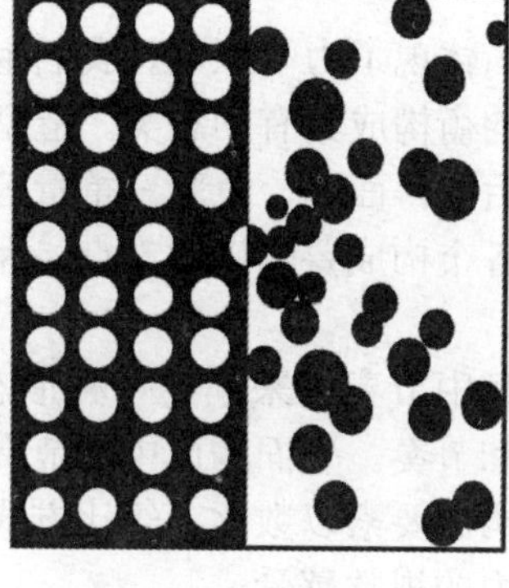

图 3.21 对比构成

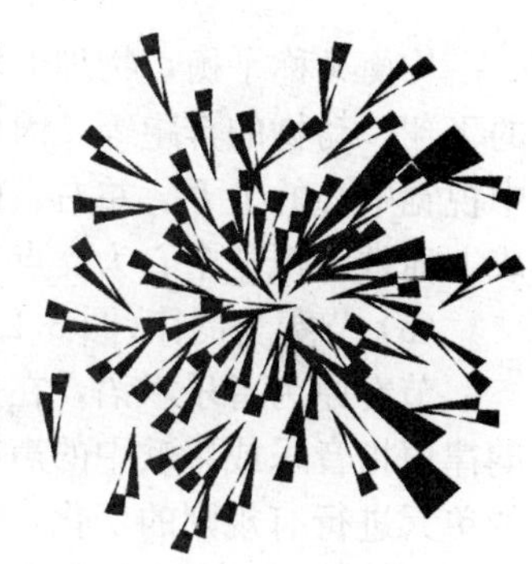

图 3.22 集中构成

(8) 质感构成。质感构成又称肌理构成，是通过构成图形表现不同的材料质感(如粗糙感、光滑感、软硬感等)的构成方法。质感是物体表面的触感特征，质感构成通过视觉表现在不同的平面材料上。

6) 平面构成的形式美法则

形式美的法则是人类通过长期且系统地研究美感现象所得出的共同结论，指美的对象在形式方面所呈现出来的某些具有共性的美的要素和规律。形式美的法则既是自然规律，也是人文历史的规律在形态方面的体现。

(1) 对比与调和(图 3.23)。

自然界中广泛存在着各种变化现象，而不断变化又成为一个恒定的现象。

在造型领域中，对比是让造型产生变化的基本手段。艺术领域里的对比是指两种形态或一个形态的两个方面相比较后产生差异性的特征。

而统一是变化的对立面，是事物呈现共同性的结果，是一种和谐的状态。调和是让造型产生统一效果的基本处理手法之一。造型中的调和是指造型的个体要素在组织结合时，无论整体与部分，还是部分与部分之间都能相互协调，取得和谐的美感。对比与调和体现了矛盾统一的审美观。

(2) 对称与均衡(图 3.24)。

自然界中的动植物大部分都是对称的形式，因此对称的形态能够给人以自然、完整、典雅、庄重的美感，符合人们的审美习惯和审美心理。平面构成中的对称方式有点对称和轴线对称两种。

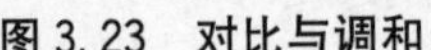

图 3.23　对比与调和

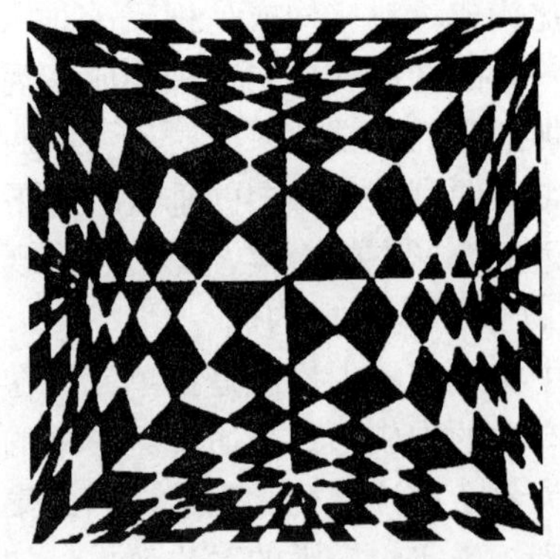

图 3.24　对称与均衡

均衡又称平衡，物理上均衡体现了力学原则。我们生活中存在大量动态的平衡，如鸟的飞翔、动物的奔跑等，因此均衡构成具有动态美。造型上的均衡主要是指平面或立体形中视觉中心的上下、左右、前后取得面积、色彩、重量等量上的大体平衡的状态。平面构成上通常以视觉中心为支点，各个构成要素以此支点，保持视觉上力度的平衡。

(3) 节奏与韵律(图 3.25)。

节奏原为音乐术语，在造型中节奏用来描述一种形态的各个要素呈现规律性的重复。韵律原指音乐或诗歌中的声韵和节奏。平面构成中的节奏与韵律正如音乐和诗歌，将基本的单元进行有规则的变化，如构成要素以数比、等比方式进行排列，使之产生如音乐、诗歌般的旋律感，充满灵气和活力的视觉感受。

(4) 比例与尺度(图 3.26)。

比例是部分与部分或部分与全体之间的数量关系。完美的比例、适当的尺度差是结构美的造型基础。精确的比例与尺度最能够体现设计者的修养与水平，人们常用“增一分则太多，减一分则太少”来形容某种尺度的恰到好处。这也说明美与不美，往往只有毫厘之差，从另一方面也说明了尺度对于美的重要性。

比例控制涉及分割，即把一个限定的空间按照一定的方法划分成若干个形态，形成新的整体。常见的分割方法有等比分割(1∶1)、黄金比分割(1∶0.618)和自由分割。

图 3.25　节奏与韵律

图 3.26　比例与尺度

(5) 联想与意境(图 3.27 和图 3.28)。

联想是指由一种事物自然延伸到另外一种事物上的思维活动。平面构成的画面通过视觉传达而产生联想，从而达到某种意境。尤其是具有象征含义的视觉形象及其要素会使人产生广泛的联想与意境，因此这种方法被普遍运用在平面设计构图中。

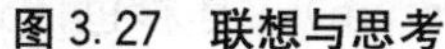
图 3.27 联想与思考

图 3.28 自然与意境

2. 色彩构成

我们周围的大自然与生活充满了色彩。色彩是一种物理现象，它由光引起。了解色彩的本质及探讨它的形成原因，有助于我们更好地把握色彩审美价值的原理、规律、法则和技法。

1) 色彩的产生

我们日常所见的光，大部分都是单色光聚合而成的复合光。复合光中所包含的各种单色光的比例不同，就产生不同的色彩感觉。

我们所看到的一个物体的色彩由三个因素形成：光源色、物体色及环境色。光源色是由各种光源发出的光，光波的长短、强弱、比例性质的不同形成了不同的色光；物体色本身不发光，它是光源色经过物体的吸收反射后映射到视网膜中的光色感觉，我们把这些本身不发光的色彩统称为物体色；环境色是物体周围环境和空间影响产生的色光。

在法国，19 世纪的印象主义画派出现之前，人们大都习惯地认为物体的颜色是固有不变的，这就是所谓的物体的“固有色”。后来印象派画家大胆地提出不存在固有色，物体的颜色是随着光线的变化而变化的，从而否定了固有色。从科学的角度来讲，是不存在固有色的，因为物体只有固有的物理结构，具有吸收和反射特定波长光线的能力，但是显示什么颜色还是要取决于什么样的光线。在同样的白光下，消色物体中，吸收全部色光的物体呈黑色，反射全部色光的呈现白色，这些颜色都是物体对白光非选择性吸收的结果。

这样的例子在人们的生活中处处都可以发现。例如，随着时间的不同，同一棵树，早上，在晨曦的照射下，呈现黄绿色；中午，在强烈的直射阳光下，呈现碧绿色；夜晚，在夜幕的掩映下，呈现蓝绿色。这也说明了，在设计建筑和桥梁的颜色时，要考虑更多的环境因素，而不是仅仅依靠对色彩的美学经验。

2) 色彩的分类

原色是不能透过其他颜色的混合调配而得到的“基本色”。三原色是色彩构成的基本要素，以不同的比例将三原色混合就可以得到不同的色彩。主动发光的三原色被称为色光三原色(红、绿、蓝)，也称加法三原色；被动发光的三原色被称为颜料三原色(红、黄、蓝)，也称减法三原色，如图 3.29 所示。

色彩大体可分为无彩色和有彩色，无彩色如黑、白、灰色，有彩色如红、黄、蓝等颜

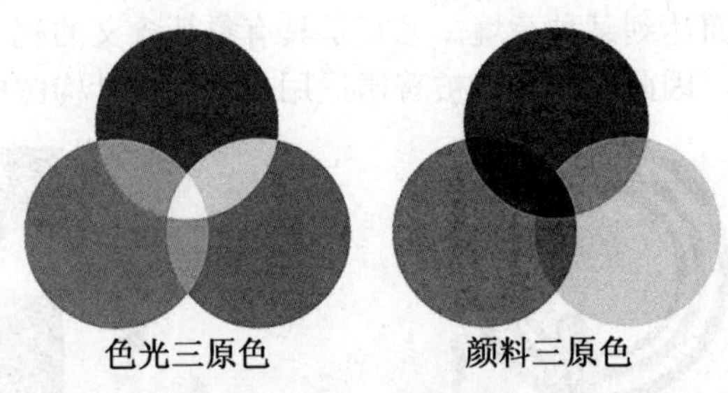

图 3.29　三原色

色。无彩色就没有色相，与此相反，有彩色具备光谱上的某种或某些色相。

无彩色有明有暗，表现为黑、白、灰，也称色调；有彩色的状态则由色彩的三属性来确定，即色相(Hue)、明度(Lightness)和纯度(Saturation)。有彩色的这三个属性是不可分割的，应用时必须同时考虑。

3）色彩的三属性

表面色分为单色和彩色两种，单色是指白、灰、黑等无色彩的颜色；红、黄、绿、蓝等有色彩的为彩色。

色彩具有如下三种属性：色相——表示彩色所具有的色的特征的属性；明度——表明色的明暗的属性；纯度——表示彩色的鲜艳程度的属性。

彩色具有上述三个属性，单色只有明度一个属性。彩色的明度、色别、彩度的变化，变化出千变万化的色彩，构成了我们多姿多彩的生活环境。

(1) 色相。色相是有彩色的最大特征，也称色调，它是指能够比较确切地表示某种颜色名称的色族，最初的基本色相为红、橙、黄、绿、蓝、紫。12 色相按照光谱顺序排列分别为：红、橙红、黄橙、黄、黄绿、绿、绿蓝、蓝绿、蓝、蓝紫、紫、紫红。图 3.30 是 12 色相环与 24 色相环。

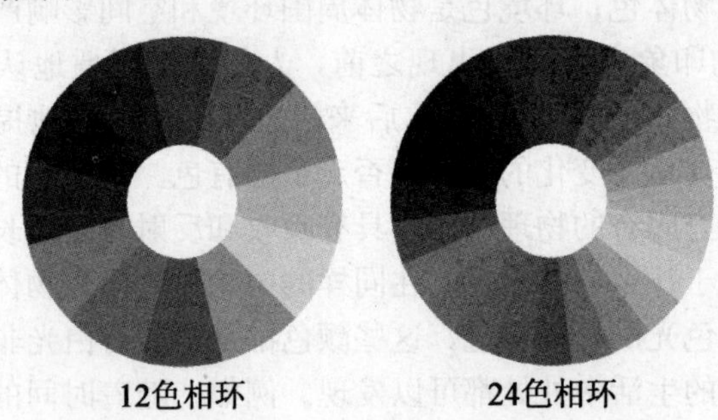

图 3.30　12 色相环与 24 色相环

(2) 明度。明度是指色彩的明亮程度。颜色明度的强弱因有色物体的反射光量的不同而产生。计算明度的基准是灰度测试卡。黑色为 0，白色为 10，在 0～10 等间隔地排列为九个阶段。色彩明度变化的情况有两种：一种情况是对于同一色相而言，当同一色相的物体在强光下就会显得色彩明亮，在弱光下则显得色彩黯淡；另一种情况是不同的颜色具有不同的明度，如黄色明度最高，蓝紫色明度最低，红、绿色为中间明度。图 3.31 是明度色标。

(3) 纯度。色彩的纯度是指色彩的鲜艳程度，即用数值表示色的鲜艳或鲜明的程度，

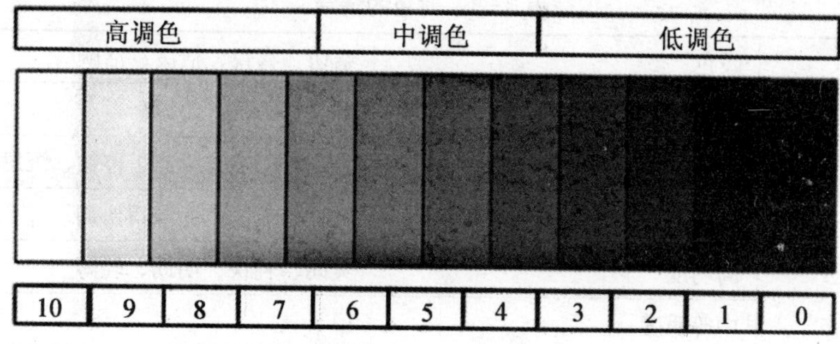

图 3.31 明度色标

亦称饱和度。纯色是最高纯度最高的颜色，随着纯度的降低，颜色变暗淡，直到逐渐失去色相，变为无彩色。图 3.32 从右到左颜色的纯度降低。

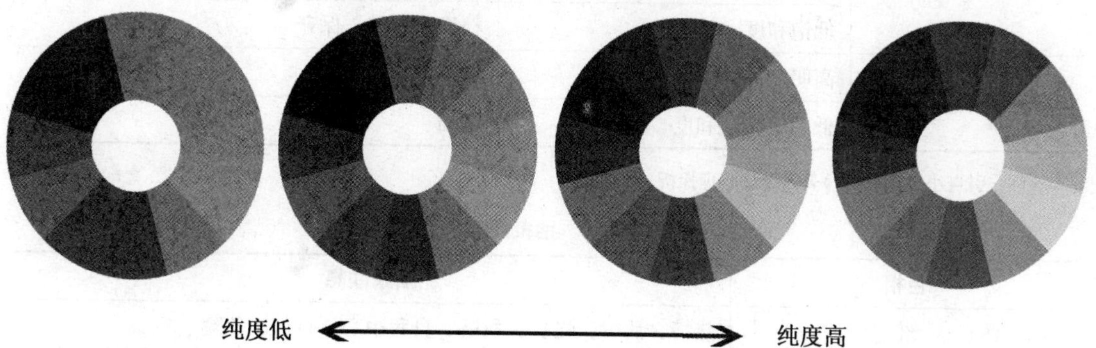

图 3.32 色彩的纯度的变化

色彩混合时的明度和纯度都会发生变化。例如，红色加入黑色以后，明度和纯度都降低了；但果红色加白色以后，则明度提高了，纯度却降低了。

4）色彩与心理

色彩对人的心理可以产生物理的、情感的和意象的影响。经过心理学家实验表明：人在暖色环境中血压偏高，情绪兴奋冲动，而在冷色环境中脉搏减弱，情绪也较平静；同样的物理温度下，人在暖色环境中感觉温暖，在冷色环境中感觉凉爽。这种冷暖感觉，并非来自物理上的真实温度，而是与我们的视觉与心理联想有关。

色彩心理学是建筑学目前还没有深入研究的领域，但是人们已经开始逐步发现色彩心理学对人们的影响。为了使我们的桥梁能够改善人们的生活，我们必须像控制噪声和污染一样，高度重视和控制桥梁的色彩，由此不断美化、优化城市的人居环境。由以下三个表我们可以初窥色彩对人的心理效果，见表 3-1～表 3-3。

影响色彩心理的因素大致有以下几种。

(1) 色彩心理与年龄有关。

根据实验心理学的研究，人随着年龄上的变化，生理结构也会发生变化，色彩所产生的心理影响随之有别。有人做过统计：儿童大多喜爱极鲜艳的颜色。婴儿喜爱红色和黄色，4～9 岁的儿童又喜爱绿色，7～15 岁的小学生中男生的色彩爱好次序是绿、红、青、黄、白、黑；女生的爱好次序是绿、红、白、青、黑。随着年龄的增长，人们的色彩喜好逐渐向复色过渡，向黑色靠近。也就是说，年龄越倾向成熟。

表 3-1　对色的情绪

色　别	暖色	亲切、喜悦、活泼、活跃
	中间色	平静、平凡、协调
	冷色	阴沉、悲哀、凄凉、停顿、沉思、宁静
	单色	衬托其他颜色而取得协调
明　度	高明度	爽朗、轻快、明朗、轻薄
	中等明度	稳、重
	低明度	忧郁、笨重、稳重
饱和度	高饱和度	华丽、新鲜、进步
	中饱和度	稳重、舒畅
	低饱和度	朴素、古雅、保守
明度和饱和度	高明度低饱和度	柔和
	低明度高饱和度	坚强

注：引自小林重顺(日)著《设计心理探析》。

表 3-2　抽象的联想

色相	抽象联想
红	热情、活泼、强壮、积极、自我中心、自信、危险
橙	温和、喜悦、舒畅、友情、疑惑、妒忌
黄	希望、愉快、明朗、幸福、自信、外向
绿	和平、安全、新鲜、成长、理想、公平、宽容
蓝	冷静、理智、悠久、清澈、深远、神秘、保守
紫	优雅、高贵、庄严、神秘、不安、呆滞
白	洁白、清洁、清静、神圣、永恒、命运
灰	平凡、失意、谦逊、不安
黑	严肃、神秘、命运、永恒、恐怖、不祥、憎恶

注：引自塚田敢(日)著《设计基础》。

表 3-3　具体的联想

色相	具体联想	色相	具体联想	色相	具体联想
红	火、血、太阳	绿	草、叶、森林	白	雪、白云、砂糖
橙	灯火、火焰、柑橘	蓝	海、水、天空	灰	阴天、雾霾、老鼠
黄	光、菜花、柠檬、银杏	紫	薰衣草、葡萄	黑	黑夜、墨、碳

(2) 色彩心理与职业有关。

体力劳动者喜爱鲜艳色彩，脑力劳动者喜爱调和色彩；农牧区喜爱极鲜艳的、成补色关系的色彩；高级知识分子则喜爱复色、淡雅色、黑色等较成熟的色彩。

(3) 色彩心理与社会心理有关。

一个时期的色彩审美心理受社会心理的影响很大，所谓“流行色”就是社会心理的一种产物。时代的潮流，现代科技的新成果，新的艺术流派的产生，甚至自然界某种异常现象所引起的社会心理都可能对色彩心理发生作用。当一些色彩被赋予时代精神的象征意义，符合了人们的认识、理想、兴趣、爱好、欲望时，那么这些特殊感染力的色彩会流行开来。例如，中国古代建筑严格的色彩等级制度，不同的阶层和地位的人们使用的颜色普遍不一致。

(4) 共同的色彩感情。

虽然色彩引起的复杂感情是因人而异的，但由于人类生理构造和生活环境等方面存在着共性，因此对大多数人来说，无论是单一色，或者是几种色的混合色，在色彩的心理方面，也存在着共同的感情。根据实验心理学家的研究，主要表现在色彩引起人们的冷暖、轻重、软硬、强弱、明快、忧郁、兴奋、沉静、华丽与朴素的感觉。

色彩对人类的作用和影响非常重要。色彩既是传达信息的手段，又是感情的语言。客观世界所有可视对象的外表都可以通过色彩被认识，人们的感情活动也是与色彩联系在一起的，任何色彩都影响人的感觉、知觉、记忆、联想和情绪等心理过程，不同的色彩和色彩配比调和对人们产生不同的心理作用，人们因此产生不同的色彩偏好倾向和好恶感。

5) 色彩的调和

调和是指两个以上的事或物配合适当、相互协调、和谐统一。色彩调和是指两个或两个以上的色彩，有秩序、协调和谐地组织在一起，能使人产生愉快、喜欢、满足等心理感受。色彩的调和手法一般有类似调和及对比调和。色彩调和规律不仅指性质相近的色彩相配所给人的视觉愉悦感，更含有追求不同特征、不同属性的色彩相配合而达到的美妙效果。

(1) 类似调和。类似调和是指具有一致或统一的色彩要素关系，包括同一调和与近似调和两种。类似调和追求变化中的统一，能够体现对立统一的哲学思想。

① 同一调和。当色相、明度、纯度中的一种或两种要素完全相同，其他的要素产生变化，被称为色彩的同一调和。只有一种要素相同的称为单性同一调和，有两种要素相同时称为双性同一调和，如图 3.33 所示。

② 近似调和。所谓近似就是双方色彩接近、相似，在色彩搭配中，选择性质或程度很接近的色彩组合以增强色彩调和的方法称为近似调和，如图 3.34 所示。

图 3.33 同一调和

图 3.34 近似调和

(2) 对比调和。调和与对比如同一个事物相互依存的两种性质，是一种此消彼长的关系。为了产生更活泼、生动、鲜明的效果，在对比调和中明度、色相、纯度三种要素可能都处于对比状态。这种色彩关系达到既有变化又有统一的和谐美，主要不是依赖色彩要素的一致，而是靠某种组合秩序来实现。同样的骨骼构成，不同的色彩调和，如图 3.35 所示。

图 3.35 对比调和

3.1.2 立体构成

1. 立体构成的概念

立体构成也叫空间构成，是以视觉为基础，以力学为依据，研究三维空间中的立体造型要素，按照一定的构成原则组合成具有个性美的立体形态的科学。其任务是揭示立体造型的基本规律，阐明立体设计的基本原理。

立体是由面围合而成的三维空间，最大特点是具有尺度、比例、体量、凹凸、虚实、刚柔、强弱的量感与质感。桥梁各种构件如塔、梁、墩、台等均可视为“体”。

立体构成是三维立体空间的构成表现，与平面构成既有联系又有区别。它们都属于造型观念，训练抽象构成能力，培养审美观和创造表现美的能力；区别在于立体构成是三维空间里实体形态与空间形态的组合，在结构上要符合力学的要求，其材料也影响和丰富形式语言的表达。因此平面构成中的点、线、面基本元素及形式美的法则也适用于立体构成，立体构成更强调三维立体的空间美感，尤其需要综合运用材料和制作工艺，把握造型的体积量感。

在日常生活中，有很多丰富的立体构成，如建筑物和构筑物、城市雕塑、工业产品、包装装潢、交通工具、家具、服装、饰品等。桥梁建筑整体即是将不同功能、不同形态的各部分“体”进行精心的空间组合，形成合乎功能要求又有美的形态的有机整体，以其总体规模的形象与周围环境一起给人以美的感受，激发人们的特殊感情。

2. 立体构成的元素

1) 概念元素

立体构成的概念元素有点、线、面、体和色彩。相较于平面构成，立体构成的概念元素更多地从几何学的角度来考察。

（1）点：在几何学上，点只代表位置，没有长度、宽度和厚度。它存在于线段的两端、线的转折处、三角形的顶端及圆锥形的顶点等位置。但是在立体构成中的点，是一种相对较小的视觉单位。因此立体构成中的点不仅有位置、方向和形状，而且有长度、宽度和厚度。而且点的构成，会因点的大小、亮度和点与点之间的距离产生不同的视觉效果。点元素具有很强的视觉引导和集聚作用，从而产生心理张力，点在立体构成中常用来表现强调和节奏，能起到加强空间深远感的效果的作用。如图 3.36 所示为点成体。

（2）线：线是由点的运动形成的。在立体构成中，长、宽、高中有一个尺度明显大于其他尺寸而显示出线特征的物体都可以被视为线。通过线的集聚、组合或弯曲能够表现面的特征。线在空间中具有联系其他物体的作用，也用以分割空间，有助于加强面或体的存在，还具有引导或转移关注点的作用。图 3.37 是巴西工业设计师卡罗丽娜·阿梅里尼(Carolina Armellini)和保罗·比亚吉(Paulo Biacchi)设计的椅子。

图 3.36　点成体

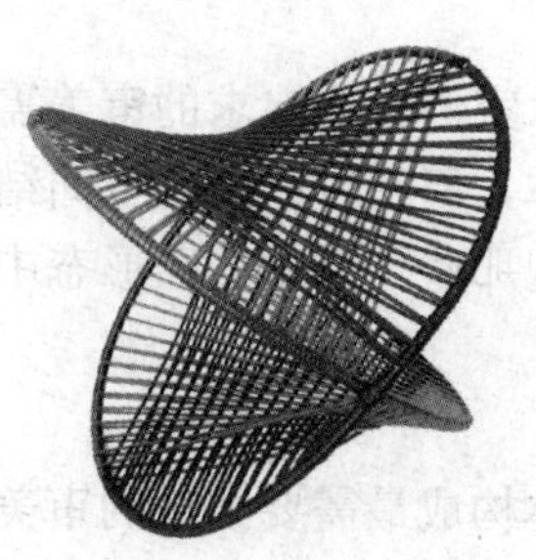

图 3.37　线成体

（3）面：面是由线的运动形成的。面具有强烈的空间方向感、轻薄感和延伸感。面也有切割空间的作用，面的重复叠加能产生厚重感。如图 3.38 所示的是面的构成案例。

（4）体块，体块是由面的运动形成全封闭的立体，是有重量、体积的三维形态。体块给人稳重、充实、秩序和永恒的视觉感受，不规则的体块给人以亲切、自然的感受。如图 3.39 所示的是块成体。

图 3.38　面成体

图 3.39　块成体

2）视觉元素

立体构成的视觉感受受到元素的形状、大小、色彩和肌理的影响。其中形状不仅是指物体的轮廓，还包括构成元素的组织形式；立体构成中大的形体比小的形体更容易吸引视觉注意；构成元素的色彩除了和平面构成所归纳的性质相似外，亮色的元素比暗色的元素更容易吸引视觉注意；尤其是立体构成采用的材料质感和肌理会直接影响构成的视觉效果。例如石头、木材等来自大自然的材料会引起质朴、敦实、亲切的感受，而金属、玻璃、塑料等人造可反光材料更易引起时尚、脆弱、贵重等审美感受。

3）关系元素

立体构成的单元形体及形体之间的位置、方向、重心、空间也是立体构成的重要元素。同样的单元形体，在不同的位置，以不同的方向，与重心的关系，以及周围空间形态都会产生不同的视觉效果。

3. 立体构成的审美需求

1）体量感

立体构成中的体量感，不仅指构成元素的大小感，还可以理解为重量感、体积感、容量感、范围感、数量感、力度感等。在审美及设计中，我们应该考虑立体构成中物体的大小、它们所占据的空间、相互间的秩序与方向、单一与整体间的关系、单元形体间的聚合与分散等问题。

2）运动感

运动感是艺术家们普遍追求的审美需求，因为运动感能够体现活力与生命的美。立体构成是静止的物体，但是可以通过空间结构的组织、材料的质感，将形体变形、变质的艺术进行处理，表现那些“静止的”形态中的潜在内力变化关系，以形成物体运动变化的视觉感受。

3）空间感

空间感是立体构成最需要强调的审美需求。立体构成从不同视角可以观察到不同的空间，给人的心理感受和审美感受是丰富的，具有探索的价值。

4）肌理感

肌理感在立体构成中的表现非常重要。相比平面构成，它更可以丰富造型，加强立体感和空间感。肌理按造型特点，又可分为以观赏为主的平面视觉肌理和以触摸为主的凹凸触觉肌理两类。

5）错觉感

错觉不仅指视觉上产生的错误感觉，还存在于触觉、味觉、听觉和心理的错觉，特别是雕塑、装置艺术品及建筑物等可以利用立体构成原理的错觉感。通常利用光影、重叠、视点变动、空间进深、静止和运动等手段产生错觉效果，达到引人入胜的戏剧化艺术效果。

6）色彩感

立体造型中的色彩作用不完全等同于平面构成设计中色彩的作用，它虽然也遵循普通的色彩学基础，但更加受到三维空间环境、光影效果、工艺技术、材质本身等多方面的制约影响。所以，立体构成中的色彩有着相应的审美感觉和独特的规律性。立体构成中色彩的变换，可以增强心灵的感受，调节不同的气氛和意境。

3.2 建筑艺术的空间语言

空间，正如老子所说：“埏埴以为器，当其无，有器之用。凿户牖以为室，当其无，有室之用。”其本身是呈虚无形态的，空间因为实体的限定才得以存在，才得以具有使用价值。这个实体就是建筑的墙体、屋顶、地面等，建筑真正被使用的部分不是这些实体而是由实体所围合或分割的空间。

语言，是表达和沟通思想的方式。任何一门艺术，都有其特定的语言，用以表达其艺术思想。从某种程度上来说，建筑就是空间的艺术。所以在建筑美学基本原理的应用领域，建筑艺术的空间语言是研究建筑艺术理论和鉴赏建筑艺术作品的重要工具。

分析建筑艺术的空间语言正如分析字、词、句、段落、文章一般，可以由建筑单体的局部、建筑单体、建筑群体等方面展开。

3.2.1 建筑的面及其特征

线的运动形成面，面可分为平面和曲面，平面是由规则的线运动形成的，曲面是由不规则的线运动形成的。

我们一般身处的建筑物，都是由面围合而成，从室外看包括外墙和屋顶，从室内看有内墙面、天花板和地板。

而除了可见可触摸到的实体的面，建筑中还有虚面，如延伸出墙面外的屋顶与地基所围合的面。柱子或者缆绳等结构构件排列所形成的面则是实面。

我们平时最常见到的面是建筑物的外墙面，也称为建筑立面。常见的立面由柱子、门窗、屋檐、线脚或台基及实墙组成，这些不同形态的元素将整体视觉平面划分成部分，部分与部分之间存在着形状、大小、颜色深浅等比例关系。建筑立面的划分首先应满足通风、采光等功能方面的要求，在此基础上采用建筑形式美的法则创造符合精神方面的要求的艺术造型，两者若能够完美结合，就达到了高超的建筑设计水平。如图 3.40 所示的意大利威尼斯的总督府立面设计别具一格，两层疏密排列的柱廊与上层只开了小窗的实墙形成了对比，将建筑分成了三段横向拉长的平面，但又统一在同一个平面中，端庄又不失活泼；上层墙面描绘了伊斯兰风格的花纹，与下面两层柱廊中的拱券相互呼应，体现了威尼斯当时不同文化的交融。

图 3.40 意大利威尼斯总督府

此外，建筑的屋顶平面俗称建筑的第五立面，从高处或空中鸟瞰时方能看到，但同样符合建筑面的视觉特征。尤其是中国古典建筑的大屋顶独具特色，最常用的屋顶就有六种：硬山顶、庑殿顶、悬山顶、歇山顶、卷棚顶、攒尖顶。不仅因为具有不同的功能需求，更是阶级等级的象征。屋顶的高度、屋脊装饰的形象和数目，甚至屋顶的颜色，也有

图 3.41　韩国昌德宫仁政殿

使用的范围和要求，黄色的屋顶只能够供皇家建筑使用，如故宫太和殿。在亚洲，许多古代建筑都受到中国古典建筑艺术影响，如图 3.41 所示的韩国昌德宫的仁政殿，建筑显得庄重谦和，巨大的屋顶在立面中所占的构图比例近乎一半，可见屋顶艺术造型的重要性。

欣赏建筑的面的美，类似于欣赏绘画或者平面构成的美。图 3.40 和图 3.41 中的两座建筑属于两种不同的建筑体系，立面风格迥然异趣，但它们运用的形式美的法则却是相同的，都是为了适应不同的地域气候，采用不同的建筑材料和建筑结构来满足建筑的功能需求。

3.2.2　建筑的体形及其特征

我们在形容和描述一座建筑的时候，往往会首先联想到如何描述它的形状特征，尤其是如何用基本几何体来形容，如描述为“三角顶的建筑”或者“圆形的建筑”等。建筑具有很强的立体感，多个面的围合产生了建筑的体形。通常由基本几何形体构成的建筑更能够引起人们的注意，对建筑体形的欣赏更加类似于欣赏雕塑作品，强调空间的视觉感受和心理感受。

体形的组合原则也应符合形式美的法则。因为建筑是空间的艺术，因此体形之美对于建筑艺术而言显得更加重要。建筑的体形往往是人们感受建筑的第一印象，决定着建筑物的整体风格。

古往今来，很多建筑因为其基本几何体的简洁造型而著名。如图 3.42 所示的古埃及吉萨金字塔群由一系列简单的四棱锥体组合而成，在广袤的沙漠中形成了分明的标志性形象。又如图 3.43 所示的荷兰鹿特丹的方块屋，由一组倾斜的正方体组合排列而成，给人新鲜奇特的视觉感受。又如图 3.44 所示的上海的东方明珠电视塔，由多个圆球体串联构成的建筑形体，犹如大珠小珠落玉盘，在周边的建筑群里非常醒目。

图 3.42　古埃及吉萨金字塔群

图 3.43　荷兰鹿特丹方块屋

图 3.44　上海东方明珠电视塔

3.2.3 建筑的体量及其特征

建筑的体量是指建筑物体形的大小尺度，包括高度、体积等。建筑的体量首先应满足建筑的功能需求，考虑到大小适度、布局合理及建造的经济性。同时，建筑的体量非常直观，直接影响着建筑的美感。体量大的建筑给人以宏伟、壮观的心理感受，易产生崇拜感；体量小的建筑则给人以平实亲切、易于接近的感受。

很多建筑在经济条件允许的情况下，强调精神象征意义超过了其功能价值。

西方古代体量高大的建筑，如古埃及的金字塔群高达百米。金字塔是封建君主绝对君权和地位的象征，高大的体量产生了压抑感，崇拜感也随之产生；欧洲中世纪的哥特式建筑以直耸入云的高大建筑表达对上帝的臣服和皈依。例如，图 3.45 所示的德国科隆大教堂的双塔高达 150 多米；图 3.46 所示的梵蒂冈文艺复兴时期建造的圣彼得大教堂的穹隆顶高 140 多米，同样显示了宗教建筑通过巨大的体量所表达的精神震撼效果。

图 3.45 德国科隆大教堂

图 3.46 意大利罗马圣彼得大教堂

中国遗存的古典木结构建筑不多，据《史记·秦始皇本纪》载，秦始皇在咸阳修建阿房宫“东西五百步，南北五十丈，上可以坐万人，下可以建五丈旗”，体量高大宏伟，气势恢宏，以显示帝王至高无上的威望和权势。

此外，中国古典建筑又尤其注意建筑与人体尺度的和谐，重视建筑群体组合的体量和空间环境关系，体现中国美学的理性精神和人文主义。如图 3.47 所示的南京鸡鸣寺，结合地势拾级而上布局建筑，建筑的体量与人及周边环境融合得恰如其分，体现了平静、祥和的宗教气氛。

现代建筑中，尤其是金融建筑和公共建筑采用大体量，一方面具有大型使用空间的需求，另一方面庞大的体量和高度是企业实力或城市经济发达的象征。

图 3.47 南京鸡鸣寺

3.2.4 建筑的群体及其特征

多个建筑单体在共同的空间里组合而构成建筑群体。建筑群体是一个系统，因此具有系统的结构性，这是建筑不同于其他造型艺术之处，也是建筑之美更加具有魅力之处。建筑群体有自然形成的(如根据自然形态和地理条件，自然组织形成的村落居住群)，也有经过设计师刻意设计与布局的建筑群(如皇家宫殿建筑群)。建筑群的概念还可扩大至村镇及城市，与其密切相关的城乡规划学则是更为复杂、涉猎更广泛的学科。组织建筑的群体关系不仅要考虑功能性，也要考虑建筑和周围环境的关系，达到和谐共存，从而使人得到美的感受。这是建筑群体空间组织的法则。

正如2.2节中写到的，建筑群体在中国古代非常普遍，形成以“进”为单位的院落式建筑群，通过序列式的空间布局体现了以“礼”为尊的精神追求，如图2.1和图2.3所示。

萧默曾说：“群，是中国建筑艺术的灵魂，古代整个一座北京城就是高度有机组合的群体，表现了封建社会一整套社会和自然观念：皇宫位居轴线中段，前有长段铺垫，后有气势的收束，太庙、社稷坛分列宫前左右，显示族权和神权对皇权的拱卫；城外四面分设天、地、日、月四坛，与高大的城墙城楼一起，成为皇宫的呼应，大片低矮的民居则是陪衬。全体一气呵成，强烈显示了中国古代以皇权为中心的向心意识。这样的艺术效果，就只有依托群体的复杂组织才能实现。”

图3.48 梵蒂冈圣彼得广场建筑群

欧洲古老城市常以教堂前的广场为中心，向各方放射出街道，高高的教堂俯瞰全城，显示着神权的力量。如图3.48所示的梵蒂冈圣彼得广场建筑群就是其中的代表作。由贝尼尼(Bernini)设计的椭圆形广场中心矗立着古埃及方尖碑，由此向四周的建筑群发出射线，并经城市主街道延伸到远方。该建筑群包括方尖碑、四座喷泉、左右对称布局的长廊及教皇宫等，在此中心轴线上的重要建筑物是圣彼得大教堂。有人形容圣彼得广场：“当人们走进由弧形柱廊双臂环抱的广场，就像儿女走进母亲的怀抱。”可见其群体布局表现了教堂对信徒的包容与接纳。

3.3 建筑形式美的法则

我们在3.1节中学习了平面构成与立体构成的形式美法则。一座建筑是否给人们以美的感受，也同样存在着某些规律，即建筑形式美的法则。建筑物中的墙体、门窗、台基、屋顶等都是建筑形式的构成要素。这些构成要素具有一定的形状、大小、色彩和质感，而形状(及其大小)又可抽象为点、线、面、体(及其度量)，建筑形式美的法则表述了这些点、线、面、体及色彩和质感的普遍组合规律。建筑给人以美的主观感受，如华丽、宏伟、质朴、精巧等，主要来源于建筑的客观形式，如序列、尺度、节奏、形状、色彩、质地等。虽然不同的民族和文化对于建筑审美的评判标准不同，但建筑的形式美仍主要遵从以下客观法则。它们既具体地揭示了美的来源，又为我们欣赏美和创造美提供了理论依据。

3.3.1 主从和重点

主从关系广泛存在于自然界，指事物各形式要素存在主体与客体、整体与局部的关系。为了达到建筑整体构图多样统一的形式美，从平面组合到立面处理，从内部空间到外部体形，从细部处理到群体组合，都必须处理好主和从、重点和一般的关系，同时应综合考虑建筑各部分的功能。

中国古代崇尚儒家礼乐思想，如《荀子》记载“贵贱有等，长幼有序，贫富轻重皆有称者也”。为了建筑组合体现这一思想，在《礼记·礼器》中记载了“贵贱有等”的方法：“礼有以多为贵者：天子七庙，诸侯五，大夫三……有以大为贵者……有以高为贵者：天子之堂九尺，诸侯七尺，大夫五尺，士三尺，天子、诸侯台门。”中国古代宫殿建筑为了体现君主至上的地位，尤其重视建筑主与次的关系，如前文提到的故宫建筑群，前三殿(太和殿、中和殿、保和殿)是中心空间，它又以太和殿为主体，太和殿成为整个宫殿建筑群的核心建筑。这一思想也体现在民居院落建筑中，宗祠或主房位于院落中央，厢房等列于两侧，主从关系明确，尊卑等级分明，如图 3.49 所示的北京四合院。美国的国会大厦也体现了这种设计思想，如图 3.50 所示。

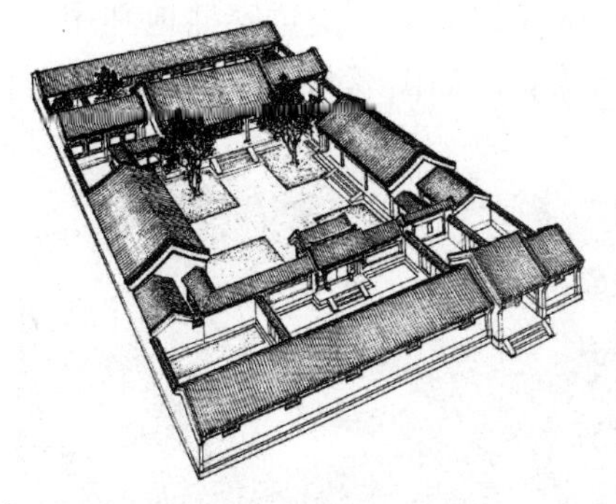

图 3.49 北京四合院

图 3.50 美国国会大厦

西方建筑更加重视建筑单体，古典建筑的主从关系主要来源于视觉效果的兴趣中心，即整体中最富有吸引力的部分。现代时期则强调建筑形式必须服从建筑功能，反对盲目追求对称，于是出现了各种不对称的组合形式。虽然主从关系不像古典建筑那样明显，但还是力求突出重点，区分主从，以求得整体的统一。一个整体如果没有比较引人注目的焦点——重点或核心，会使人感到平淡、松散，从而失掉统一性。

3.3.2 对比和微差

差异的存在能产生美，建筑要素之间，对比是显著的差异，微差是细微的差异。建筑由于功能的差异必然也产生形式的差异。古希腊哲学家毕达哥拉斯说“参差相异的事物产生和谐的美”，这正如“绿叶配红花”产生的和谐美。对比是在相互烘托中获得变化，微差是在彼此相互协调间获得调和。对比能消除单调感，但是过分强调对比则会失去连续性，造成混乱感。只有采用适度的对比，才能产生既有变化又有统一的美。建筑中的对比主要体现在不同体量、不同形状、不同方向、不同色彩和不同质感等方面。

1. 不同体量之间的对比

体量的差别在空间组合方面体现得最为显著。两个大小不同的体量处于毗邻空间，当由小空间进入大空间时，会使人产生豁然开朗的感受。许多建筑在主要空间之前有意识地安排体量较小的或高度很低的空间，以欲扬先抑的手法突出、衬托主要空间。这种对比常用在主从关系的建筑空间中。

2. 不同形状之间的对比和微差

在建筑构图中，不同形状的对比引人注目，也是建筑设计常用的手法之一。直线能给人以刚劲挺拔的感觉，曲线则显示出柔和活泼；而圆形和球体等奇特的形状，比正方形、矩形、正方体和长方体更容易吸引注意力。利用圆同方之间、穹窿同方体之间、较奇特形状同一般矩形之间的对比和微差关系，可以获得变化多样的效果。如图 3.51 所示的巴西议会大厦是拉丁美洲现代主义建筑师奥斯卡·尼迈耶(Oscar Niemeyer)设计的，它由立方体和一仰一俯的两个半球体组成，形体间相互调和对比，简洁醒目。

3. 不同方向之间的对比

不同方向放置的形体能产生对比的美，即使同是矩形，也会因其长宽比例的差异而产生不同的方向性，有纵向展开的，有横向展开的，也有竖向展开的。交错穿插地利用纵、横、竖三个方向之间的对比和变化，往往可以产生灵动的美。如图 3.52 所示为赖特设计的流水别墅。

图 3.51　巴西议会大厦

图 3.52　流水别墅

4. 不同色彩和质感的对比

不同色彩和质感的建筑局部能够产生对比和微差之美，一般的手法如色彩、质感的对比和微差，色彩的对比和调和及质感的粗细和纹理变化等，对于创造生动活泼的建筑形象起着重要作用。例如，图 3.52 中的流水别墅同样采用了色彩、质感对比的手法，深灰色毛石和乳白色墙体形成了对比，但它们的色彩的微差又和谐统一在周边环境中。

3.3.3 均衡和稳定

均衡和稳定是非常重要的美学原则，均衡且稳定的建筑不仅在实际上是安全的，而且在感觉上也是舒服的，能够带给人安全感和平和的心境。这是因为处于地球重力场内的一切物体在受力均衡的时候产生了稳定的状态，自然界大多数形态都是稳定的，人眼习惯于这种均衡的组合。

1. 对称均衡

对称是人类从自然界中发现的最早的构图规律，人体自身、花鸟鱼虫绝大多数都是对称均衡的。由于中轴线两侧必须保持严格的制约关系，所以凡是对称的形式都能够获得统一性。

中国儒家将这个概念延伸到人伦道德关系，《乐记·乐论篇》中写道“中正无邪，礼之质也”，强调建筑的对称均衡才能形成和谐的环境。因此中国古典建筑史上无数优秀的实例，都采用了对称的组合形式以获得完整统一。中国古代的宫殿、佛寺、陵墓等建筑，几乎都是通过对称布局把众多的建筑组合成为统一的建筑群。在西方，特别是从文艺复兴到19世纪后期，建筑师几乎都倾向于利用对称均衡的构图手法谋求整体的统一。

2. 不对称均衡

由于构图受到严格的制约，对称形式往往不能适应现代建筑复杂的功能要求。现代建筑师常采用不对称均衡构图。这种形式构图，因为没有严格的约束，适应性强，显得生动活泼。例如，华裔建筑师贝聿铭设计的香港中国银行大楼(图3.53)；在中国古典园林中这种形式构图应用已很普遍，如网师园中心区水景(图3.54)。

图3.53 香港中国银行大楼

图3.54 网师园中心区水景

3. 动态均衡

对称均衡和不对称均衡形式通常是在静止条件下保持均衡的，故称静态均衡。而旋转的陀螺、展翅的飞鸟、奔跑的走兽所保持的均衡，则属于动态均衡。现代建筑理论强调时间和空间两种因素的相互作用和对人的感觉所产生的巨大影响，促使建筑师探索新的均衡形式——动态均衡。例如，把建筑设计成如飞鸟的外形或螺旋体形，或采用具有运动感的曲线等，将动态均衡形式引向 21 世纪建筑构图领域。如图 3.55 所示的悉尼歌剧院，犹如海上驰骋的风帆。

图 3.55　悉尼歌剧院

4. 稳定

同均衡相联系的是稳定，如果说均衡着重处理建筑构图中各要素左右或前后之间的轻重关系，稳定则着重考虑建筑整体上下之间的轻重关系。西方古典建筑几乎总是把下大上小、下重上轻、下实上虚奉为求得稳定的金科玉律，如图 3.56 所示的旧金山现代艺术博物馆。随着工程技术的进步，现代建筑师则不受这些约束，创造出许多同上述原则相对立的新的建筑形式。

图 3.56　旧金山现代艺术博物馆

3.3.4　韵律和节奏

自然界中的许多事物或现象，根据一定规律产生变化或重复出现而形成的美感通常称为韵律美。韵律和节奏是关于空间与时间的艺术，如音乐中的音色，根据节奏快慢、长短形成美妙的旋律；如诗歌中的词句短语，经过平仄处理形成朗朗上口的篇章。视觉形态上的韵律和节奏正如音乐和诗歌，视觉元素单元按照一定规律进行组合，从而形成韵律美和节奏美。

建筑常被称为“凝固的音乐”，正是由于韵律美在建筑构图中的应用极为普遍。古今中外的建筑，不论是群体建筑、单体建筑或建筑细部装饰，几乎处处都有应用韵律美形成节奏感。建筑中的韵律大体可分为下述四种类型。

1. 连续韵律

以一种或几种组合要素连续安排，各要素之间保持恒定的距离，可连续地延长，是这种韵律的主要特征。建筑装饰中的带形图案，墙面的开窗处理，均可运用这种韵律获得连续性和节奏感。例如，图 3.57 中的布鲁塞尔大广场上的市政厅、行会大楼和公爵官邸等建筑，建设年代不同，但统一在和谐的、连续的韵律中，各个建筑通过相似的立面开窗处理而相映成趣。

图 3.57 布鲁塞尔大广场

2. 渐变韵律

重复出现的组合要素在某一方面有规律地逐渐变化，如变长或缩短，变宽或变窄，变密或变疏，变浓或变淡等，便形成渐变的韵律。古代密檐式砖塔由下而上逐渐收分，许多构件往往具有渐变韵律的特点。

3. 起伏韵律

渐变韵律如果按照一定的规律使之变化，如波浪之起伏，称为起伏韵律。悉尼歌剧院同样也运用了起伏韵律。

4. 交错韵律

两种以上的组合要素互相交织穿插，一隐一显，便形成交错韵律。简单的交错韵律由两种组合要素由纵横两向的交织、穿插构成；复杂的交错韵律则由三个或更多要素由多向交织、穿插构成。现代空间网架结构的构件往往具有复杂的交错韵律。

3.3.5 比例和尺度

1. 比例

谐调的比例可以引起人们的美感。公元前 6 世纪，古希腊的毕达哥拉斯学派认为万物最基本的元素是数，数的原则统治着宇宙中心的一切现象。这个学派运用这种观点研究美学问题：在音乐、建筑、雕刻和造型艺术中，探求什么样的数量比例关系能产生美的效果。著名的“黄金分割”就是这个学派提出来的。在建筑中，无论是组合要素本身，还是各组合要素之间及某一组合要素与整体之间，无不保持着某种确定的数的制约关系。这种制约关系中的任何一处，如果越出和谐所允许的限度，就会导致整体比例失调。至于什么样的比例关系能产生和谐并给人以美感，则众说纷纭。

一种看法是，只有简单且合乎模数的比例关系才易于辨认，因而是和谐及美的。从这种基本观点出发，认定像圆形、正方形、正三角形等具有确定数量制约关系的几何形状可以当做判别比例关系的标准和尺度。至于长方形，它的长和宽可以有不同的比，就存在一个什么是最佳比的问题。经过长期的探索发现，长宽比为 1.618∶1 的长方形最为理想。这就是模数比例中的黄金分割原理。

还有一种看法认为，若干毗邻的矩形，如果它们的对角线互相平行或垂直，就是说它们都是具有相同比率的相似形，一般可以产生和谐的关系。

现代建筑师勒·柯布西耶把比例和尺度结合起来研究，提出“模度体系”。从人体的三个基本尺寸(人体高度 1.83m，手上举指尖距地 2.26m，肚脐至地 1.13m)出发，按照黄金分割引出两个数列，即“红尺”和“蓝尺”，用这两个数列组合成矩形网格，由于网格之间保持着特定的比例关系，因而能给人以和谐感，如萨伏伊别墅(图 2.11)。

2. 尺度

比例主要表现为整体或部分之间长短、高低、宽窄等关系，是相对的，一般不涉及具体尺寸。而同比例相联系的是尺度，尺度则涉及具体尺寸。不过，尺度一般不是指真实的尺寸和大小，而是给人们感觉上的大小印象同真实大小之间的关系。虽然按理两者应当是一致的，然而在实践中却可能出现不一致。如果两者一致，意味着建筑形象正确反映建筑物的真实大小。如果不一致，可能出现两种情况：一是大而不见其大，实际很大，但给人印象并不如真实的大；二是小而不见其小，本身不大，却显得大。两者都叫做“失掉了应有的尺度感”。经验丰富的建筑师也难免在尺度上处理失误。问题在于人们很难准确地判断建筑物体量的真实大小，通常只能依靠组成建筑的各种构件来估量整体的大小，如果这些构件本身的尺寸超越常规(人们习以为常的大小)，就会造成错觉，而凭借这种印象估量整体，对建筑真实大小的判断就难以准确了。建筑中一些构件如栏杆、扶手、坐凳、台阶等，因有功能要求，尺寸比较确定，有助于正确显示出建筑物的整体尺度感。一般说来，建筑师总是力图使观赏者所得到的印象同建筑物的真实大小一致，但对于某些特殊类型的建筑如纪念性建筑，则往往通过尺度处理，给人以崇高的尺度感。对于庭园建筑，则希望使人感到小巧玲珑，产生一种亲切的尺度感。这两种情况，虽然产生的感觉同真实尺度之间不尽吻合，但为了实现某种艺术意图是被允许的。

3.3.6 重复和再现

在音乐中某一主旋律的重复或再出现，通常有助于整个乐曲的和谐统一。在建筑中，往往也可以借用某一母题的重复或再现来增强整体的统一性。随着建筑工业化和标准化水平的提高，这种手法已得到愈来愈广泛的运用。一般说来，重复或再现总是同对比和变化结合在一起，这样才能获得良好的效果。凡对称都必然包含着对比和重复这两种因素，中国古代建筑中常把对称的格局称为“排偶”，偶是成对的意思，也就是两两重复地出现。

西方古典建筑中某些对称形式的建筑平面，表现出下述特点：沿中轴线纵向排列的空间，力图变换形状或体量，借对比求变化；而沿中轴线横向排列的空间，则相应地重复出现。这样，从全局来看，既有对比和变化，又有重复和再现，从而把互相对立的因素统一在一个整体之中，同一种形式的空间，如果连续多次或有规律地重复出现，还可以造成一种韵律节奏感。例如，哥特式教堂中央部分就是由不断重复同一形式的尖拱拱肋结构屋顶所覆盖的空间，而获得优美的韵律感。现代一些住宅、公共建筑等也总是有意识地选择同一形式的空间作为基本单元，通过有组织的重复取得效果，如图 3.58 所示的慕尼黑的宝马博物馆。

图 3.58 慕尼黑宝马博物馆

3.3.7 渗透和层次

西方古典建筑多为砖石结构，各个房间多为六面体的闭合空间，很少有连通的可能。近代技术的进步和新材料的不断出现，特别是框架结构取代砖石结构，为自由灵活地分隔空间创造了条件，使对空间自由灵活“分隔”的概念代替了统的把若干个六面体空间连成整体的“组合”概念。这样，各部分空间互相连通、贯穿、渗透，呈现出极其丰富的层次变化。所谓“流动空间”正是对这种空间所做的形象的概括。中国古典园林中的借景就是一种空间的渗透。“借”是把彼处的景物引到此处，以获得层次丰富的景观效果。“庭院深深深几许”就是描述中国古典庭园所独具的幽深境界。近年来，国外一些公共建筑更加注意空间的渗透，不仅考虑到同一层内若干空间的相互渗透，而且通过楼梯、夹层的处理，造成上下多层空间的相互穿插渗透，以丰富层次变化。

3.3.8 空间序列

建筑是三维空间的实体，不能一眼就看到它的全部，只有在连续行进的过程中，从一个空间到另一个空间，才能逐次看到它的各个部分，最后形成整体印象。逐一展现的空间变化必须保持连续关系。观赏建筑不仅涉及空间变化，同时还涉及时间变化。组织空间序列就是把空间的排列和时间的先后两种因素考虑进去，使人们不单在静止的情况下，而且在行进中都能获得良好的观赏效果，特别是沿着一定的路线行进，能感受到既和谐一致，又富于变化。

从北京故宫宫殿中轴线的空间序列组织中可看到，经金水桥进天安门空间极度收束，过天安门门洞又复开敞。接着经过端门至午门则是两侧朝房夹道，形成深远且狭长的空间，至午门门洞空间再度收束。过午门穿过太和门，至太和殿前院，空间豁然开朗，达到高潮。往后是由太和殿、中和殿、保和殿组成的“前三殿”，接着是“后三殿”，同前三殿保持着大同小异的重复，犹如乐曲中的变奏。再往后是御花园。至此，空间的气氛为之一变——由雄伟庄严变为小巧、宁静，表示空间序列的终了。空间序列有两种类型：呈对称、规整的形式，呈不对称、不规整的形式。前者庄严而肃穆，后者活泼而富有情趣。各种建筑可按功能要求和性格特征选择适宜的空间序列形式。空间序列组织就是综合运用对比、重复、过渡、衔接、引导一系列处理手法，把单个的、独立的空间组织成一个有秩序、有变化、统一完整的空间集群。

1. 高潮和收束

沿主要人流路线逐一展开的空间序列不仅要有起伏、抑扬，还要有一般和重点，而且要有高潮。没有高潮的空间序列，会显得松散而无中心，无从引起情绪上的共鸣。与高潮相对的是收束。完整的空间序列，要有放有收。只收不放势必使人感到压抑和沉闷，只放不收则会流于松弛和空旷。没有极度的收束，即使主体空间再大，也不足以形成高潮。

2. 过渡和衔接

人流所经的空间序列应当完整而连续。进入建筑是序列的开始，要处理好内外空间的过渡关系，把人流由室外引导至室内，使之既不感到突然，又不感到平淡。出口是序列的终结，不可草率从事，应当善始善终。内部空间之间应有良好的衔接关系，在适当的地方还可以插进一些过渡性的小空间，起收束作用，并加强序列的节奏感。对人流转折处要认真对待，可用引导与暗示的手法来提醒人们——到转弯的时候了，并明确指出前进的方向。转折要显得自然，保持序列的连贯性。

在一个连续变化的空间序列中，某一种空间形式的重复和再现，有利于衬托主要空间(重点、高潮)。如果在高潮前，重复一些空间形式，可为高潮的到来做好准备。

建筑形式的美的法则是随着时代发展的，为了适应建筑发展的需要，人们总是不断地探索这些法则，注入新的内容。20世纪20年代在苏联出现的“构成主义”学派，虽然在当时没有流行，但“构成”这一概念，经过不断地充实、提炼和系统化，几乎已经成为一切造型艺术的设计基础。其原则、手法也可为建筑创造借鉴。

瓦尔特·格罗皮乌斯创办的包豪斯学校，一反古典学院派的教学方法，致力于以新的方法来培养建筑师，半个多世纪以来，在探索新的建筑理论和创作方法方面，取得长足的进展。传统的构图原理一般只限于从形式本身探索美的问题，显然有局限性。

因此，现代许多建筑师便从人的生理机制、行为、心理、美学、语言、符号学等方面来研究建筑创作所必须遵循的准则。尽管这些研究都还处于探索阶段，但无疑会对建筑形式美的法则的发展产生重大影响。

本章小结

通过本章的学习，可以了解平面构成、色彩构成与立体构成，便于进一步学习建筑艺术的空间语言及建筑形式美的法则，从而掌握分析、赏析建筑之美的基本原理，为学习和理解不同类型的建筑及建筑桥梁之美奠定基础。

思 考 题

3-1 平面构成的构成方法有哪些？

3-2 色彩的三大属性是什么？

3-3 立体构成的构成元素有哪些？其形式美的类型有哪些？

3-4 建筑艺术的空间语言有哪些？试举例说明。

3-5 试论北京故宫宫殿建筑群及建筑单体所体现的建筑艺术的空间语言。

第4章
中外特色建筑之美

教学目标

本章主要讲述具有特色的中国民居建筑、标志性建筑、纪念性建筑、宗教建筑、图书馆建筑与博物馆建筑的美学特性。通过学习，应达到以下目标。

(1) 了解中国民居的独特建筑形式，了解标志性建筑与纪念性建筑的概念与交叉属性。

(2) 了解中外宗教建筑的特点、文化交融与差异性。

(3) 了解中外图书馆与博物馆建筑功能统一性与建筑艺术个性的特点。

教学要求

知识要点	能力要求	相关知识
中国民居建筑	理解中国各地民居建筑的地域文化与美学表现技法	中国民居建筑造型的实用性与结构和装饰的艺术美
标志性建筑与纪念性建筑	理解标志性建筑与纪念性建筑的概念内涵与外延	标志性建筑与纪念性建筑的融合
宗教建筑	了解中外闻名的宗教建筑遗迹与建筑美学特性	各时期中外宗教建筑的文化传播
图书馆建筑	理解中外一些富有特色的图书馆建筑功能设计与美学表达	国内外专业图书馆的建筑特色
博物馆建筑	理解中外一些具有特色的博物馆的结构美与艺术美	国内外一些著名宫殿转化为博物馆、博物院、陈列馆等

基本概念

中国民居、宗教建筑、图书馆建筑、博物馆建筑、标志性建筑、纪念性建筑

引例

醉美侗乡鼓楼

我国侗族主要分布在贵州的黎平、从江、榕江、天柱、锦屏等县，湖南的芷江、新晃、通道等侗族自治县及靖州苗族侗族自治县和广西的三江侗族自治县、龙胜各族自治县等。鼓楼与风雨桥、凉亭一样，是侗乡的重要标志之一，是夜郎古文化的象征。侗乡鼓楼端庄典丽，结构严谨，雄伟壮观，技艺精湛。鼓楼的立面都是单鼓重檐结构，少则3层，多则20多层，平面是偶数，或正方形或六边形或八边形。鼓楼全用合抱杉树凿榫而成，不用一钉一铆，最上部为如意头攒尖顶，顶上复压空葫芦。每层飞檐装饰着彩画，或龙凤呈祥，或鲲鹏展翅，或奇花异卉，或珍禽异兽，形形色色，描绘传神，赏心悦目，如图4.1所示。鼓楼下宽上窄，层叠而上，由多根大杉柱支撑飞檐角，或四角或六角或八角，四方瓦檐上，

对称地塑有龙、麒麟、凤凰、孔雀、鳌鱼、雄狮、奔鹿等象征吉祥和幸福的动物图像。植板上绘有古今人物、龙凤鸟兽、花草鱼虫及侗族生活风俗画，色彩绚丽，线条分明，玲珑雅致，是侗乡一大奇观，堪称中华民族建筑文化的一朵奇葩，如图 4.2 所示的贵州黎平鼓楼。

贵州榕江县车江三宝鼓楼为三重檐四角攒尖木质结构，共 21 层，总高 35.18m，如图 4.3 所示。广西三江鼓楼楼面呈金字塔形，端庄平稳，共有 27 层瓦檐，高 42.6m，如图 4.4 所示。贵州从江鼓楼是中国目前最高的鼓楼，高 46.8m，共 29 层重檐，双层宝顶，平面为八角形，如图 4.5 所示。

图 4.1　鼓楼翼角

图 4.2　黎平鼓楼

图 4.3　三宝鼓楼

图 4.4　三江鼓楼

图 4.5　从江鼓楼

4.1 中国民居之美

中国疆域辽阔，民族众多，各地的地理气候条件和生活方式都不相同，因此，各地人民居住的房屋的空间特点、样式、风格也各不相同。在中国的民居中，最有特色的是北京四合院、西北黄土高原的窑洞、安徽的古民居、福建和广东等地的客家土楼、蒙古的蒙古包和西南地区的竹楼、吊脚楼，以及保存较完好的古城，如云南丽江古城、山西平遥古城等。

4.1.1 北京四合院

1. 空间布局形式

四合院建筑的布局，是以南北纵轴对称布置和封闭独立的院落为基本特征的。按其规模的大小，有最简单的一进院、二进院或沿着纵轴加多至三进院、四进院或五进院。

所谓四合，“四”指东、西、南、北四面，“合”即四面房屋围在一起，形成一个“口”字形的结构。经过数百年的营建，北京四合院从平面布局到内部结构、细部装修都形成了特有的京味风格。北京正规四合院一般沿东西方向的胡同排列而坐北朝南，基本形制是分居四面的北房(正房)、南房(倒座房)和东、西厢房，四周再围以高墙形成四合，如图 4.6 所示。

北京四合院是非常讲究绿化的，院内除通向各房间的十字形砖甬路外，其余都是土地，可以用来植树、栽花、种草。北京四合院的绿化如图 4.7 所示。

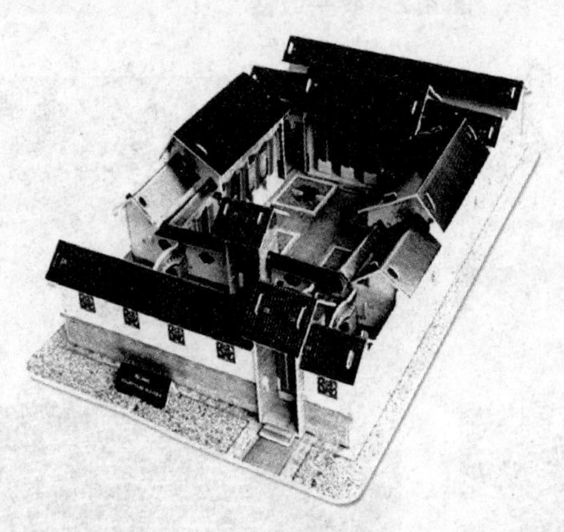

图 4.6 北京四合院的布局

图 4.7 北京四合院的绿化

2. 雕刻装饰图案

北京四合院属砖木结构建筑，因此木雕、砖雕和石雕装饰在四合院居住建筑中应用广泛，题材与内容丰富，花纹图案趋于自然，古朴洒脱，雕饰技法逐渐趋于立体化，采用多层次的雕饰技法。其雕刻装饰图案多以象形、会意、谐音、几何图案等手法构成艺术语言，来托物寄情。木雕装饰中所采用的图案多以方圆为主，还有三角形、方形、多边形、圆形、花草形、动物形、图腾形等，充分考虑到人们的欣赏习惯，如图 4.8～图 4.10 所示。

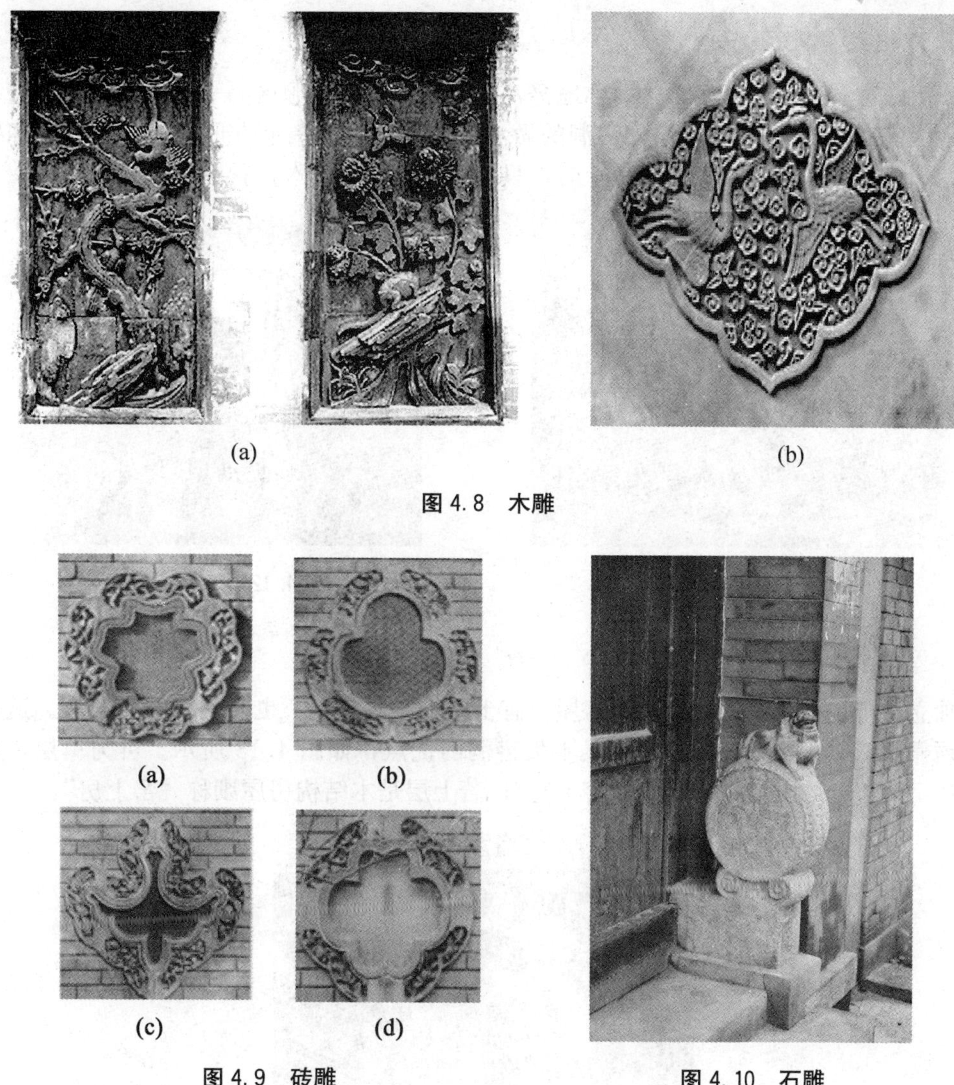

(a) (b)

图 4.8 木雕

(a) (b)

(c) (d)

图 4.9 砖雕

图 4.10 石雕

4.1.2 西北黄土高原的窑洞

中国黄河中上游一带，是世界闻名的黄土高原。生活在黄土高原上的人们利用那里又深又厚、立体性能极好的黄土层，建造了一种独特的住宅——窑洞。

由于自然环境、地貌特征和地方风土的影响，窑洞形成各式各样的形式；但从建筑的布局结构形式上可划分为靠崖式窑洞、下沉式窑洞和独立式窑洞。

1. 靠崖式窑洞

陕北延安窑洞是典型的靠崖式窑洞，其中夹杂着窑洞式平顶房。窑洞是自然图景和生活图景的有机结合，渗透着人们对黄土地的热爱和眷恋之情。窑洞常呈现曲线或折线型排列，有和谐美观的建筑艺术效果。在山坡高度允许的情况下，有时布置几层台梯式窑洞，类似楼房，如图 4.11 所示。

2. 下沉式窑洞

下沉式窑洞就是地下窑洞，简称地窑，主要分布在黄土塬区——没有山坡、沟壁可利用的地区，如图 4.12 所示。这种窑洞的做法：先就地挖下一个方形地坑，然后向四壁挖窑洞，形成一个四合院。人在平地上时，只能看见地院和树木，看不见房屋。

图 4.11 靠崖式窑洞

图 4.12 下沉式窑洞

3. 独立式窑洞

独立式窑洞是一种掩土的拱形房屋，有土墼土坯拱窑洞，也有砖拱石拱窑洞。这种窑洞无须靠山依崖，既能自身独立，又不失窑洞的优点，如图 4.13 所示。可为单层，也可建成楼房。若上层也是箍窑即称“窑上窑”；若上层是木结构房屋则称“窑上房”。

图 4.13 独立式窑洞

窑洞防火，防噪声，冬暖夏凉，既节省土地，又经济省工，是因地制宜的完美建筑形式。

4.1.3 皖南古民居

安徽省的南部，保留着许多古代的民居，如图 4.14 所示。这些古民宅大都用砖木做建筑材料，周围建有高大的围墙。围墙内的房屋，一般是三开间或五开间的两层小楼。比较大的住宅有两个、三个或更多个庭院，院中有水池，堂前屋后种植着花草盆景，各处的梁柱和栏板上雕刻着精美的图案。建筑学家们都称赞那里是“古民居建筑艺术的宝库”。

图 4.14 皖南古民居

皖南民居以黟县宏村、西递最具代表性，2000 年被列入“世界遗产名录”。宏村现保存完好的明清古民居有 140 余幢，村内鳞次栉比的层楼叠院与旖旎的湖光山色交相辉映，处处是景，步步入画，该村被誉为“中国画里乡村”。西递现存明清古民居 124 幢，祠堂 3 幢。

代表徽派民居建筑风格的“三绝”（民居、祠堂、牌坊）和“三雕”[砖雕(图 4.15)、石雕、木雕(图 4.16)]，在此得到完好的保留。青瓦、白墙是徽派建筑的突出特征。错落有致的马头墙不仅有造型之美，更重要的是它有防火、阻断火灾蔓延的实用功能。

图 4.15 皖南古民居砖雕

图 4.16 皖南古民居木雕

4.1.4 客家民居

土楼是广东东北、福建西南等地客家人的住宅。客家人的祖先是 1900 多年前从黄河中下游地区迁移到南方的汉族人。因为客家人的居住地大多在偏僻、边远的山区，客家先民为了防范盗匪骚扰，保护家族的安全，就创造了这种庞大的民居建筑形式，如图 4.17 所示。

一座土楼里可住下整个家族的几十户人家、几百口人。土楼有圆形，也有方形，其中最有特色的是圆形土楼。圆楼由两三圈组成，外圈十多米高，通常有三四层，100～200 个房间，如图 4.18 所示。一层是厨房和餐厅，二层是仓库，三层、四层是卧室；第二圈两层，有 30～50 个房间，一般是客房；中间是祖堂，能容下几百人进行公共活动。土楼里还有水井、浴室、厕所等，就像一座小城市。客家土楼的高大、奇特，深受各国建筑大师的称赞。

图 4.17　客家土楼

图 4.18　客家圆形土楼

1. 永定客家土楼的布局特点

(1) 中轴线鲜明，殿堂式围屋、五凤楼、府第式方楼、方形楼等尤为突出。厅堂、主楼、大门都建在中轴线上，横屋和附属建筑分布在左右两侧，整体两边对称极为严格。圆楼也相同，大门、中心大厅、后厅都置于中轴线上。

(2) 以厅堂为核心。楼楼有厅堂，且有主厅。以厅堂为中心组织院落，以院落为中心进行群体组合。即使是圆楼，主厅的位置亦十分突出。

(3) 廊道贯通全楼，可谓四通八达。但类似集庆楼这样的小单元式、各户自成一体、互不相通的土楼在永定乃至客家地区为数不多。

2. 永定客家土楼的艺术特点

(1) 与自然融为一体。永定乡村间数量众多、千姿百态的土楼和土楼群，与秀美的山川构成一幅幅巧夺天工的画卷。永定客家人在构筑土楼时，充分利用建筑地理位置上的自然空间，合理安排房屋的布局，或依山傍水，或田边地头，使土楼与自然融为一体。

图 4.19　永定土楼高墙

(2) 高墙大楼摄人心魄。永定土楼无论是方楼还是圆楼，大多在三层以上，最高的达六层，如永隆昌楼群、承启楼等。用生土夯筑成这样高大的民居建筑，世所罕见。粗壮的石基、高大的土墙，配比适当的出檐瓦顶，加上楼中紧密相连的庞大木构架，让人震撼，如图 4.19 所示。

(3) 结构造型千姿百态。土楼在方楼和圆楼的基础上，产生出许多奇异形态，外观造型丰富多彩，令人叹为观止。

4.1.5 蒙古包

蒙古族等游牧民族传统的住房，古称穹庐，又称毡帐、帐幕、毡包等。蒙古语称格儿，满语为蒙古包或蒙古博。游牧民族为适应游牧生活而创造的这种居所，易于拆装，便于游牧，自匈奴时代起就已出现，一直沿用至今。

如图 4.20 和图 4.21 所示，蒙古包一般呈圆形，四周侧壁分成数块，每块高 130～160cm、长 230cm 左右，用条木编成网状，几块连接，围成圆形，长盖伞骨状圆顶，与侧壁连接。帐顶及四壁覆盖或围以毛毡，用绳索固定。西南壁上留一木框，用以安装门板，帐顶留一圆形天窗，以便采光、通风，排放炊烟，夜间或风雨雪天覆以毡。蒙古包最小的直径为 300 多厘米，大的可容数百人。蒙古汗国时代可汗及诸王的帐幕可容 2000 人。

图 4.20 蒙古包

图 4.21 蒙古包群

蒙古包分固定式和游动式两种。半农半牧区多建固定式，周围砌土壁，上用苇草搭盖，如图 4.22 所示。游牧区多为游动式蒙古包，游动式蒙古包又分为可拆卸和不可拆卸两种，前者以牲畜直接驮运，后者以整体装载在牛车或马车上拉运，如图 4.23 所示。中华人民共和国建立后，蒙古族定居者增多，仅在游牧区尚保留这种蒙古包。除蒙古族外，哈萨克族、塔吉克族等牧民游牧时也居住蒙古包。

图 4.22 固定式蒙古包

图 4.23 游动式不可拆卸车载蒙古包

4.1.6 少数民族民居

1. 傣家竹楼

傣族人居住区地处亚热带，气温高，因此傣族竹楼(图 4.24)都在平坝近水之处、小溪之畔、大河两岸、湖沼四周。凡翠竹围绕，绿树成荫的处所，必有傣族村寨。大的寨子集居二三百家人，小的村落只有十多家人。房子都是单幢，四周有空地，各人家自成院落。很多地方完全是竹楼木架，上以住人，下栖牲畜，式样皆近似一大帐篷，这与《淮南子》所记“南越巢居”的情形完全符合，也正是史书所记古代僚人“依树积木以居”的“干阑”住宅，这算是傣族固有的典型建筑。

图 4.24 傣族竹楼

这类竹楼下层高约七八尺，四无遮拦，牛马拴束于柱上；上层近梯处有一露台，转进即为一长形大房，用竹篱隔出一个角来做主人的卧室并兼做重要钱物的存储处；其余便是一大敞间，屋顶不甚高，两边倾斜，屋檐及于楼板，故无窗。屋顶用茅草铺盖，梁柱、门窗、楼板全部用竹制成。

2. 土家族吊脚楼

土家族自称“毕兹卡”，意为“土生土长的人”。2000 多年前，他们被称为“武陵蛮”或“五溪蛮”。宋代以后，土家族单独被称为“土丁”、“土民”等。新中国成立以后，根据土家族人民的意愿正式定名为土家族。土家族，主要聚居在湖南湘西及湖北恩施。此外，重庆市的石柱土家族自治县、秀山土家族苗族自治县、酉阳土家族苗族自治县、黔江区等也有分布。

土家族喜群居，常住吊脚木楼(图 4.25)。建房都是一村村、一寨寨的，很少单家独户。所建房屋多为木结构，小青瓦，花格窗，司檐悬空，木栏扶手，走马转角，古香古色。一般居家都有小庭院，院前有篱笆，院后有竹林，青石板铺路，刨木板装壁，松明照亮，一家过着日出而作、日落而息的田园宁静生活。

土家族地区，山冈缠绕，物产丰饶，有着雄奇的自然风光和浓郁的民族风情，吸引着中外游人。其中张家界是我国第一个国家森林公园，已成为新兴的旅游胜地。土家族有自己的语言，属汉藏语系藏缅语族。大多数人由于长期与汉族杂居，很早就开始使用汉语、

图 4.25 吊脚木楼

汉文。只有湘西的龙山、永顺、古丈等县的少部分地区仍通用土家语。土家族主要从事农业生产，在经济、文化的发展上受汉族影响较多，但也保留有自己的特点。

3. 藏族碉房

西藏的传统民居，与西藏文化形态一样，具有其独特的个性。藏族民居丰富多彩，藏南谷地的碉房、藏北牧区的帐房、雅鲁藏布江流域林区的木构建筑各有特色。

藏族最具代表性的民居是碉房(图 4.26)。碉房多为石木结构，外形端庄稳固，风格古朴粗犷；外墙向上收缩，依山而建者，内坡仍为垂直。典型的藏族民居用土石砌筑，形似碉堡，通称碉房，一般为两三层，也有 4 层的。通常底层做畜舍，上层住人，储藏物品，还有设经堂的。平面布置逐层向后退缩，下层屋顶构成上一层的晒台。厕所设在上层，悬挑在后墙上，厕所地面开一孔洞，排泄物可直落进底层畜舍外的粪坑中，以免除清扫的麻烦；设有两层厕所的，上下层位置错开，使上层污物能畅通无阻地落到底层粪坑。碉房具有坚实稳固、结构严密、楼角整齐的特点，既利于防风避寒，又便于御敌防盗。

(a)

(b)

图 4.26 藏族碉房

4.1.7 古城美韵

云南丽江古城和山西平遥古城内均有大量的古代民居建筑群。两座古城均在1998年被列入《世界遗产名录》。

1. 云南丽江古城

公元1254年，丽江木氏先祖归附元世祖忽必烈，在古城设三赕管民官，其建制隶属于茶罕章管民官；公元1276年，改为丽江路军民总管府；公元1382年，通安州知州阿甲阿得归顺明朝，设丽江军民府，阿甲阿得被朱元璋皇帝赐姓木并封为世袭知府。丽江古城、丽江军民府(木家院)，其建筑别具一格，气势恢宏，也是当时木氏家族政治、经济、权力的象征。中国明代著名旅行家徐霞客曾在丽江游记中写道“宫室之丽，拟于王者”，“民居群落，瓦屋栉比”，就是对当年丽江古城(图4.27)之繁盛景观的真实写照。

(a)

(b)

图4.27 丽江古城

纳西民族是一个善于吸收和借鉴外来文化的民族。由于丽江处在南丝绸之路的口岸及茶马古道上，是滇藏贸易的集散地。从公元1253年，忽必烈驻军丽江带进了外来文化，后期受中原文化如藏传佛教、道教影响，直到20世纪初，又受到基督教文化影响，加上纳西民族古老的东巴教、东巴经、东巴象形文字、东巴绘画及被称为元人遗音的纳西洞经古乐等。凡此种种，都能兼收并蓄，共存发展。这些文化影响更增添了丽江古城的内涵。

纳西族民居空间特点表现在以下几个方面。

(1) 纳西族民居以面阔三开间为一单体单元叫“一坊”，以一楼一底二层楼为主，以院子为中心组成内向庭院。

(2) 每家都有宽敞的厦子(外廊)，各坊房屋均由厦子相联系。

(3) 辅助用房设置于“漏角”内(即相邻两坊房屋的拐角处)，入口在厢房厦子的端墙上，并设门控制，保持正院的整洁与宁静。

(4) 院子面积较大，周边房屋高度适中，通风采光良好。

(5) 正房是庭院中的主导建筑，正房坐西朝东或坐北朝南，体现“紫气东来”、“彩云南现”，取其“反宇向阳”好风水的东、南朝向。

2. 山西平遥古城

位于山西的平遥古城(图 4.28)，是一座具有 2700 多年历史的文化名城，与同为第二批国家历史文化名城的四川阆中、云南丽江、安徽歙县并称为“保存最为完好的四大古城”，也是目前我国唯一以整座古城申报世界文化遗产获得成功的古县城。

图 4.28　平遥古城

平遥旧称“古陶”，明朝初年，为防御外族南扰，始建城墙，洪武三年(公元 1370 年)在旧墙垣基础上重筑扩修，并全面包砖，以后景德、正德、嘉靖、隆庆和万历各代进行过十次大的补修和修葺，更新城楼，增设敌台，康熙四十三年(公元 1703 年)因皇帝西巡路经平遥，而筑了四面大城楼，使城池更加壮观。平遥目前基本保存了明清时期的县城原型，有“龟”城之称。街道格局为“土”字形，建筑布局则遵从八卦的方位，体现了明清时代的城市规划理念和形制分布。城内外有各类遗址、古建筑 300 多处，有保存完整的明清民宅近 4000 座，街道、商铺都体现历史原貌，被称作研究中国古代城市的活样本。

平遥地区的堡是当地特有的传统住宅集落形式。壁景堡(图 4.29)是城内唯一现存的堡类住宅建筑群。壁景堡内 58 户住宅院落的入口配置、进数、对称性、建设规模、占地长宽比等，独具特色。堡内住宅院落的入口配置形式较多，有别于中国北方传统四合院对称性较强的营造手法。从总体规划来看，东堡、中堡、西堡中的住宅院落按其建设规模不同有较强的分区意识。宅院南北轴向的建设比例随宅院总占地面积的增大而增多，宅院外部空间的比例随宅院长宽比值及进数的增大而减少。

(a)

(b)

图 4.29　壁景堡

4.2 标志性建筑之美

4.2.1 标志性建筑概述

标志，在《设计辞典》中的解释是具有象征意义和内涵的视觉符号和图形。标志性建筑的概念由两部分组成，其一是“建筑”，这是标志性建筑的基本属性，它有作为建筑物的一切构成要素，符合建筑物的基本特征，并且可以是建筑单体，也可以是建筑群体；其二是具有“标志性”，这是标志性建筑区别于其他建筑的特征，作为标志物，它可能形象突出或处于重要的地理位置，体现其一定的象征性和标志性意义。凯文·林奇(Kevin Lynch)在《城市意象》中指出：“标志物是观察者的外部观察参考点，有可能是在尺度上变化多端的简单物质元素。”他还指出：“其关键的物质特征具有单一性，在某些方面具有唯一性，或是在整个环境中令人难忘。”因此，标志性建筑往往不只是建筑，还包括城市中的广场、雕塑、纪念物等建筑构筑物。标志性建筑的特点在于其突出性，或外形独特，从而成为城镇或村寨某方面的特定代表符号。

4.2.2 标志性建筑的基本特征

1. 功能特征

标志性建筑包括各种类型的建筑或构筑物，因此每个建筑个体的实用功能是各不相同的；但建筑作为城市的基本组成要素，其单体的功能是与它在城市中所承担的角色相结合的。

1）公共性

在标志性建筑的历史形态发展过程中，我们不难发现，无论是在原始社会的部落中，还是在现代发达的城市里，标志性建筑的首要功能特征是其公共性。从原始社会的部落聚居到现代城市人们行为活动的场所，标志性建筑本身单体的功能用途与其在公共空间中的作用紧密联系。标志性建筑中的各类公共建筑，如办公建筑、文教建筑、体育建筑、商业建筑等公共建筑，与其他建筑相比，它们的城市功能性十分突出。

另外，一些如住宅等非公共建筑类的标志性建筑，由于处在城市的公共空间构架中，也自然而然地承担起公共性的空间功能，这也正是标志性建筑在城市中最具功能意义的一面。离开城市，标志性建筑也就失去其作为标志的公共功能作用，失去其功能的依据和形式的意义。因此，在城市这个尺度层面上，标志性建筑公共性特征与城市功能结合才更具意义。

2）城市空间组织性

标志性建筑的另一个功能特征就是城市空间的组织性。建筑是城市组织的细胞单元，在建筑与建筑、建筑与道路、建筑与结点、建筑与边界、建筑与区域之间形成了相互联系紧密、内部组织有序的城市空间，标志性建筑正是这些空间的主要组织者之一。正如里昂·克利尔(Leon Krier)所说："建筑的真实恒定的元素及其需要与城市和社会组织内部精确地联系。"许多城市空间的轴线组织和景观组织都是以各个标志性建筑为基点的，以标志性建筑为核心或重点而形成的区域空间构成了城市中完整的一部分。例如，由日本著名建筑师丹下健三设计的巴黎意大利广场大厦，地处古建筑群中，20 世纪 60 年代在其附近建设了大量高层住宅，新旧建筑关系很不协调。为了使这个巴黎 13 区的中心地复兴，丹下健三以传统建筑和现代建筑混在巴黎 13 区的特色为视点，建筑采用镜面玻璃、大玻璃面幕墙、不锈钢等现代建筑材料和欧洲传统的石材相结合，建筑的立面曲线和广场为同心圆。这是欧洲广场建筑的典型。这个建筑犹如大石门，上部二层处设有起结构桥作用的空间，下部为主入口大厅和 1300m^2 的大共享空间，里面设有商店、画廊、露天咖啡馆等，透过吊起的玻璃屏幕，人们可以看到意大利广场上的风光。在都市举行公共活动时，它理所当然地成为公共活动的空间场所。由于这个具有活力的共享空间，这里成为了市民的活动中心。并且在建筑前设计有标志式的塔，塔内设有电梯，可展望巴黎市的景观。这样，这栋综合体大厦的建成，成为了巴黎 13 区的标志性建筑，并使意大利广场成为巴黎市东部最有活力的广场之一。

在城市空间中，建筑的功能元素与城市和社会生活是一致的。标志性建筑只有成为人们生活中的一部分才能真正发挥其功能和标志作用。同时，标志性建筑的功能也是在不断演化的，由于现代城市建筑的功能均被城市化了，标志性建筑的内部功能和城市化功能也随着城市的变迁与发展而变化。例如，北京的故宫宫殿建筑群，从古代的皇族的权力和生活中心到现在的大型博物馆，其内部功能和城市社会角色都发生了转变。欧洲也有许多类似的大型宫殿群、教堂等发展了许多新的功能。

2. 形式特征

建筑形象的认知离不开形式，它是和意义同等重要的认知元素，世间万物只要是客观存在，都不能脱离形式而存在。建筑形式历来是建筑师十分关切的问题，在漫长的实践中，人们凭经验和直觉来把握一些美学规律。

伊利尔·沙里宁(Eliel Saarinen)认为，建筑问题不仅仅是限于房屋的范围，它意味着人们在居住和服务设施方面的一整套形式；它意味着房间里面的多种陈设和房间本身及许多房屋有机地组成群体时的相互协调关系；它还意味着组成城市复杂有机体的所有构造形体之间的相互协调关系。人们是在这个建筑形式的广泛世界中生活和工作的。标志性建筑的形成在其视觉形象上有一定的特征，以满足人们意识中的美学观念和心理需求，标志性建筑应当具有单一性或某一方面的唯一性，才能在整个环境中令人难忘。

标志性建筑的视觉形态特征实际上就是建筑形式的秩序表现和意义表现。人们对它的心理认识的目的就是感知空间的形象、秩序和意义。标志性建筑的视觉形式表现是与城市结构相互配合的，许多现代建筑研究理论也提供了充分的理论依据和方法。以下就从人们认知体验建筑和城市的几个层次上来分析标志性建筑的形式特征：个性形式、符号与象征、空间对比与控制。

1) 个性形式

标志性建筑只有在形式上具有强烈的识别性，与其他建筑有所不同，才能限定和标识城市的空间。从建筑美学上来说，这种标识主要包括建筑的形体吸引度、比例、尺度、色彩特征、材料选用及细部特征等造型要素。

(1) 形体。

建筑美的外在形态最直接的表现就是建筑形体的塑造。形体的塑造因其独特的个性与创新性而充满了意味与活力。那些批量生产遍布于街道两侧、外形千篇一律的“方盒子”只能让人心生厌倦。形式越特别和少见的，越容易被人感知。那些能够流芳百世、堪称人类建筑经典杰作的建筑无一不是具有鲜明的独创性和突出的外形特点的，如巴黎的埃菲尔铁塔、吉隆坡的双子塔、高耸收分如宝塔的上海金茂大厦、外形犹如高扬的船帆的悉尼歌剧院。这些富有个性，风格独特的建筑，具备了较高的审美价值，担负起地域标志性的重担。

好的建筑形体通常是简洁明快的。简洁绝不代表形体的单调、乏味，它还有系统参照，标志性建筑还需要表达复杂的信息，通过形体的组合表达有机的秩序和特定的意义。现代主义建筑大师勒·柯布西耶将最基本的圆形、方形、三角形称为最美的形状。简化的心理是人类最基本的感知倾向之一。对建筑设计师而言，这种简化性思维模式的完形心理就表现为对均衡完整的几何体的喜好。这些基本的几何体通过各类处理和组合运用转化成为和谐而具有强烈冲击力的地标建筑，将纪念性与雕塑性发挥得淋漓尽致。从远古时期的古埃及金字塔到现代主义的纽约西格拉姆大厦(图 4.30)，再到后现代的中国国家大剧院(图 4.31)，无疑不是这类完形体建筑的优秀代表。

图 4.30　纽约西格拉姆大厦

图 4.31　中国国家大剧院

一座出类拔萃的地标建筑还需要通过各类形体的组合变形才能表达其特定的意义和独特的美感。各类形体元素有机组合、主次分明，既简洁大方又不显得单调乏味。例如，巴西建筑师奥斯卡·尼迈耶设计的巴西利亚议会大厦(图 4.32)被戏称为“一双筷子两只碗”。就是由参、众两院扁平形会议厅与两座 28 层的高楼并立，两楼中间的第 11～13 层有一条廊道相连通，成“H”形，而“H”正是葡萄牙文“人类”(Homen)的第一个字母，因此这个造型寓意联邦议院“以人为本”的立法宗旨。右侧上仰的较大的那只“碗”是众议院会议厅，碗口向上象征着众议院的“民主”和“广纳民意”。左侧下覆的稍小的那只“碗”是参议院会议厅，碗口向下象征着参议院的“集中民意”与统帅功能及常常涉及国家机密的议题。在这座建筑中，外形相似的两个“碗形”体一仰一覆、一大一小，形成横向构图，而竖向的“H”形高层办公楼又起到了均衡统领的作用。因此，巴西利亚议会大厦虽然由若干个简单的几何形体构成，却因为这些几何形体的组合变幻而显得丰富有趣并充满寓意。

图 4.32 巴西利亚议会大厦

这些规则的几何形体是人们一直在使用的建筑形体，随之诞生的比例法则为建筑的美观立下了丰功伟绩。然而随着这些比例逐渐失去了新意，无法继续刺激人们的视觉感官时，一些新颖夸张的不规则几何体开始打破了规则几何体的禁锢。它们往往强调某一向的尺度或是在视觉上打破常规力学定理，从而取得了惊世骇俗的效果。在北京市城区东部密林般的摩天大楼当中，中央电视台新办公大楼在高空中大跨度悬挑的造型就格外引人注目，这座堪称全球悬挑最大的建筑以其夸张新颖的形象树立了其作为城市地标建筑的地位。

如果说规则几何体建筑具有规整严谨的美，不规则几何体建筑则具有夸张活泼的美。此外，还有针对组群型地标建筑而言的形体组合美。组群型地标建筑通常是多个建筑的组合，相互之间形成有机联系的整体。占地 72 万 m^2 的北京故宫紫禁城(图 4.33)，它并不是一个单体建筑，而是由四座玲珑奇巧的角楼及大大小小、形体协调的 70 多座宫殿，约 9000 多间房屋等组成，它们共同组成了“紫禁城”这一宏大的城市地标。

图 4.33 北京故宫紫禁城

(2) 比例。

比例在建筑上和视觉上是重要的。在整体或局部设计中，比例协调是美观必不可少的条件。建筑外形中的“比例”一般包含两方面的概念：一是建筑整体或它的某个细部本身的长、宽、高之间的大小关系；二是建筑物整体与局部或局部与局部之间的大小关系。理论上比例涉及点、线、面、体积、空间这些基本图形元素的量的组织关系。

古代的建筑师们尤其重视比例在造型中的作用。不论是古希腊雅典卫城的帕提农神庙、佛罗伦萨大教堂的圣母百花大教堂，还是中国的天坛、紫禁城、三清殿，无一不是比例完美的经典杰作。这些建筑无论是从平面上推敲长宽比例，还是从立面上讲究高宽比及基座、墙身、屋顶等各部分的比例，都是经过反复比较才得以确定的。这些不同的建筑元素在和谐的比例下共同组成了一座座精美绝伦的建筑精品，被载入史册并流芳百世。

在西方古典建筑时期，比例几乎成为了全部造型手法的核心。例如，古希腊时代的希腊雅典神庙，功能单纯，主要起祭祀作用，内部空间只有所处的圣堂和存放档案的方厅两个部分，外部形体因此获得很大自由度，为形态的创造、比例的推敲提供了良好的条件。希腊人精明地斟酌了神庙的体积比例关系，从平面的长与宽，立面、侧立面的面阔与高的关系，到柱廊的开间、柱式的精确性及立面基座、墙身、山花三段的比例，达成适当的总体关系。最终，奥林匹亚山上的神庙以其令人难以置信的、美妙绝伦的优雅体形，震撼着我们的灵魂。这壮丽的景观至今已成为古希腊辉煌文明的标志(图 4.34)。

图 4.34　希腊雅典神庙

(3) 尺度。

与比例密切相关的另一个建筑特性是尺度。尺度这一特性能使建筑物呈现出恰当的或预期的某种尺寸，这是一座建筑物本能上所要求的独特特性。建筑的尺度印象可以分为三种类型：自然的尺度、超人的尺度和亲切的尺度。

标志性建筑在尺度上可拥有巨大尺寸和壮丽场面，也可以是亲切近人的小型建筑。要体现标志性建筑这一特性，就要把某个单位引入设计中，使人们通过它可以简易、自然、本能地判断，使之产生尺度。同时，在一个建筑中，与个人活动和身体功能最紧密、最直接接触的部件乃是建立建筑尺度的最有力部件。标志性建筑中大教堂、纪念堂、纪念建筑和许多地方政府建筑经常采用超人的尺度。作为对宗教思想的表现，超人尺度是人们对于超越自己本身，超越时代本身局限的一种憧憬，如意大利佛罗伦萨大教堂(图 4.35)。当人们建立起一座市政厅的时候，他们不只是盖起一座工作的地点，他们也在表达着自己的共同意愿……他们打算让路过的人明白，他们不仅个人为此成就而感到自豪，而且是一种真正市民的自豪——通过这一方式来表现人性的永恒感，如瑞典斯德哥尔摩市政厅(图 4.36)、德国柏林红色市政厅(图 4.37)。

当然，任何标志性建筑一定是要尺度协调的。因为尺度的实质是建筑与人的关系方面的一种性质，标志性建筑的存在，是为了让人们去使用并喜爱；当建筑物和人类的身体及内在感情之间建立起更加紧密和简洁的关系时，建筑物就会更加有用、更加美观。

澳大利亚悉尼歌剧院(图 4.38)的几片“白帆”是以较大体量组合的，这些体量之间如

图 4.35 意大利佛罗伦萨大教堂

图 4.36 瑞典斯德哥尔摩市政厅

图 4.37 德国柏林红色市政厅

图 4.38 澳大利亚悉尼歌剧院

果不加以处理就会导致整体尺度感比原有的尺度感要小。但是，由于该建筑在底部的基座上开了几条细小的窗洞，并且有一排符合人体尺度的入口挑出。在这种对比之下，巨大的“白帆”体量才得以被衬托出来。再加上紧挨“白帆”的细小栏杆、入口大台阶处踏步等细部的处理烘托，使得整座建筑物更显得恢宏壮丽。

（4）色彩与材质。

在建筑设计中，除了可以用形体和比例来塑造出美之外，还可借助色彩与材质的巧妙运用来加强视觉审美效果。因为每种建筑材料都有色彩，并且应该和相邻的材料有适宜的关系。

从心理学角度而言，色彩本身不仅能构成艺术效果，在空间构成中还可以引导人的心理变化，起到提示、刺激、联系、暗示等一系列作用，为人与空间的交流建立桥梁。在建筑设计中，色彩更多地与材料本身的天然质地、天然色泽相联系。表现材料本身的特质是建筑语言的特有魅力，完美的空间中色彩是必不可少的因素之一。

色彩与材料能美化建筑形象、凸显建筑个性，成功地运用色彩与材质所产生出的对比效果能使标志性建筑从背景环境中脱颖而出，让人过目难忘。在标志性建筑设计中，色彩可以成为人与空间沟通的桥梁。而建筑语言的独特魅力很大程度上来自于材料本身的特性。此外，色彩与材质也是标志性建筑设计中一种体现文化特色的手段，建筑可以通过色彩和材质来体现城市个性、传达地域文化。例如，上海世博会上被誉为“东方之冠”的中国国家馆(图 4.39)大胆采用了鲜艳明快的中国红，并通过细微的颜色渐变，在整个世博园区内大放异彩。

图 4.39　上海世博会中国馆

色彩与材料不仅能够恰当表现建筑的气氛，装饰美化建筑形象，区分建筑与环境，从而形成建筑清晰的印象，还能对建筑形象进行调节和再创造。同样的颜色与不同的材质相结合，会产生出不同的视觉效果，如白色的大理石和白色的混凝土传递出迥然不同的情感语言。印度泰姬玛哈陵白色光洁的墙面建筑与它流畅温婉的造型相映生辉，如图 4.40 所示。

图 4.40　印度泰姬玛哈陵

色彩的对比与调和、质感的粗细与纹理变化对于创造生动活泼的建筑形象都起着重要作用。例如，即便只是匆匆一瞥，西班牙毕尔巴鄂古根海姆博物馆那水纹式的钛合金墙也会让人深受震撼、终生难忘，如图 4.41 所示。

图 4.41 西班牙毕尔巴鄂古根海姆博物馆

许多建筑往往是因为成功地运用建筑外立面色彩而使之脱颖而出的。位于武汉市武昌区阅马场广场北端的辛亥革命武昌起义纪念馆，是一幢砖木结构二层红色楼房，其建筑形式完全依照近代西方国家议会大厦，风格典雅庄重。它因为色彩运用的成功而被人们恰如其分地称为“红楼”。参观过它的人们可能对它的形体特征会渐渐印象模糊，但谈及它那红砖红瓦的运用却实在令人难忘，如图 4.42 所示。

图 4.42 辛亥革命武昌起义纪念馆

建筑的色彩和材料，与时代和地区关系紧密。由于历史与建筑技术等原因，在不同的文化中，人们会形成自己独特的并为人们习惯和接受的色彩，各个时代和地区的建筑的色彩与质感是当时当地文化的一部分，给建筑和城市以特色。

2）符号与象征

标志性建筑作为城市中的标志，必然通过一定的形式符号表达某种特殊意义，从而得到城市居民对这种符号意义的集体认同。黑格尔也提出“建筑是用建筑材料造成的一种象征性符号”。值得我们注意的是，符号与象征之间是有区别的。符号设想是单义的，即与它们所代表的事物有一对一的对应关系，因为它们相当直接地、图像性地或以其他方式与那些事物产生联系，故而仅有一个恰当的意义。例如，“斗拱”作为符号象征中国传统建筑文化，柱头符号象征西方的传统建筑风格。而象征设想为多义的，即有一对多的对应关系，故而可有许多寓意。在这种情况下，对应是任意的，任一部分都可以代表全部。例如，约恩·乌特松(Jolash Utzon)设计的悉尼歌剧院(图 4.38)，其造型寓于诗情画意，远看犹如群帆过港，又似百合怒放，在风光旖旎的海滨，使人浮想联翩。

标志性建筑的符号象征之所以能产生强烈的审美快感，首先，其标志性建筑形象符号的抽象性使寄寓的物象提升到抽象的高度，使欣赏者面对具体形象而获得一种广阔感，正如康定斯基(Kandinsky)所说，抽象艺术(符号化的艺术)更广阔、更自由、更富有内容；其次，符号的通用性使广大欣赏者获得产生同步效应的审美契机，因而产生了一种社会认同感。例如，伊利尔·沙里宁设计的纽约环球航空站(图 4.43)，建筑外形呈飞鸟状，给民航飞机以显著标记，钢筋混凝土的多瓣形壳体屋盖，是十分具体的象征，在机场也有新颖的效果。

图 4.43　纽约环球航空站

人们对符号象征的特征越熟悉，就越自然，越明显。每个符号都有一个限定的意义范围，并带有一定的倾向性或联想。标志性建筑就是将这种符号与城市空间意象和社会结构联系起来，加强人们的归属意识。

3）空间对比与控制

人们对标志性建筑的整体知觉，有赖于它的视觉重点，而视觉重点需要通过环境空间来强化。标志性建筑的形式要素决定了其空间的表现范围和控制范围。凯文·林奇认为，标志性建筑的形成，通常有两种方式：其一，使元素在许多地点都能够被看到；其二，通过与邻近元素退让或高度的变化，建立起局部的对比。也就是说，如果标志性建筑有清晰的形式，要么与背景形成对比，要么占据突出的空间位置，被当做重要物。

对于标志性建筑来说，戏剧性冲突、夸张是极重要的表现手段，它是产生视觉震动的有效途径。一个充满活力的标志性建筑的基本特征就是其唯一性，即它与周边的关系、与背景形成的对比，对周围关系进行控制十分必要。建筑中重要的图底关系是城市外部环境与建筑实体、单体建筑外部空间与内部空间的正负关系。

建筑空间的目标与背景是空间视觉的关键因素，有时在一个空间中还必须以多种手段造成目标的图底关系变化。标志性建筑的性质与限定概念相联系，背景则与围合相联系，空间既有围合又有限定才会产生内在的活动，人在空间中的活动部分地取决于空间的方向性与目标变化。在城市空间中，城市的标志性建筑往往成为城市各个方向的视觉目标与方向标。人们通过对此建筑的观察确定自己在城市中的位置，而失去方向与目标会使人迷惑、无所适从。这样，标志性建筑构成视觉空间最精彩的主题，成为空间序列的高潮。在目标的刺激下，空间获得重心与稳定感，并使方向感与距离感变得清晰可辨，以光影的明暗对比、空间的开合层次、色彩与材料的节奏变化，来引人注目并引导人们向其靠近，这样的序列才会引人入胜，如壮丽的梵蒂冈大教堂广场(图 4.44)。

3. 文化及历史特征

建筑是文化的载体，因此文化性是标志性建筑的一个重要内涵特征。建筑形式是表层

图 4.44　梵蒂冈大教堂广场

结构，它的深层结构是历史、环境、文化等要素。标志性建筑在一定的文化背景、历史条件和社会生活中表达出强烈的文化色彩，其文化内涵在标志性建筑的许多要素中共同综合地渗透出来。具备文化特征的标志性建筑能让观者体验后形成特殊的心理感应。例如，巴黎圣母院(图 4.45)作为哥特式教堂的代表，其建筑本身值得称赞，但是之所以被视作地标、千百年来为人称道，很大程度上源于其神圣不可动摇的宗教地位，以及雨果一部流芳百世的不朽著作。

历史特征是指拥有一定年限的旧建筑物所包含的历史意义，如遵义市的地标建筑遵义会址。这种标志性建筑的形成机制是历史赋予的，就如埃菲尔铁塔和悉尼歌剧院问世时均未注明是城市地标的标签，但其历史背景中的小故事却一直为人津津乐道，直至被世人所公认为标志性建筑。标志性建筑的文化特征和历史特征常相互渗透。例如，岳阳楼(图 4.46)既是历史遗留地标，但又因北宋诗人范仲庵所著《岳阳楼记》而家喻户晓，成为岳阳市的标志性建筑。

图 4.45　巴黎圣母院

图 4.46　岳阳楼

作为一种历史现象，文化的发展有历史的继承性。在阶级社会中，又具有阶级性，同时也具有民族性、地域性。不同民族不同地域的文化又形成了人类文化的多样性。作为社会意识形态的文化，是一定社会的政治和经济的反映，同时又给予一定社会的政治和经济以巨大影响。文化对标志性建筑及其环境的影响是多方面和深层次的，但又从其表层要素中表达出来。在一定的社会文化环境下，环境的自身特征、社会体制状况、人们的社会价值观、宗教信仰等都会从标志性建筑各个细节中表现出来。文化差异是形成标志性建筑的特征的一个重要因素。随着社会文化的发展，文化对环境的影响也是不断变化的。文化特征在标志性建筑上的表现，最主要的和最容易被理解的有两个方面：象征隐喻性和地域民族性。

1）象征隐喻性

从总体上来说，象征隐喻在给人以明晰清楚的表层知觉的基础上，它以文化或心理上的认同引导人们向深层进发，在文化思考中产生超越本身的精神领悟。象征隐喻性包括两个层面：一是外在形式的象征意义；二是在形式下所内含的内在意蕴——建筑形式往往是所表达内容的形态模仿，是文化特性的延伸。象征寓意有显有隐，表达方式有曲有直。标志性建筑的形式，则是观赏者借助于他们自身对这些空间形体抽象关系的文化背景知识来译读建筑中的象征性寓意。如北京天坛祈年殿(图 4.47)的形式，圆的形体与方的平面是“天圆地方”的含义：12 根外檐是“一周之数”的结果；上青、中黄、下绿的三重檐是“天、地、万物”的代表。这些都是基于中国传统文化和哲学思想而创造出来的。

图 4.47　天坛祈年殿

标志性建筑要在一定的文化背景和环境背景下，创造适度的形式，既要有一定的深度和审美力度，又不能过于生涩造成文化歧义，强调建筑与人的交往、建筑的意义。

2）地域民族性

地域性和民族性是标志性建筑的另一个文化表现，也就是指标志性建筑的形式风格、色彩体量与其所在的人文地理状况和空间环境相一致。每个民族自己特定的文化都通过形式、色彩、装饰、符号、材料等要素来引发人们的民族情感，反映空间的民族性。只有注重传统，借鉴历史文化，结合当地环境的标志性建筑才能为群众所喜闻乐见。查尔斯·摩尔(Charlesmoore)设计的美国新奥尔良意大利广场(图 4.48)就是利用社区内的意大利后裔在广场内有的民族归属感：五种柱式表达了意大利传统的文化渊源；三个喷泉隐喻了意大利三条著名的河流；石板、花岗岩、卵石等组成的意大利地图让人想起故土；在广场几何中心设置西西里岛，则是纪念此处意大利后裔的家乡来源等。这个广场给人的印象是它是意大利人的广场，唤起人们对意大利的回忆，让人们心里产生文化认同感，反映出强烈的民族性，进而成为区域的标志性场所，恢复了该地区的活力。

图 4.48　美国新奥尔良意大利广场

4. 时空特征

1）时空视觉要素

时空视觉要素也就是随着空间位置在时间轴上的移动，人们对标志性建筑的认知。这涉及建筑的尺度、城市空间环境的尺度和人的行为尺度。在城市空间中，标志性建筑给人们的视觉体验是十分重要的，达·芬奇对形式体量在视觉中的消失现象提出了“透视消失”规律，即随着距离的增加而产生的消失确切顺序：首先消失的是外形细节，然后是颜色，最后是团块。所以标志性建筑的体量、高度、尺度是其非常重要的外形要素，决定了其空间范围的表现和时间过程中的视觉变化。

建筑通常被认为是视觉艺术之一，一般视觉作品都是建立在一个视点和仅一个瞬间感觉的基础上的。但区别于其他感知活动，建筑和城市空间的感知是在动态中进行的。建筑物作为三维空间的个体，审美主体和客体存在着三度的空间关系，但随着视点的变化，建筑空间不断展开它的序列。这样时间因素就变得更加重要，转化为建筑的第四度空间。一个建筑物从来不光是一个立面，它是外部形式和内部形式的一个有机综合体。在伟大而不朽的建筑杰作中，这个综合体的每一个要素都要参与到全部的艺术体验当中去。对一个标志性建筑的认知和评价，需要的不只是几分钟或几小时的工夫，而是许多天或者几个星期甚至几年。人们在空间中的行走，视点随着所处位置不同而变化，标志性建筑在城市空间中的表现层次也会相应变化。人的视觉运动受到各种视觉元素的制约，以及注意力价值的差异和视觉优选的左右，循着一定的规律和方向来运动：这种视觉运动也控制着注意力，是实现从一个标志性建筑转向另一个标志性建筑或一个空间转向另一个空间，从而保持视线和人们心理情绪感觉的连续性。例如，在天安门广场上，西侧为人民大会堂，东侧为革命历史博物馆，人民英雄纪念碑在广场中心南侧靠近前门方向一点，形成视觉焦点统领广场空间(图 4.49)。人民英雄纪念的位置南偏使广场的南北轴线更具方向性，使接近天安门的一侧成为更重要的主空间，广场的划分自然产生了主从与等级。此外，人民大会堂与历史博物馆相对应的轴线在视觉上也取得了贯通。随着人们在天安门广场上的位置移动，天安门人民英雄纪念碑、毛主席纪念堂在空间中产生不同的层次变化。

图 4.49 天安门广场

2）历史时间性

建筑人类学家倾向于把建筑当做人类历史的见证，是思想交流的工具。在历史过程中，标志性建筑及其城市空间是不断代谢变换的，经历着诞生、死亡与再生的过程，其表现意义也有历时性变化，但其内在精神却是常驻永恒的。作为建筑其功能必将死亡，但是我们今天看到的许多标志性建筑其功能虽在今天已不再有意义，但其标志性内涵依然存在，仍然是城市的中心标志物，并且由于其所储存的信息而涵盖了更多的符号象征。希腊雅典神庙已不再是神圣的精神中心，但其标志意义却是永恒的；万里长城(图 4.50)已失去其军事防卫的功能，但它已成为中华民族坚强奋斗的精神标志。标志性建筑的形成就是场所的创造，它使人们的生活形式和意义以更明确有力的方式显现出来，同时在历史中形成，又在历史中发展。新的历史条件所引起的环境变化，充实了场所的结构，发展了场所的精神。

3）空间主导性

建筑的根本目的在于创造出符合人们社会、文化、心理需求的环境，建筑的过程和手段只是为了达到这一目的而赋予的物质形象。只有当物质的实体和空间表达了特定的文化、历史和人的活动，并使之充满活力时才能被称为场所。标志性建筑显然不是填塞城市的普通建筑，而是塑造城市空间的关键构件，也是城市空间和景观的主导。在空间表象上富有多层次，形成一定的等级，才能使人们在城市中活动的不同过程、不同时间点上感受到整个城市的空间及景观的秩序和变化。城市的标志性建筑，作为城市的主体建筑，不仅指明了位置，而且使人能感觉到它内部具有的膨胀和扩散的功能，作用在周围空间，形成各种形式的力场，从而在虚幻的空间中作用于人的知觉，产生不同的心理感受，进而与人们的趣味、信仰和情感对话。

这样，标志性建筑的空间主导性包括两个方面：一是标志性建筑在城市中的象征性和表现性的主导；二是标志性建筑在城市空间结构及景观层次中的主导。例如，意大利圣马可广场(图 4.51)被誉为“欧洲最漂亮的客厅”，广场所在位置是城市主要陆地部分与水面相接处的中心部位，密集的城市空间通过广场辽阔的水面空间自然、和谐地交流。广场上，圣马可教堂复杂的轮廓和蓬勃向上的动势，总督府方正的体量与稳定的水平划分，高耸的别具一格的钟塔造型，三者通过体量组合把空间有机地组织起来，使其所构成的视觉焦点与空间场所共同形成了动态的均衡。随着人们在空间中位置的变化，在水面上、陆地上、广场中——圣马可广场在城市中成为人们视觉景观和城市空间的主导，其中钟塔作为三个区域的视线交汇点成为整个广场的空间中心和空间转折点，成为最高层次的视觉焦点的标志。

图 4.50　万里长城

图 4.51　意大利圣马可广场

4.3 纪念性建筑之美

纪念性建筑是为纪念某人或某个事件而矗立起的房屋或其他构筑物，有时是为了标志一个自然地理特点或者历史遗址而建。少量纪念性建筑有功能目的，而绝大多数纯粹出于象征目的。因此纪念性建筑往往代表了该时代的主流思潮和价值观念，采用富有表现力的艺术手段寄托感情，表达深远的寓意，供人们瞻仰、凭吊和纪念，且常和周边环境一同营造出纪念性气氛，故在城市中具有重要的历史价值和极高的美学价值。纪念性建筑经过时间的洗礼，常成为历史文物。

纪念性建筑一般包括纪念堂馆、陵墓、碑亭、牌坊、记功柱、凯旋门及纪念性雕塑等。现代的纪念性建筑已开始同某些使用功能结合起来，如纪念科学家的图书馆、纪念画家的美术馆及纪念历史事件的博物馆等。

4.3.1 纪念性建筑的类型

1. 人物型纪念性建筑

人物型纪念性建筑是最为常见的类型，包括陵墓、祠堂、纪念堂、纪念碑、牌坊、庙宇、教堂、故居，也可能是以某人命名的图书馆、礼堂等，常带有表彰性和宣传性。《中国大百科全书》收录的我国三座纪念性建筑有两座就是人物型纪念性建筑，即南京中山陵(图 2.10)和毛主席纪念堂(图 4.52)，另一座是北京人民英雄纪念碑(图 4.53)，属于事件型纪念性建筑。西方著名的有意大利罗马的维克多·埃曼纽尔二世纪念堂(Monument of Victor Emanuel II)(图 4.54)、图拉真记功柱(图 4.55)、君士坦丁凯旋门(图 4.56)及林肯纪念堂(图 4.57)等。

图 4.52 毛主席纪念堂

图 4.53 北京人民英雄纪念碑

2. 事件型纪念性建筑

事件型纪念性建筑是数量较多的类型，多为用来纪念著名的历史事件，常带有庆祝性或反思性，具有深远的教育意义。包括纪念碑、纪念亭、纪念塔、凯旋门等。在我国如山东威海的甲午海战纪念馆(图 4.58)和西方著名的巴黎凯旋门(图 4.59)等，这类建筑常处于城市重要的街区或广场上，具有装饰性和标志性。

图 4.54 维克多·埃曼纽尔二世纪念堂

图 4.55 图拉真记功柱

图 4.56 君士坦丁凯旋门

图 4.57 林肯纪念堂

图 4.58 甲午海战纪念馆

图 4.59 巴黎凯旋门

3. 祭祀型纪念性建筑

祭祀型纪念性建筑以带有宗教色彩或宗族、皇室的墓葬建筑为主。自远古时代开始，人类就开始了各种祭祀活动，也建造了许多祭祀型纪念性建筑，如英国的巨石阵(Stonehenge)；皇室的墓葬在各个国家都大量存在着，如古埃及的金字塔，中国的秦始皇陵、清东陵等。这类建筑常和自然环境景观相互融合，并大多以群体建筑出现。

4.3.2 纪念性建筑的美学特征

1. 象征性

象征性是指建筑表现的形体、空间或符号与被表现事物或事物特性的关联性。象征性是纪念性建筑的一个重要特征。象征性的表现方法和设计手法在纪念性建筑的形体、空间塑造中有着广泛的运用，尤其是诸如比拟、暗喻等多种手法，使观赏者对建筑与纪念内容之间的关系产生联想和共鸣，从而达到纪念的目的。

2. 场所精神

纪念性建筑通常要具有庄重的外观以体现气氛。场所精神和人的心理感受密切联系，在人们参观和欣赏的过程中，需要营造一种场所的精神意向，使所要表达的纪念价值得以体现。纪念性建筑环境的直觉、经验、先验及移情，是欣赏和创作纪念性建筑的关键。例如，南京大屠杀遇难同胞纪念馆，主体场馆体形简洁，犹如一把断裂的军刀平躺于大地之上，外墙采用了灰白色石材形成庄严肃穆的氛围；人们首先经过一系列反映大屠杀场景的雕塑，然后走过由集会广场、祭奠广场、墓地广场等三个室外广场，进入位于地下的入口，犹如进入阴森恐怖的墓室，参观完地下展厅从两面黑色墙体中走向室外光明的空间。整个参观过程使人们的心理随着建筑空间的推进逐步从平静、震撼转向悲愤，最后勾起对和平和美好生活的向往，场所精神得到了完全的体现。

3. 标准范式

受到建筑技术、民族特点的制约而形成了牌楼形(碑)、柱形(华表、幢、记功柱)、墙形(纪念碑、纪念壁)、塔形、墓冢形等常用的纪念性建筑形体。同时由于纪念性建筑要求比一般建筑保存时间更长久，因此常采用石材、铸铁、铜、不锈钢等坚固耐用的材料。尤其是古代的纪念性建筑，更具有一目了然的范式特征，但在近现代，随着综合型功能的纪念性建筑越来越普及，古老的范式逐渐不复存在，出现了更多形态的美术馆、博物馆等。

4.4 宗教建筑之美

宗教建筑作为建筑中的一种类型，是宗教观念与审美意识的结合，并以形体、线条、色彩、质量、装饰和空间组合等为艺术语言，建构成实体形象的造型空间艺术。换言之，宗教建筑是指与宗教信仰相关的建筑物和构筑物，是人类宗教意识、审美观念、风俗习惯与建筑技术的集中体现。这些建筑物具有宗教性、象征性、民族性和时代性。

4.4.1 西方宗教建筑

1. 埃及神庙

埃及神庙是世界最早的宗教建筑之一，在结构上通常采用高大的牌楼门，建筑形体对称，整个内部空间由大殿和长廊构成，众多高大柱子林立的柱厅是埃及神庙的最大特色，也是营造宗教感召力最强烈的场所，如图 4.60 所示的卡纳克神庙遗址。卡纳克神庙曾是世界上最壮观的古建筑物之一，也是埃及最大的神庙。卡纳克神庙因为其规模巨大而闻名于世界，它是迄今为止使用柱子支撑的最大的寺庙。在整个建筑群中，有 20 余座大小神庙。院内塔门高 44m，宽 131m。大柱厅开间 102m，进深 53m，里面共竖有 134 根巨型石柱，气势磅礴，震撼人心，其中最大的 12 根高 23m，周长 15m，可容纳 50 个人在上面站立。

图 4.60　卡纳克神庙遗址

2. 古希腊神庙

古希腊是欧洲文化的摇篮。古希腊的建筑同样也是西方建筑的开拓者，其建筑形式，如梁柱结构的组合、特定的艺术形式，以及建筑物和建筑群体设计的原则，对欧洲两千多年的建筑发展有着极其深远的影响。

古希腊众多哲学家都将“和谐”定义为美的第一要素，古希腊的毕达哥拉斯学派认为，美就是和谐，追求和谐美是古希腊时代精神的体现。在这样的美学思想之下，古希腊建筑与造型艺术也表现出一种和谐美。

在古希腊的神庙建筑中，如圆柱、柱顶、槽口、山墙等，都以一定的比例及数量关系得以确定，并根据模数，计算出整体及其部分的数量关系，为希腊建筑建立了比例与数量关系等艺术规则，体现了古希腊人对抽象、纯真理想的追求，如图 4.61 所示的古希腊三种基本柱式。古罗马建筑师维特鲁威在《建筑十书》中指出陶立克柱式是模仿男体的，它没有底座，短而粗，柱高和底部直径之比为 6∶1，显得刚劲有力，浑厚朴实；爱奥尼柱式是模仿女体的，它有底座，长而细，高度和底径之比为 8∶1，显得纤细灵巧，华美动人；科林斯柱式是后来形成的，它与爱奥尼柱式相似，模仿少女的窈窕姿态，柱头更加华丽，柱式比例更加纤细，相对于爱奥尼柱式，其装饰性更强。

闻名的雅典卫城的帕提农神庙是古希腊建筑艺术的纪念碑，被称为“神庙中的神庙”，其柱采用陶立克柱式。神庙矗立在卫城的最高点，因祭奉雅典娜女神而得名。神庙建于公元前 447—前 448 年，被公认为是陶立克柱式发展的顶峰。建筑师为伊克蒂诺斯(Iktinos)和卡利克拉特(Callicrat)，主要雕塑师为菲狄亚斯(Phidias)。神庙的东西端设有 8 根陶立克式柱，两侧另有 17 根柱，立于三级无柱础台基上。东西两立面(全庙的门面)山墙顶部距离地面 19m，也就是说，其立面高与宽的比例为 19∶31，接近希腊人喜爱的“黄金分割比”，1687 年在土耳其—威尼斯战争中神庙被炮毁，如今只剩下 30 多根石柱和断壁残垣，如图 4.62 所示。

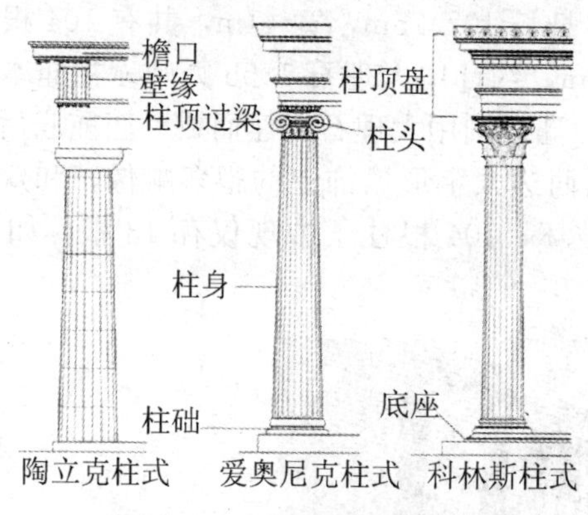

图 4.61　古希腊三种基本柱式

图 4.62　帕提农神庙遗址

伊瑞克提翁神庙是古希腊建筑中爱奥尼柱式的代表作品，是雅典建筑艺术中在色彩和建造上都具有一定创造力的神庙建筑。在神庙的北面为爱奥尼柱式廊，廊顶有雕刻装饰。同时北面地势较低，柱子相对增加了高度，使之与主殿协调一致。神庙主殿也是神庙的主体部分，是一个平面为矩形的标准神庙主堂，因受地形的限制，神庙的主殿两边没有侧廊，因此被称为“无翼式”。北面柱廊中的爱奥尼柱子有超长的柱身，柱头顶端有精美的装饰，与较大的涡卷相互映衬，为整座神庙增添了光彩。神庙始建于公元前 421 年，由于斯巴达人的侵入而中途停止，最终于公元前 405 年完成。神庙由东部的雅典娜正殿、西部的科克洛斯墓室、北面的波塞冬井和宙斯祭坛及南面的女像柱廊组成。四个方向的立面各不相同。东立面正殿的前面有 6 根柱子，为典型的爱奥尼柱廊；西立面建有 4m 多高的基座墙，墙上立有廊柱；而北立面却建造了面阔三间的柱廊，而且柱廊进深面积较大，形成别具一格的立面效果。神庙的南立面与帕提农神庙相对，这个南立面的设置更为独特。在大面积的实墙之前建造了一个女像柱廊，面阔三间，进深两间，6 位女郎悠然而立，端庄娴雅，成为整座神庙中最具观赏价值的建筑部分。它和帕提农神庙相比，在建筑风格上显得较为活泼轻松，而且装饰色彩淡雅，建筑的整体采用不对称的布局和多变的建筑形体，自由随意、简单明了；却不失雅致，给整个雅典卫城的建筑群增添了几分活跃气息，如图 4.63 所示。

图 4.63　伊瑞克提翁神庙遗址

宙斯神庙也是古希腊的宗教中心，位于奥林匹克村，为了祭祀宙斯而建。神庙位于希腊雅典卫城东南面，采用了科林斯式石柱风格，而且全部使用大理石。整个建筑坐落在一块长为205m，宽为130m的地基上。神庙本身长107.75m，宽41m，共有104根科林斯柱。每根石柱高达17.25m，顶端直径达1.3m，约计用大理石1.55万吨。神庙本身则是采用陶立克式建筑，表面铺上灰泥的石灰岩，庙顶则用大理石兴建而成，庙前庙后的石像都是用派洛斯(Paros)岛的大理石雕成。庙内西边人字形檐饰上的很多雕像，和众多的古希腊神庙一样。宙斯神庙也遭受了严重的破坏，104根柱子中现仅存13根，如图4.64所示。

图4.64 宙斯神庙遗址

3. 古罗马神庙

尽管古罗马人的审美思想基本上与古希腊人相同，但在古典和谐美的基础上，更偏重于壮美，甚至包含一些崇高的因素。与此同时，柱式在古罗马有了新的发展。古罗马原则上继承了古希腊三柱式，加上原有的古罗马塔司干柱式，同时又加上了由爱奥尼与科林斯混合而成的混合柱式，合成为古罗马五柱式。

古罗马万神庙(图4.65)是为了纪念早年的奥古斯都(屋大维)打败安东尼和克利奥帕特拉七世(埃及艳后)，由他的女婿、副手、曾先后三任罗马总督的马尔库斯·维普萨纽斯·阿格里帕(Marcus Vipsanius Agrippa)于公元前27年主持，在罗马城内建造了一座献给“所有的神”的庙，故叫“万神庙”。它采用了穹顶覆盖的集中式形制，公元80年被焚毁，重建后的万神庙则是单一空间、集中式构图的建筑物的代表，也是罗马穹顶技术的最高代表。穹顶直径达43.3m，顶端高度也是43.3m。按照当时的观念，穹顶象征天宇。穹顶中央开了一个直径8.9m的圆洞，可能寓意着神的世界和人的世界的某种联系。从圆洞进来柔和漫射光，照亮空阔的内部，有一种宗教的宁谧气息。穹顶的外面覆盖着一层镀金铜瓦。万神庙门廊高大雄壮，也华丽浮艳，代表着罗马建筑的典型风格。它面阔33m，正面有长方形柱廊，柱廊宽34m，深15.5m；有科林斯式石柱16根，分三排，前排8根，中、后排各4根，柱身高14.18m，底径1.43m，用整块埃及灰色花岗岩加工而成，柱头和柱基则是白色大理石。山花和檐头的雕像，大门扇、瓦、廊子里的天花梁和板，都是铜做的，包着金箔。直径为43.4m的万神庙大圆顶的世界纪录，直到1960年才被在罗马所建的直径达100m的新体育馆大圆顶打破。

4. 哥特式教堂

罗马风格建筑的进一步发展，就是12—15世纪以法国为中心的哥特式建筑。哥特式教堂在艺术造型上的特点：首先，在体量和高度上创造了新纪录，从教堂中厅的高度看，德国的科隆大教堂(图4.66)中厅高达48m；从教堂的钟塔高度看，德国的乌尔姆市教堂

(图 4.67)高达 161m；其次，形体向上的动势十分强烈，轻灵的垂直线直贯全身。与庄严肃穆的古希腊神庙不同，哥特式教堂显示出一种神秘崇高的气氛，为了营造这种神秘的崇高感，采用了与以往不同的艺术处理手法，即在哥特式教堂中不论是墙和塔都是越往上划分越细，装饰也越多，越复杂奇异，而且顶上都有锋利的、直刺苍穹的小尖顶。不仅所有的顶都是尖的，而且建筑局部和细节的上端也都是尖的，整个教堂充满向上的冲力，这些直耸云霄的尖顶、奢华奇异的装饰、幽深的走廊，在圣歌、钟声中使得整个教堂都成为一种绝妙的写照。

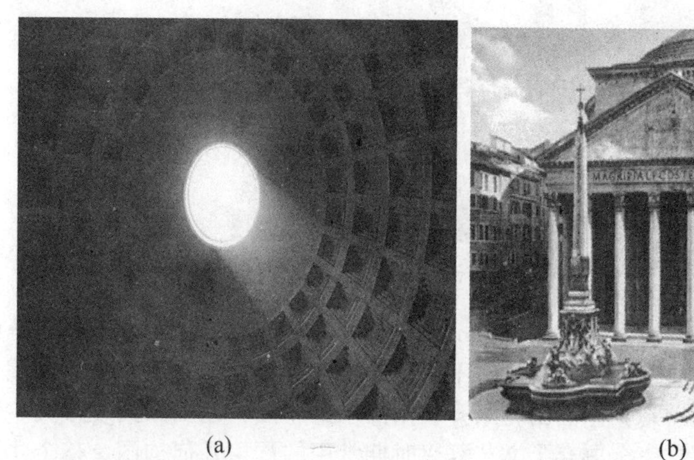

(a) (b)

图 4.65 古罗马万神庙

图 4.66 德国科隆大教堂

图 4.67 德国乌尔姆市教堂

亚眠主教堂(图 4.68)是法国哥特式建筑盛期的代表作，其总面积达 7760m^2，长 137m，宽 46m，教堂共分三层，巨大的连拱占据了绝大部分空间。亚眠主教堂两侧各有一座塔楼，北塔高 67m，南塔高 62m。大教堂外观为尖形的哥特式结构，墙壁几乎全被每扇 12m 高的彩色玻璃覆盖，采用花色窗棂，几乎看不到墙面，这也体现了建筑发展的新观念，是哥特式风格成熟的标志。

5. 巴洛克风格

“巴洛克”是一种欧洲艺术风格，指自 17 世纪初直至 18 世纪上半叶流行于欧洲的主要艺术风格。它是背离了文艺复兴精神的一种艺术形式，表达对文艺复兴时期所追求的严格、理性次序的不满。巴洛克风格抛弃了单纯、和谐、稳重的古典风范，追求一种繁复夸饰、富丽堂皇、气势宏大、富于动感的艺术境界。巴洛克建筑物的规模、空间格局及奢华的装饰，是为了宣扬教会和国际的威望，它满足了当时艺术上、思想上和社会上各种层面的需求。

图 4.68 亚眠主教堂

当时著名的巴洛克大师波罗米尼(Borromini)设计的圣卡罗教堂(图 4.69)就是典型代表。它的殿堂平面近似橄榄形，周围有一些不规则的小祈祷室，此外还有生活庭院。殿堂平面与天花装饰强调曲线动态，立面山花断开，檐部水平弯曲，墙面凹凸度很大，装饰丰富，有强烈的光影效果，它完全摒弃了文艺复兴时期常用的严格几何构图，整个建筑几乎没有直角，全部使用曲线。教堂的室内大堂为龟甲形平面，坐落在垂拱上的穹顶(图 4.70)为椭圆形，顶部正中有采光窗，穹顶内面上有六角形、八角形和十字形格子，具有很强的立体效果。室内的其他空间也同样，在形状和装饰上有很强的流动感和立体感。

图 4.69 圣卡罗教堂

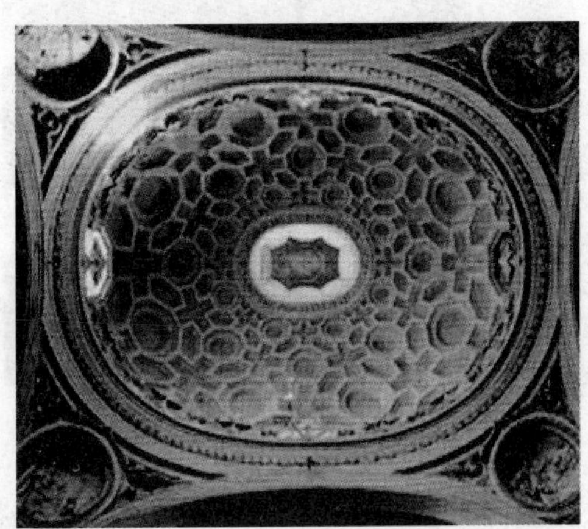

图 4.70 圣卡罗教堂穹顶

4.4.2 中国宗教建筑

宗教建筑在中国古建筑史、文化艺术史中占有重要的地位，其许多常用的艺术手法一直影响着千百年来的中国建筑。宗教建筑是中华民族传统文化、灿烂古代文明的凝聚和结晶，展示着中国劳动人民和古代建筑匠师的智慧与高超技艺。这些建筑中不少是属于国家重点保护的文物，具有历史、艺术、科学价值，记载了中国传统文化与外来文化的交融及发展。从建筑艺术、文物艺术的角度上说，宗教建筑是中国古代建筑中最为宝贵的一笔文化遗产。

中国是一个多宗教的国家，其中拥有信徒较多、影响较大的宗教有佛教、道教、伊斯兰教、儒教、基督教。这五种宗教的建筑各有特色。

1. 佛教建筑

佛教在东汉时期由印度传入中国，佛教建筑体现了中国人的审美观和文化性格，充满了宁静、平和且内向的氛围，这与西方宗教建筑的外向暴露、气氛动荡不安完全不同。

1）中国佛教建筑主要类型

(1) 寺庙。

佛教寺庙是僧侣修身说法、念经用斋、居住生活，信徒顶礼朝拜、进香供佛、举行宗教仪式的所在。中国最早的佛寺为河南洛阳的白马寺，其建于东汉永平十年(公元 67 年)，被中外佛教界誉为“释源”和“祖庭”。它“曲径通幽处，禅房花木深”，云烟缭绕，香气袭人，金碧辉煌，钟磬声声，展钟菩鼓，置身其中宛如进入西天佛国，境界确实不同凡俗。

与佛教传入方式相适应，中国的佛教寺庙也可以分为三大类型：汉传佛教寺庙、藏传佛教寺庙、南传上座部佛教(小乘教)寺庙。

① 汉传佛教寺庙：它以南北中轴线为中心，形成规模宏大的以殿、堂、楼、阁、亭等组成的空间组合，采用中国传统建筑的院落式格局，院落重重，常至数十院，层层深入，回廊周匝，廊内壁画鲜丽，花木假山，引人入胜，把整个佛寺建筑群推向高潮，形成了具有中国民族风格的一整套配置，如照壁、山门、钟鼓楼、天王殿、大雄宝殿、法室、藏经阁等。

少林寺是中国汉传佛教禅宗祖庭，享有“天下第一名刹”之誉。少林寺位于河南省登封市西北 13km 的嵩山南麓，现已形成以山门、天王殿、大雄宝殿、藏经阁、方丈室、立雪亭、西方圣人殿为主题的嵩山少林建筑群，使千年古刹焕发出新的光彩。

山西浑源恒山悬空寺(图 4.71)为中国十大佛教圣地之一。整座建筑依山崖壁而建，面对恒山，背倚翠屏山，上载危岩，下临深谷，凿石为基，就岩起屋，结构奇巧，恰似空中楼阁。全寺为木框架结构，半插横梁为基，巧借岩石暗托，梁柱上下一体，廊栏左右紧连。

② 藏传佛教寺庙：这类寺庙包括汉式建筑、汉藏建筑结合式建筑、藏式建筑。北京雍和宫(图 4.72)是北京城内最大的喇嘛教寺庙，建于康熙三十三年(公元 1964 年)。雍和宫规模宏丽，布局完整，主要的建筑循中轴线布置，成对称格局。门前有三座牌楼，构成门前广场，牌楼北有一条长达百米的甬道，直对昭泰门，通道两侧松柏成荫，环境清幽。

河北承德普宁寺是汉藏建筑结合式建筑，该寺坐南向北，依山就势，背靠松树岭，占地面积 3.25hm^2。寺内大雄宝殿(图 4.73)之前的建筑布局完整，有明显的中轴线。全部建筑的屋顶均为黄琉璃瓦顶，绿琉璃瓦剪边。

布达拉宫(图 4.74)坐落在西藏拉萨的红山上，是藏族古建筑艺术的精华。布达拉宫主体建筑 13 层，全部为木石结构，全体建筑依山垒砌，群楼叠起，殿宇巍峨，使主体形象具有宏大的气魄。红宫、白宫相互衬托映照，使建筑形象光亮、明快、生机勃勃。该宫采用以藏式结构为主、汉式结构为辅的建筑样式，使人们感觉到一种亲近感。

图 4.71　恒山悬空寺

图 4.72　雍和宫

图 4.73　普宁寺内大雄宝殿

图 4.74　布达拉宫

③ 南传上座部佛教寺庙：有宫殿式、干阑式和宫殿干阑结合式三种。寺庙建筑以佛塔和释迦牟尼佛像为中心，因此，大殿或塔是寺的中心，僧舍等环列周围。

云南西双版纳曼苏满寺(图 4.75)是南传上座部佛教寺庙，从东到西，依次排列着寺门、引廊和佛殿。在佛殿东北侧有傣式佛塔，另一侧为戒堂。佛塔与戒堂、佛殿及寺门一起，构成一个极生动美丽的不对称均衡构图。佛殿呈平面矩形，是以山墙即短边为正面。大殿中部覆两坡屋顶，四周包围单坡顶，总体构成歇山顶似的两段式屋顶。沿各条屋脊密排着许多火焰形和卷叶形的黄色的琉璃装饰。柱子和横梁上有图案为植物和亭、塔等小建筑的彩画，如图 4.76 所示。

图 4.75　西双版纳曼苏满寺

图 4.76　曼苏满寺寺内梁柱图案

(2) 佛塔。

佛塔是集建筑艺术和雕塑艺术于一体的佛教建筑物，中国佛塔建筑式样有亭阁式、楼阁式、密檐式、覆钵式和金刚宝座式、花塔等多种形状。佛塔平面通常以正方形、八角形居多。整个结构一般由地宫、塔基、塔身和塔刹组成。

嵩岳寺塔(图 4.77)是中国现存年代最早的砖塔。塔高约 40m，共 15 层，平面呈十二边形，该塔为密檐式砖塔，塔前有长方形月台，与基台同高，塔后有通向塔室的甬道。塔内除第一层为十二边形外，上面各层均为八边形。塔身分为上、下两部分，下部为平坦的壁体，其上叠涩向外，承托模仿木构的上部。上部各隅，砌出倚柱，柱子外露部分，随塔身轮廓做六边形。柱下覆盆式柱础，柱头装饰垂莲。密檐部分共有 15 层叠涩塔檐，层层向内收尽，形成了抛物线状的轮廓。塔刹在密檐上，由珠宝、七重相轮、覆钵和刹座组成。嵩岳寺塔上端的丰富多彩与下端的平整简明形成强烈对比，具有极高的鉴赏价值。

图 4.77 嵩岳寺塔

(3) 石窟寺。

石窟寺是指开凿在岩窟之中的一种特殊而独具特色的洞窟式佛寺。中国石窟除一般的平顶小窟外，主要有中心柱窟、覆斗顶方窟、穹窿顶椭圆窟、崖阁、涅梁窟及大型佛龛、摩崖等。其建筑特点主要是由众多精美绝伦的壁画、漆塑和石刻艺术作品组成。中国最著名的三大石窟寺是甘肃敦煌莫高窟、山西大同云冈石窟、河南洛阳龙门石窟。

莫高窟位于甘肃省敦煌，是壁画彩塑艺术洞窟建筑，它是驰名世界的佛教艺术中心，如图 4.78 所示。现存 492 个石窟，4500 多平方米的壁画，2145 尊彩塑，5 座唐宋木建筑。上下排列 5 层，高低错落，使粗放厚重、原始有序的蜂窝洞穴与精巧严谨的古墓建筑奇妙结合，配以窟檐和廊道，依崖就势。莫高窟壁画色彩鲜艳，线条清晰流畅，莫高窟的彩塑像造型优美，工艺绝伦，有 30 多米高的大佛，也有十几厘米高的菩萨，其中不乏世界珍品。

山西大同的云冈石窟，依山开凿，东西绵延 1km。现存主要洞窟 53 个。第一窟中央雕出两层方形塔柱、后壁立像为弥勒、四壁刻有佛像等。第六窟中的中心塔柱是云冈石窟最精彩的部分。云冈石窟是中国现存石窟中年代最早、规模最大、雕刻最精美的一处，如图 4.79 所示。石窟中的壁画也很精美，如图 4.80 所示。

龙门石窟位于河南省洛阳市的龙门口，洞龛分布在伊水两岸的崖壁上，在长达 1km 的范围里，现存窟龛 2100 多个，造像近 10 万尊。龙门石窟大多利用天然溶洞加以扩建而成，因而没有敦煌和云冈石窟中常见的中心塔柱。窟室平面多呈马蹄形，个别的呈方形，窟室顶部往往是稍作雕饰且微微隆起的平顶，没有在敦煌石窟中可以看到的覆斗式天花。

造像有的神奇、温雅、秀丽，有的雍容华贵、气势磅礴，形成了中国佛教造像的独特风格，如图 4.81 所示。

图 4.78　莫高窟建筑

图 4.79　云冈石窟

图 4.80　云冈石窟壁画

图 4.81　龙门石窟造像

2）中国佛教名山宗教建筑

著名的宗教建筑多坐落在名山之中，依山傍岩，借助山势，逐层而上，形成居高俯视之势。因此，不少名山也成了佛教的“洞天福地”，秀丽的山川与宏伟的寺庙相映成趣，体现出“旷达放荡，纯任自然”的思想境界。四川峨眉山、山西五台山、浙江普陀山与安徽九华山一起构成了中国的四大佛教名山。

峨眉山位于中国四川峨眉山市境内，有寺庙约 26 座，有八大著名寺庙。报国寺(图 4.82)为峨眉山八大名寺之首，前部山门为一高二低牌楼式屋门，翼角高翘，五檐相迭，造型独特。后四重殿宇依山逐台升高，按四合院落格局纵横发展，两侧围合跨院或天井，高低错落，组合巧妙。配置的庭院建筑或悬挑，或吊脚，或临台，或伴水，十分活泼自由。万年寺(图 4.83)为峨眉山八大寺庙之一，寺内无梁砖，殿圈为砖构，没有梁柱，殿形态上圆下方，喻天圆地方。殿顶置喇嘛白塔五座，位东南西北，有密宗“曼荼罗”之意。外檐装修以砖仿木，做出额枋、斗拱、门楣、垂柱、花窗等，惟妙惟肖。殿内部空间半球形天顶高高升起，上下方圆过渡采用三角形腋券处理，顺畅自然，表现出古代砖拱技术的发展水平。

图 4.82 峨眉山报国寺

图 4.83 峨眉山万年寺

五台山共有寺庙 300 余座，显通寺、塔院寺、菩萨顶(图 4.84)、殊像寺、罗睺寺被列为五台山五大禅处。菩萨顶寺院规模宏大，占地 45 亩(1 亩≈666.67m^2)，有殿堂房舍 430 余间。参照皇宫模式营造，瓦为三彩琉璃瓦，砖为青色细磨砖，非常豪华。

普陀山素有“海天佛国”、“南海圣境”之称。法雨寺(图 4.85)是普陀山主要佛寺之一。法雨寺现存殿宇 245 间，建筑面积 7300m^2，依山势建造，气势雄伟森严。

九华山被誉为国际性佛教道场，寺庙外观大都以民居形式建造，如图 4.86 所示。九华山目前有大小寺庙共计 99 座，分布在九华前山、街区、闵园、天台及青阳九华山后山朱备九子岩等地。

图 4.84 五台山菩萨顶

图 4.85 普陀山法雨寺

图 4.86 九华山寺庙

2. 道教建筑

道教是中国特有的传统宗教，建筑多是宫、观、庙，一般是按照五行八卦方位来确定主要建筑的位置或是按中轴线对称的传统方式来布局，建筑装饰体现道教“天人合一”的思想。宫观的建筑规制，一般可分为前庭、中庭、寮房三个部分。前庭包括山门、幡杆、华表、钟鼓楼等象征性设施；中庭是宫观的主体部分，包括主殿、陪殿、厢房、经堂等部分；寮房属道士的生活区。道教建筑多建在深山辟谷中，与自然融合，追求“仙境”的意境。

泰山南麓的岱庙是泰山最大、最完整的古建筑群。城堞高筑，庙貌巍峨，宫阙重叠，气象万千。天贶殿(图 4.87)是岱庙的主体建筑，为木结构，立于两层白石雕栏的台基之上，黄琉璃瓦覆顶，彩绘斗拱，檐下 8 根大红明柱，为中国古代三大宫殿式建筑之一。

著名道观云麓宫(图 4.88)位于长沙市岳麓山云麓峰顶，现存二层重檐歇山顶阁楼一座，名望湘阁。登阁凭栏远眺，南可望衡山，北可瞻洞庭，俯可视“湘江北去，橘子洲头”。

图 4.87　泰山天贶殿

图 4.88　岳麓山云麓宫

道教建筑中另一有特色的建筑为金殿，即由金属铸成的大殿。例如，湖北武当山金殿(图 4.89)有 9 种金属冶炼铸造的合金铜殿，面阔、进深各三间，金殿为铜铸鎏金，仿木构建筑，重檐叠脊，翼角飞举。殿基为花岗岩砌石台，殿内神像、几案、供器均为铜铸。金殿为分件铸造，榫铆拼焊，连接精密，浑然一体，毫无铸凿之痕。云南昆明东北的鸣凤山上有一座太和宫金殿(图 4.90)，全殿是青铜铸造，仿木结构建筑形式，呈方形，边长 6.2m，高 6.7m，重檐歇山顶。殿内神像、匾联、梁柱、墙屏、装饰均是铜铸，为全国最大的铜殿。

图 4.89　武当山金殿

图 4.90　太和宫金殿

道观中的大殿与帝王宫殿一样雄伟壮观。例如，江苏苏州的玄妙观三清殿(图 4.91)，重檐歇山顶，面阔九间通长 45m，进深六间通深 25m 多，是江南一带现存最大的宋代木构建筑。殿内砖须弥座制作精致，座上为三尊泥塑金身像，为宋代雕塑中的佳作。

道教宫观中塑像和壁画题材与道教崇拜的神仙密切相关，山西永乐宫(图 4.92)中的壁画最著名。永乐宫是中国现存最早的道教宫观。各殿四壁满绘精美的元代壁画，总面积为 1005.68m^2，题材丰富，画技高超。三清殿为永乐宫主要大殿，殿内四壁及神龛内均满绘壁画，其内容为《朝元图》，即诸神朝拜道教始祖元始天尊图像，以八个帝后的主像为中心，辅以金童、玉女、天丁、力士、帝君等，背衬瑞气，足蹬祥云，一派仙境，如图 4.93 所示。

图 4.91 玄妙观三清殿

图 4.92 永乐宫

图 4.93 朝元图

3. *伊斯兰教建筑*

伊斯兰教约在唐代传入中国，寺院有清净寺、清真寺或怀圣寺，主要的代表是清真寺。唐宋时期的清真寺保存了浓厚的阿拉伯建筑风格，明清时期的清真寺中国化、民族化的程度增大了，并且形成了回族和维吾尔族两大不同建筑风格。清真寺主要采用拱券建筑技术，由分行排列的方柱或圆柱支撑券门，券上再建筑穹隆拱顶，拱顶基座颈部有四方形或圆形，上面凿出了半圆形、倒球面三角形或轮状的圆孔，称为“山形花边”或“回纹状”雕饰。其建筑主要由大殿、经堂、沐浴室、宣礼楼和望月楼组成。

陕西西安清真寺又称化觉寺，是一座中国现存规模最大、保存最完整、采用中国传统建筑形式的清真寺。全寺建筑面积 4000m^2，寺院坐西面东，主要建筑有牌坊、省心楼和礼拜殿。省心楼(图 4.94)是掌教人招呼教徒礼拜的地方，为三檐二层八角攒尖顶式楼阁，造型玲珑秀美。礼拜殿为全寺的主要建筑，宽 33m，进深 38m。寺内砖、木雕饰十分丰美。寺院建筑将伊斯兰和汉民族传统风格融为一体，形成风格独特的建筑群。

牛街礼拜寺(图 4.95)是北京规模最大、历史最久、采用中国传统建筑形式的清真寺。全寺主体建筑有礼拜殿、邦克楼、望月楼和碑亭等，寺内所建均为中国传统木结构建筑。礼拜殿殿宇宽敞，殿内壁龛遍雕阿拉伯文和各种花卉图案。邦克楼是一座歇山顶重檐方亭建筑。望月楼平面呈六角形，重檐攒尖顶，构件装饰带有浓厚的伊斯兰教风格。大殿外，有南北碑亭两座，亭内碑石记载了该寺历史沿革，碑亭里的石碑并非“回部书”，而是汉文，但石刻由于印拓多年，字迹损毁太重，以致无法辨认。

图 4.94　省心楼

图 4.95　牛街礼拜寺

4. 儒教建筑

儒教是中国传统的国家宗教，也是中国传统文化的神经和灵魂。它以孔子为先师，其宗教建筑主要有天坛、孔庙等。

北京天坛是中国现存最完整的古代祭祀建筑群。主要建筑设于内坛，南有圜丘、皇穹宇，北有祈年殿(图 4.96)，中有丹陛桥，西侧有斋宫。圜丘是汉白玉石砌的三层露天圆台，围绕石雕栏杆，四面设踏道，坛外设两重矮墙，外方内圆，四面均置棂星门。祈年殿的总体造型单纯简练，庄重典雅。天坛的建筑布局与空间处理有很高的艺术成就。建筑群的轴线并不居中，而是向东偏移约 200m，其用意即为加长从西门入坛的距离，渲染了远人近天、超凡入圣的气氛。建筑处理上除了广泛采用象征手法，以产生内在的和谐统一外，还采用了多重对比手法，以产生丰富的群体艺术效果，如轴线两端的祈年殿与圜丘以高耸的形体和地坪的形象相对比。

图 4.96　天坛祈年殿

历史上的孔庙有两千多所，有国庙、孔氏家庙、学庙三种类型。曲阜孔庙既是国庙，又是孔氏家庙，是中国面积最大、等级最高的孔庙，也是中国三大古建筑群之一。其占地 144 亩，前后共九进院落，贯穿于南北轴线上。建筑群都采取沿中轴线而建、左右对称的中国传统建筑方式。大成殿(图 4.97)是孔庙的中心，殿面阔 9 间，重檐歇山顶，四周绕以回廊，殿廊环立 28 根雕龙石柱。

图 4.97 孔庙大成殿

4.5 图书馆建筑之美

图书馆最早出现在巴比伦、埃及和亚述，可追溯到公元前 3 世纪上半期。古希腊、古罗马也有收藏丰富的图书馆，如亚历山大图书馆。欧洲中世纪时期，图书馆遭到严重破坏，仅在寺院和教堂中设有图书馆。文艺复兴时期在欧洲各国又开始建立图书馆，19 世纪中期，政府开始用公款开办图书馆，图书馆事业发展达到重要阶段，此时图书馆按功能划分为藏书、阅览、书籍加工三部分空间。20 世纪初，开架式文献管理方式得到提倡，此外，20 世纪科学技术的迅猛发展，产生了专业图书馆，这种图书馆对学术图书馆和公共图书馆的发展产生了巨大的影响。中国殷商时期专门用以存放甲骨文献的窑穴，被认为是中国图书馆的萌芽。到了周代，老子为柱下史，保管三皇五帝的书，视为图书馆的鼻祖。两汉开始出现皇家藏书楼，唐宋元明清开始有更多的私人藏书楼，中国古代藏书楼以藏为主，仅供私人阅读。20 世纪初，西方固定功能的图书馆建筑模式才传入中国。

4.5.1 中国图书馆建筑

1. 湖北省图书馆

湖北省图书馆始建于 1904 年，由张之洞创办，是我国最早建立的省级公共图书馆，如图 4.98(a)所示。湖北省图书馆新馆，如图 4.98(b)所示，位于风景秀美的武汉沙湖之滨，是湖北省投资最多、规模最大的公共文化设施。该馆主体建筑为地上八层、地下两层，总建筑面积 10 万 m^2。湖北省图书馆新馆成为我国目前规模最大的省级公共图书馆。新馆工程采用地源热泵系统和太阳能采暖系统，在屋面安装太阳能吸收及利用装置，节约能源，减少碳排放。新馆亮点：①公共图书馆单体建筑最大。到目前为止，在国内省级公共图书馆建筑中，作为一个单体建筑进行建设，规模达到 10.082 3 万 m^2，属湖北省图书馆新馆最大。②内部功能设计突破最多。打破藏借分离的传统，全部图书陈放与阅览布置在一个空间，实现藏借一体化，方便读者，提高阅读效率。专家、少儿、残疾人等各种阅览人群在馆内各得其所。阅读、展览、视听视频等现代化设施功能齐全。阅读环境动静分明，室外湖水荡漾，室内庄重、静谧。③综合节能效果最优。新馆工程在设计开始全面贯彻节能设计的理念和原则。先后采用雨水回用技术、太阳能技术、绿化微喷灌技术、地源热泵技术及各种节能产品和材料的运用等，综合节能效果达到新水平。

(a) 原馆

(b) 新馆

图 4.98　湖北省图书馆

2. 深圳大学城图书馆

深圳大学城图书馆(图 4.99)作为北京大学、清华大学、哈尔滨工业大学、深圳研究生院和中国科学院深圳先进技术研究院共同拥有的图书馆，面向深圳市民开放，是国内第一家兼具高校图书馆和公共图书馆双重功能的图书馆。设计师采用了绵延、波动的建筑造型，呼应周围群山的形态，图书馆建筑外观设计灵动、飘逸、流畅、现代，形同“如意”，是大学城的标志性建筑。室内采用大开间设计，开敞通透，同层高、同柱距、同荷载，以冷灰和白色为主色调，淡雅简约，白色的金属吊顶、白色乳胶漆圆柱、金属灰窗框、冷灰与深灰交错的地面、橙色的核心标点，打破大空间片色的单调，加之绿色植物的衬托，宁静而不乏生气，沉静而富有激情，为读者提供了一个平静与专注的阅读环境。

图 4.99　深圳大学城图书馆

3. 苏州大学炳麟图书馆

炳麟图书馆(图 4.100)位于苏州大学独墅湖校区，由著名的美籍华人实业家唐仲英先生捐助，并以其父亲的名字命名的一座现代化的图书馆，其“水晶莲花”造型在国内高校图书馆建筑中独树一帜，已成为独墅湖校区乃至独墅湖高教区的一座标志性建筑。该馆占地 2.42hm^2，总建筑面积 3.2 万 m^2，地面八层，地下一层，可藏书 75 万册，收藏以人文艺术类、古籍特藏类书刊为主。炳麟图书馆获得 2007 年度中国建筑工程鲁班奖。

图 4.100 苏州大学炳麟图书馆

4.5.2 外国图书馆建筑

1. 美国国会图书馆

美国国会图书馆(Library of Congress)，坐落在美国首府华盛顿东南一街，与国会山庄相距不远，是美国的四个官方国家图书馆之一，也是全球最大、最重要的图书馆之一。美国国会图书馆由三座以总统名字命名的建筑物构成，分别为杰斐逊大厦、亚当斯大厦和麦迪逊大厦，总面积为 34.2 万 m^2。杰斐逊大厦的建筑风格独特，为意大利文艺复兴风格，如图 4.101(a)所示，按杰斐逊喜爱的罗马万神殿式圆顶建筑风格设计，是一座高 96 英尺的白色大理石建筑物，远远望去就像一座 17 世纪的意大利宫殿。其中的大厅(The Great Hall)，有两层高，装饰着美国历史上近 50 名艺术家的绘画和雕塑，是美国建筑中镀金装饰最多的建筑物。杰斐逊大厦美轮美奂，壁画、镶嵌和雕刻精工细琢，支撑主阅览室的大理石柱象征文明生活与思索，如图 4.101(b)所示。

(a) 外观

(b) 雕刻

图 4.101 美国国会图书馆杰斐逊大厦

2. 西班牙公园图书馆

西班牙公园图书馆位于哥伦比亚第二大城市麦德林市的一块坡地，麦德林市位于安第斯山脉北侧一个幽深的峡谷中，周围地势险峻。这样的地理环境造就了这座城市的特色和形象。小山上的三块黑色巨石构成当地的一个文化交流中心，它们叫 Biblioteca Parque Espana(Spain Park Library：西班牙公园图书馆)，由吉安卡洛·马赞蒂(Giancarlo

Mazzanti)设计，2007 年竣工。三块“飞来石”分别是图书馆、交流中心和文化中心(图 4.102)，由一个平台相互连接起来，成为一个风景独特的瞭望台。建筑形似钻石切割的多面体，“横看成岭侧成峰”，让人享受自然美景的同时感受到现代艺术的独特魅力。星夜眺望长空，在这样梦幻般的图书馆里观瞻人类文明的盛会。

这个项目将图书馆的功能区及其周围环境巧妙安排，凸显周围山脉的不规则轮廓，因地制宜地对建筑形态进行巧妙的设计，看起来像是把一座建筑切割得如周围的群山一样的形式。它从形态和空间上重新定义了山体结构，打破了景观作为建筑背景的固定思维模式，模糊了建筑与景观二者之间的界限。

3. 俄罗斯国家图书馆

俄罗斯国家图书馆原名为萨尔蒂科夫—谢德林国立公共图书馆，是苏联俄罗斯联邦共和国的国家图书馆，1992 年更名为俄罗斯国家图书馆。馆址位于圣彼得堡中心涅瓦大街附近毗邻皇宫的一个十字路口。与周围的博物馆相互映衬，该馆沿袭了希腊神庙的古典主义风格，高达数层的立柱、长方体形的规则结构、强调采光等实用功能的设计。读者穿梭于立柱之间，好比穿梭于“自由思想”的雅典学派的世界。青色的大理石表面透出理性之光，泛着冷峻的色调，使人油生肃穆之感，不同于中世纪般的烦琐，线条硬朗而清晰，如图 4.103 所示。

图 4.102　西班牙公园图书馆

图 4.103　俄罗斯国家图书馆

4.6 博物馆建筑之美

博物馆建筑是指供搜集、保管、研究和陈列，展览有关自然、历史、文化、艺术、科学、技术方面的实物或标本之用的公共建筑。一座博物馆如果具备了独特的格调和风貌，它本身就是一种资源，就具有很大的吸引力，使人们乐于参观和在这里从事各种活动，更好地为现代城市服务。

4.6.1 博物馆建筑的发展

博物馆建筑总是随着博物馆的产生而发展。公元前 283 年，埃及亚历山大的缪斯神庙被国际普遍认为是世界上第一座具有原始意义的博物馆，因此也可以说缪斯庙就是第一座博物馆建筑，但却是专门的古代博物馆建筑。

最初博物馆多由城堡、宫殿、府邸、庙宇等建筑改建而成，因而19世纪末20世纪初的博物馆建筑受其影响较大。这一时期的博物馆建筑平面多为“田”字形或“日”字形布局，轴线呈对称形式。建筑外观造型多为复古式，有较强的纪念性，大多数采用古典的大理石柱廊，用瓷砖、彩色玻璃、壁画及镶嵌做装饰，并运用大理石地板、嵌线天花板和雕刻来装饰豪华的门厅，采用高侧窗或天窗采光从而形成大片实墙，并通过在墙上做壁龛、放雕像、加饰等做法带来点缀，从而营造文化艺术氛围，入口前的广场上还常配以雕塑。其缺点是室内空间过高过大，楼梯尺度太大，亲和力不足，装饰过于烦琐，缺乏空间照明，观展流线不合理，不能更好地满足博物馆建筑的功能需求。

到了20世纪70年代，博物馆建筑开始形成百花齐放的局面。各种建筑风格、建筑流派的博物馆建筑纷纷出现，博物馆建筑逐渐达到了空前的繁荣。这段时期的博物馆建筑规模从小到大，再到大中小并举。建筑造型由一般的古典形式到有博物馆特色的西方古典风格的成形，再到各具特色的千变万化的现代建筑，并从注重建筑本身到注重整个环境美。博物馆建筑的设计思想也已从单一对物的考虑发展到同时关心使用的人——观众；从满足当前的使用需要发展到使用灵活多变的可持续发展；从建筑本身的美发展到连同周围的环境美；从各不相干的单独建筑发展到文化中心甚至形成博物馆群。

博物馆建筑经历了从“以收藏为中心，以学者为权威”到“以教育为中心，以专业工作人员为权威”，再到“以体验为中心，以观众为权威”的发展过程，最终成为集收藏、陈列、科研于一体的综合性文化建筑，更注重与社会的关系，强调社会职能，具有较深的文化内涵和很强的艺术性、纪念性。在未来，博物馆建筑将沿着开放化、多元化、信息化的趋势持续发展。

4.6.2 博物馆建筑的分类

按照藏品和基本陈列内容，可以将博物馆主要划分为综合博物馆、社会历史博物馆(建筑处理上多富有民族文化传统气氛)、文化艺术博物馆(建筑空间和造型的处理更具艺术性)、科学博物馆(建筑往往采用新的材料和结构形式，处理上突出其技术性)、自然博物馆，以及其他专题类型，如中国航空博物馆(图4.104)和大连贝壳博物馆(图4.105)。

图4.104 中国航空博物馆

图4.105 大连贝壳博物馆

按照归属和规模，可以分为国家级、省级大型博物馆，以及地方主办的中小型博物馆和民间主办的小型专题博物馆。

我国现有的博物馆建筑按照建筑的性质可大致划分为三种类型。

1. 历史纪念物改造成的博物馆

这类博物馆主要是指历史建筑如皇宫、宗庙等，如故宫博物院。它们作为封建社会的秩序象征，本身就具有极高的历史价值，被改造成博物馆更具有历史意义。这类博物馆在我国博物馆建筑的现状中占有很大一部分的比例。

2. 旧中国时期遗留的博物馆建筑

由于时代原因，这类博物馆完全按照西方模式建造而成，其外观造型和装饰风格均属于西方折衷主义。同时还有一些是“中华民国”时期的建筑，从平面布局到功能组织再到开窗造型都是我国博物馆建筑科学化设计的早期实例。

3. 新建的博物馆建筑

这类博物馆泛指新中国成立以后所建的博物馆建筑。按时间又可分为两种：一种是20世纪80年代之前国庆十周年时兴建的博物馆建筑及受其影响的其他博物馆建筑，这些建筑受到苏联“社会主义内容，民族形式”的观念影响，片面追求造型布局的纪念性，而忽视了功能的合理性，空间设计华而不实，存在着很多问题；另一种是改革开放以后新建的博物馆建筑，其建筑设计逐渐与国际接轨，实现现代化，重视地域性和民族化，甚至还有一些达到了国际先进水平。

4.6.3 博物馆建筑的特点及设计要求

博物馆建筑作为一种独立的建筑类型，有着一定的特殊性，无论从建筑造型上还是从功能布局上，无论从空间处理上还是从环境设计上，都有其自身的特点：有着重要的社会地位，有着特殊的地域文化性，空间形式多样化。

设计者应该强调功能的合理性，强调造型的独特性，强调光照的科学性，强调发展的可持续性。博物馆的形式应忠实地反映功能，体现出大方质朴和亲切宜人的性格，不宜过分追求庄严宏伟、富丽堂皇的气派和过于精致、纤细的处理手法，造型特征要各有特色，避免千篇一律。立面造型上必须体现博物馆的社会文化教育机构建筑的性格特征，充分反映其思想性、艺术性、群众性，体现为广大人民服务的社会主义精神文明风貌。

4.6.4 中国博物馆建筑的布局与造型

博物馆建筑的布局应该分区明确，互不干扰，内外环境综合考虑，满足博物馆开放性的要求。我国博物馆的布局与造型大致有以下三种形式。

1. 集中对称布局

该布局展现严谨、端庄、高大的体型。立面造型往往是高台阶、大柱廊、厚檐头、五段体或三段体。轮廓线严谨整齐，显示其竖线条挺拔庄严的格调。其形式适宜国家大型博物馆。

2. 分散不对称布局

该布局展现自由活泼、轻盈流畅的体型。这种一般不遵循轴线，力求自然的布置手法，是将各个不同的部门之间拉开一定间距，分别设置在毗邻的独立单元，各成一个系统。每一部门都有相对的独立性，其分区明确，互不穿插干扰，组合自由，结构也简单，立面处理矛盾少，而且朝向、自然采光、自然通风都较好。有利于改善小气候条件，有利于采取不同的建筑标准、不同技术，还可以分期投资进行建设。从整个建筑的轮廓线来看，富有变化，生活气息较浓，给人以舒展亲切之感，又易于反映不同类型博物馆建筑的性格特征。

3. 集中与分散相结合的布局

该布局是把博物馆的主要部门集中设置在一幢大楼内，并布置在总体平面的显要地段，在其立面造型上也要突出显示这一主要部分。各部门之间可以运用长廊的建筑形式串联起来，起到了既有间隔距离的明确分区，又便于彼此之间的联系的作用，并且易于结合地形灵活布置，这种布局是介于集中与分散之间而加以发展的一种形式。在造型上首先醒目地突出陈列展览部分的主要建筑，充分地体现了博物馆面向群众、一切为群众的宗旨。其总体布置、单体的高低尺度、空间的封闭开敞、色彩的明暗、装修的精细与简单等，都可以灵活化，给人以清新、优雅、愉快之感。

4.6.5 国内外著名博物馆建筑

1. 中国国家博物馆

中国国家博物馆(图 4.106)是目前世界上最大的博物馆，坐落于北京天安门广场东侧，始建于 1959 年，总面积 191 900m^2，一座长达 260m 的艺术长廊作为建筑体的中央交通连接贯通南北。长廊正中位置扩展成为一座主入口大厅，柱廊大门和主入口大厅的内部立面设计依据中国古建筑“一屋三分”的设计理念发展而来。地面和基座各层墙面的铺装采用花岗岩，这与长廊内的木材墙面相匹配，在赋予主入口大厅磅礴气势的同时又营造出了一个舒适温馨的空间氛围。木质结构的墙面由一个石材基座托起，屋顶采用中国古建筑中的“藻井”形式。老馆建筑面对天安门广场的西侧入口及柱廊被保留下来，而新建部分采用一组纤细挺拔的方柱刻画出国家博物馆庄严的形象，同时借鉴了中国古代庙堂和宫殿建筑檐柱的营造法式，立柱由横梁相连接，屋面安置于其上。西立面立柱与屋面之间结构模仿了中国古代营造法式中的“斗栱”，它对向外伸出的屋檐起到了支承作用。主入口南北两侧呈对称状设有两个庭院，不仅是对老馆原有庭院的继承，也为新建部分特别是“艺术走廊”提供充足的自然光线。博物馆屋顶由略带弧度的古铜色金属铝板覆盖，设计成叠加退阶形式，均富有时代特色。

新馆主入口采用镂空花纹铜门，令人联想到中国古典建筑纹饰优美的木扇窗棂，日光通过其间缝隙漫射入室内，营造出氤氲、深邃的空间氛围。此外，各种精美的图案装饰还用在了博物馆内的护栏造型上。中国国家博物馆将成为一扇展示古老中华文明历史进程与辉煌文化的窗口。

图 4.106　中国国家博物馆

2. 陕西历史博物馆

陕西历史博物馆位于西安市南郊，占地 104 亩，建筑面积 45 800m^2，被联合国教育、科学及文化组织确认为世界一流博物馆之一，获中华人民共和国住房和城乡建设部颁发的优秀设计奖，获中国建筑学会颁发的建筑创作奖。博物馆采取传统的院落式布局，唐风馆舍，雄伟壮观，古朴典雅，其建筑形象具有古都西安历史文化名城标志性建筑的气质和品格。在设计中较好地体现了三个结合，即传统的建筑布局与现代功能相结合，传统的造型规律与现代设计方法相结合，传统的审美意识与现代的审美观念相结合，做到了尊重历史文脉和城市整体环境并使之融为一体。根据中国宫殿群体“宇宙模型”的意向，博物馆在空间构图上采取了“轴线堆成、主从有序、中央殿堂、四隅崇楼”的章法，取得了气势恢宏的效果。建筑造型取自唐代风格并将传统宫殿建筑色彩从浓丽变为淡雅，采用白色砖墙面，汉白玉栏板，浅灰色花岗石勒脚、台阶、柱子、石灯，深灰色琉璃瓦，浅灰色喷砂飞檐斗栱。与灰白色基调相对比的是现代的古铜色铝合金门窗和茶色玻璃。建筑物所有色彩均采用白、灰、茶三色之一，在四周绿化的衬托下，整个建筑庄重、典雅、宁静、别致，并有石造建筑的雕塑感和永恒感，达到了具有丰富文化内涵的高雅境界。在结构和构造处理上，没有虚假构件。屋顶檐下的椽条、支撑屋檐下的斗栱不但造型简洁，也是受力构件。在建筑处理上简练地运用大面积的实墙面和大片玻璃，形成强烈的虚实对比，给传统的建筑形象注入了新的活力。室内装修、大厅灯具及入口大门的设计加工，均采用“寓古于新”的手法，收到了新中含古、似古而今的效果。博物馆正立面图如图 4.107 所示。

图 4.107　陕西历史博物馆

3. 湖北省博物馆

湖北省博物馆地处风景秀丽的武汉市东湖之滨，现总占地面积达81 909m²，建筑面积49 611m²。建筑具浓郁楚风，呈一主两翼、中轴对称，如图4.108(a)所示。馆区内绿荫掩映，综合陈列馆、楚文化馆、编钟馆等高台基、宽屋檐、大坡面屋顶的仿古建筑三足鼎立，构成一个硕大无比的“品”字。其总体布局高度体现了楚国建筑的“中轴对称”、“一台一殿”、“多台成组”、“多组成群”的高台建筑布局格式，如图4.108(b)所示。整个建筑风格突出了楚国多层宽屋檐、大坡式屋顶等楚式建筑特点，建筑外墙为浅灰色花岗石装饰，屋面采用深蓝灰色琉璃瓦铺装。室外环境按景观式、园林式的特点进行布局，通过雕塑小品、休息庭院、园林绿化、配套的综合服务设施等形式，营造出与博物馆主体建筑和谐配套和浓郁的历史文化氛围，给观众提供一个休闲、舒适、幽雅、公园式的室外游览空间。湖北省博物馆是风景秀丽的东湖之滨的一颗灿烂明珠，也是武汉一座光彩夺目的标志性建筑和对外开放的一大精品窗口。

(a)

(b)

图4.108 湖北省博物馆

4. 中国文字博物馆

中国文字博物馆位于甲骨文的发祥地安阳，展示悠久的中华文字和文明的深厚文化内涵与魅力。该博物馆造型取材于象形文字的“墉”字，如图4.109(a)所示，占地143亩，建筑面积34 500m²。主体馆建筑采用殷商时期的饕餮纹、蟠螭纹图案浮雕金顶，是一组具有现代建筑风格和殷商宫廷风韵的后现代派建筑群，如图4.109(b)所示。金碧辉煌的建筑外观与错落雅致的外部环境融为一体，显示了人文与自然高度和谐的哲学内涵。

中国文字博物馆是以文字为主题，集文物保护、陈列展示和科学研究功能为一体的国家级博物馆。馆藏文物涉及甲骨文、金文、简牍和帛书、少数民族文字，旨在充分展示中国文字在推动人类社会进步中的重要作用，为弘扬民族精神，传承优秀民族文化，促进文化大发展、大繁荣做出积极的贡献。

5. 大英博物馆

大英博物馆即大不列颠博物馆，是世界上历史最悠久、规模最宏伟的综合性博物馆。它与法国巴黎的卢浮宫、美国的大都会艺术博物馆、俄罗斯的艾尔米塔什博物馆同列为世界四大博物馆。该博物馆位于英国伦敦新牛津大街北面的大罗素广场，核心建筑占地约56 000m²。博物馆由北翼、东翼、南翼和西翼组成一个长方形的内庭院。博物馆的主入口

(a)

(b)

图 4.109　中国文字博物馆

在南面，大门的两旁各有 8 根又粗又高的罗马式圆柱，每根圆柱上端是一个三角顶，上面刻着一幅巨大的浮雕，如图 4.110(a)所示。宏伟的南大门及其楼梯、柱廊和山形墙反映出建筑内拥有令人叹为观止的文物。圆柱的设计是借鉴古希腊的寺庙，大楼顶部的山形墙是古希腊建筑的一大特色。大中庭(Great Court)位于大英博物馆中心，是欧洲最大的有顶广场，其顶部是用 1656 块形状奇特的玻璃片组成的，每块玻璃都各具特色。整个建筑气魄雄伟，蔚为壮观，如图 4.110(b)所示。

(a)

(b)

图 4.110　大英博物馆

6. 卢浮宫博物馆

卢浮宫(Le Grand Louvre)，也称“卢浮宫博物馆”，位于法国巴黎塞纳河畔，是世界上最古老、最大、最著名的博物馆之一，如图 4.111 所示。其占地面积约 18.3hm^2，始建于 1546 年。它的整体建筑呈 U 形，分为新、老两部分，老的部分建于路易十四时期，新的建于拿破仑时代。中世纪时，卢浮宫只是城市中的碉堡，平面为一四合院，内院立面装饰非常细致，由下而上逐渐丰富，檐壁上饰有浮雕，最上面是具有法国特色的方底穹顶。1667 年，卢浮宫改建了其东立面，改建后的东廊作为法国绝对军权的纪念碑而文明。这是一件典型的古典主义作品，东廊长约 172m，高 8m。上下按照柱式比例分别做三部分，底层为基座，高 9.9m，中段是两层高的双柱柱廊，高 13.3m，最上面是檐部和女儿墙。沿水平方向将里面分为五段，中央和两端各有凸出部分。两端的凸出部分用壁柱做装饰，中央部分用倚柱，上有山花，因而主轴线十分明确。整个东立面成功地运用了几何图形的比例尺度，层次丰富，充分体现了宫殿建筑雄伟威慑的性格。

(a)

(b)

图 4.111 卢浮宫

1988 年，卢浮宫的扩建工程得以完工，扩建工程放在南北两翼之间宽达百米的拿破仑广场下面，建造两层地下空间，获得近 5 万 m^2 的面积，地下层把全馆连成一片。耸立在庭院中央的玻璃金字塔覆盖主要入口，塔高 20m，底宽 30m，它的四个侧面由 673 块菱形玻璃拼组而成，总平面面积约有 $2000m^2$。在这座大型玻璃金字塔的南北东三面还有三座 5m 高的小玻璃金字塔做点缀，在西面又有一座倒置的金字塔，这些金字塔与周围 7 个三角形喷水池汇成了平面与立体几何图形相协调的奇特美景。金字塔不仅能够反映出巴黎不断变化的天空，还为地下设施提供了良好的采光。卢浮宫的扩建工程不仅是体现现代艺术风格的佳作，也是运用现代科学技术的独特尝试。

7. 纽约大都会艺术博物馆

纽约大都会艺术博物馆(Metropolitan Museum of Art)位于美国纽约市中心，是美国最大的综合博物馆，建于 1880 年。整个博物馆是一幢大厦，主体为哥特式建筑，如图 4.112 所示。博物馆占地面积达 $8.5hm^2$，是一座融罗马、古典和文艺复兴三种建筑风格为一体的三层建筑。这座多环式建筑明显缺乏中心，各种风格杂陈，犹如一个“大杂烩”，它既覆盖着现代式平屋顶，又有传统的坡屋顶。其中还包括低矮的、十字交叉的“新古典主义式方盒子”，以及钢结构的玻璃金字塔。

坐落在大都会艺术博物馆内美国艺术部入口处的，是以“恩格尔哈特庭院”命名的“美国厅”，它集中表现了美国造型艺术方式。这是一座几乎是露天式的庭院陈列馆，它的核心部分是一座三层楼房高的庭院大厅，它巧妙地用巨大的玻璃天窗和一个高 61m、长 22m 的玻璃墙来罩着整个大厅，使之光线充足。庭院内的一端矗立着一座美国联邦时期的新古典造型的大理石门面。庭院另一端是很有特色的凉廊。凉廊中，有一个铁法尼式五色玻璃窗子，紧靠凉廊的是用彩色玻璃组成的三个窗子，两边是装饰华丽的金属楼梯。

8. 艾尔米塔什博物馆

艾尔米塔什博物馆又称“冬宫博物馆”，坐落在俄罗斯圣彼得堡宫殿广场上，是世界上最大、最古老的博物馆之一，也是美术历史文化综合性大型博物馆，如图 4.113 所示。

蓝宝石色表面的宫殿长约230m，宽140m，高22m，占地9万m^2，建筑面积超过4.6万m^2。建筑物平面呈封闭式长方形，周围四个立面各自保持对称构图，各具特色，但内部设计和装饰风格则严格统一。宫殿里面有内院，三个方向分别朝向皇宫广场、海军指挥部、涅瓦河，第四面连接小埃尔米塔日宫殿。宫殿四周有两排柱廊，雄伟壮观。

(a)

(b)

图4.112 纽约大都会艺术博物馆

(a)

(b)

图4.113 艾尔米塔什博物馆

博物馆地上为三层，高28m，外带有地下室，是一栋典型的巴洛克风格建筑，建筑师巧妙地将不同时期建造的建筑进行加工改造，取得一致协调，把它们集中组成有节奏、有韵律的组成团，利用倚柱间距的变化，在光平的墙面上加上适当的装饰，创造出生动活泼的外形，使建筑既庄重，又豪华富丽。建筑主体分上下两端，各自采用白色混合式倚柱，蓝绿色墙面，白色窗套、窗额、线脚，柱头和窗额重点雕饰采用金色饰缀，显得富丽堂皇。檐上女儿墙采用白色花瓶式栏杆墙，在适当位置上布设玉立少女或端庄武士的雕像，在重点部位，或门上或尖顶变化多端，整个立面造型高雅简洁、富有逻辑性。建筑物一层为基座层，倚柱直接落地，不设勒脚，使建筑平易近人，增强亲切感。一层柱顶设腰线，用横向线脚联成一体。腰线以上设两层通高的倚柱直达三楼窗口，沿袭了古典处理手法。倚柱重点部位设在段落中和墙体转角处，特别是在转角部位，依据逻辑关系采用三根或四根柱子集中于一处的群柱处理手法。墙面倚柱并非等距离排列，而是疏密有致。

建筑物的南、西、北三个方向是主要立面，都做了精细、周密处理。南立面三个方向是强调宫门主入口，中间部分向前凸出稍大，中央设三个高大的拱门，确立了宫殿的重心。面向涅瓦河的背面适当凸出入口雨篷而不过分，西向与海军部大厦相接的一面，中央后退凸出两翼，这样形成展翅环保之势，既扩大了公园又强调了入口，成为南北立面的良好过渡。建筑物内部设计也是巴洛克手法，采用豪华、华贵的石料，精致的石雕、浮雕，触目皆是。而厅堂地面多采用做工精巧的木料，拼装成复杂美丽的花纹，其花饰经常与天棚的花饰相呼应。内观生活气息浓厚，显现生动活泼，与外观性格一致。

艾尔米塔什博物馆布局协调，气势雄伟，其完整性与华丽程度都令人印象深刻。其建筑本身就是博物馆收藏的一部分，吸引着世界各地专家学者和观光旅游的人。

9. *古根海姆博物馆*

古根海姆博物馆是所罗门·R·古根海姆(Solomon R. Guggenheim)基金会旗下所有博物馆的总称，它是世界上最著名的私人现代艺术博物馆之一。其中，最著名的古根海姆博物馆为美国纽约古根海姆博物馆和西班牙毕尔巴鄂古根海姆博物馆。

纽约古根海姆博物馆全称为所罗门·R·古根海姆博物馆(the Solomon R. Guggenheim Museum)，是古根海姆美术馆群的总部，如图 4.114 所示。该建筑是纽约著名的地标建筑，建筑坐落在纽约市一条街道的拐角处，与其他任何建筑物都迥然不同，可以说其外观像一只茶杯，或者像一条巨大的白色弹簧，也有人说像海螺，可能是因为螺旋线结构。建筑外观简洁，为白色的螺旋形混凝土结构，与传统博物馆的建筑风格迥然不同。1969 年又增加了一座矩形的三层辅助性建筑，1990 年古根海姆博物馆再次增建了一个矩形的附属建筑，形成目前的建筑格局。建筑物的外部向上、向外螺旋上升，内部的曲线和斜坡则通到六层。螺旋的中部形成一个敞开的空间，从玻璃圆层顶采光。陈列大厅是一个倒立的螺旋形空间，高约 30m，大厅顶部是一个花瓣形的玻璃顶，四周是盘旋而上的层层挑台，地面以 3%的坡度缓慢上升。

图 4.114 纽约古根海姆博物馆

西班牙毕尔巴鄂古根海姆博物馆位于西班牙毕尔巴鄂市(Bilbao)，始建于 1300 年，它以奇美的造型、特异的结构和崭新的材料，赢得“世界上最有意义、最美丽”的博物馆的美誉，如图 4.41 所示。该博物馆选址于城市门户之地——旧城区边缘、内维隆河南岸的艺术区域，一条进入毕尔巴鄂市的主要高架通道穿越基地一角，是从北部进入城市的必经之路。这里既有水景，又有高桥，极富挑战性。该博物馆全部面积占地约 24 000m^2，陈列的空间则约有11 000m^2，分成 19 个展示厅，博物馆在建材方面使用玻璃、钢和石灰岩，部分表面还包覆钛金属。整个建筑由一群外覆钛合金板的不规则双曲面体量组合而成，宛如一个盘根错节的大树根，又具有凌乱的逻辑性，如同火焰般的燃烧。在邻水的北侧，以较长的横向波动的三层展厅来呼应河水的水平流动感及较大的尺度关系。北向逆光的原因导致建筑物的主立面整日处于阴影中，设计者巧妙地将建筑表面处理成向各个方向弯曲的双曲面，这样随着日光入射角的变化，建筑的各表面都会产生不断变动的光影效果，同时也避免了大尺度建筑在北向的沉闷感。为解决高架桥和其下博物馆建筑冲突的问题，将建筑穿越高架路下部，并在桥的另一端设计了一座高塔，使建筑对高架桥形成抱揽之势，同时高架桥也被融入整个建筑当中。这样既利用了有限的土地，又兼顾到了城市的布局，使博物馆成为这座新建筑植入城市生命的一部分。博物馆入口处的中庭设计被形象地称为“将帽子抛向空中的欢呼声”，它的规模和尺度是史无前例的，高出河面50多米。设计者打破简单的几何秩序，创造出层叠起伏的曲面，具有强悍的冲击力，这是以往任何高直空间所不具备的。

本章小结

本章通过介绍、讲解具有特色的中国民居建筑、标志性建筑、纪念性建筑、宗教建筑、图书馆建筑与博物馆建筑的各种属性，使读者更好地了解建筑美学的相关知识。中国民居建筑的空间特点、样式、风格也各不相同，具有鲜明的民族和地域特色。标志性建筑是一座城市和地区的名片，应当与其浑然一体且使人眼前一亮，刻骨铭心。它的表现手法各异，个性十足。纪念性建筑往往采用“寓情于物”的形式表达深远的寓意，供人们瞻仰、凭吊和纪念，且常和周边环境一同营造出纪念性气氛，故在城市中具有重要的历史价值和极高的美学价值。宗教建筑与宗教信仰密切相关，具有相对固定而又宗教色彩浓厚的表现形式。图书馆由于特殊的建筑功能具有相对固定的内部，却不失优美的外形。博物馆具有较深的文化内涵和很强的艺术性、纪念性。在未来，博物馆建筑将沿着开放化、多元化、信息化的趋势持续发展。

思考题

4-1　中国民居的独特建筑形式有哪些？

4-2　标志性建筑的基本特征有哪些？

4-3　纪念性建筑的美学特征有哪些？

4-4　中国宗教建筑有哪几种？各有什么特点？

4-5　简述湖北省图书馆新馆的特点。

4-6　简述博物馆发展历程，并说明每个阶段的特点。

4-7　简述一座你所熟悉的特色建筑的美学特点。

第5章 桥梁建筑美学及其景观特性

教学目标

本章主要讲述桥梁建筑的美学特征与美学要素。通过学习，应达到以下目标。

(1) 了解桥梁建筑不同阶段的发展类型、桥梁建筑的经典实例。

(2) 掌握桥梁建筑审美的基本要素与特点。

(3) 熟悉桥梁建筑的景观特性。

教学要求

知识要点	能力要求	相关知识
桥梁建筑概述	(1) 了解桥梁建筑与桥梁美学 (2) 了解中国古代发展阶段	(1) 桥梁建筑与其美学艺术相伴而生 (2) 中国桥梁建筑的经典实例
桥梁建筑的审美要素与特点	(1) 掌握桥梁建筑审美的四大基本要素 (2) 掌握桥梁建筑审美的四大基本特点	桥梁建筑的统一和谐、均衡稳定、比例优美、韵律优美等审美要素，桥梁建筑审美不同于房屋建筑审美
桥梁建筑的景观特性	了解桥梁建筑景观的技术美学特性、时代性、地域性、人文性和艺术性	桥梁景观与城市尺度的和谐，对文化环境的尊重，以及桥梁建设对建设地点的自然原生景观的保护

基本概念

桥梁建筑审美、统一和谐、均衡稳定、比例优美、韵律优美、技术美学、美学特性

引例

浮　桥

浮桥(图5.1)，又名浮航，属于临时性桥梁；主要是用船、筏或浮箱浮在水面，然后用绳索加以连接，上面铺设模板，用于通行。我国是世界上最早建造浮桥的国家，最早的记载是《诗经》，公元前八世纪周文王在渭水建造的。到了唐宋时期，浮桥的运用更为普遍广泛。现存古建浮桥中最有名的是赣州的古浮桥，又名惠民桥，始建于宋朝。惠民桥长约400m，由100多只小船架设而成，用缆绳相连接，上铺木板，美观实用。

浮桥的铺设和拆卸均十分方便，可在一日之内完成，是短期内实现通行的理想选择。但是浮桥的载重量很小；抵抗洪水的能力也很弱，遇到洪水期，需要及时拆卸；遇到大风时，桥身晃荡不安；除此之外，建造所需材料——船、木板、绳索，需要不断更换，后期维护费用很高。军事上专用的浮桥又称为舟桥、战桥。

图 5.1 浮桥

5.1 桥梁建筑概述

5.1.1 桥梁建筑与美学

随着社会的发展与人们审美水平的提高，人们认识到桥梁设计不仅要实用，同时还要美观。桥梁美学就是研究根据美学的普遍原理、结合桥梁的特殊性质，得出桥梁建筑在设计时应遵循的与在评价中应依据的理论和法则的科学。桥梁美学所研究的内容范围与桥梁建筑艺术有相互重叠之处，如同美学和艺术两者的关系一样。桥梁建筑艺术是桥梁美学的表现。

桥梁是人类建造史上最为古老、美丽和壮观的建筑，它体现的是一个时代的文明与进步。在人造桥梁之前，往往是由于自然界地壳运动或是利用天然倒下的树木(梁桥的雏形)、天然形成的石洞(拱桥的雏形)、溪涧里的天然石块(浮桥的雏形)及悬崖上丛生的藤萝(索桥的雏形)，形成了不少天然的桥梁形式，用以跨越各种河流、峡谷。古人从这些天然形成的桥梁中得到了启示，于是便从形式上不断地模仿自然界的天然桥，在河上架更高级别的桥梁。后来，随着社会生产力的进步，桥梁也开始由低级向高级演进：开始由独木桥向石桥，再向索桥发展，最后逐渐发展到如今形式多样、壮美多姿的桥梁。

纵观人类数千年的建桥史，世界上著名桥梁的数量是相当可观的，它们不仅坚固耐用，而且具有高超的建筑艺术性。我国是世界上最早的文明国家之一，桥梁技术的发展历史悠久，在世界桥梁建造史上留下了无数的经典优美之作。例如，我国现存最长的多孔薄壁薄墩的苏州宝带桥(图 5.2)，被誉为“天下无桥长此桥”的福建泉州安平桥(图 5.3)。

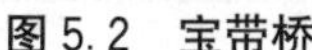
图 5.2 宝带桥

图 5.3 安平桥

据史料记载，早在周文王时期，渭河上就曾架设过浮桥。在秦汉时期，我国已经修建了大量的石梁桥。例如，世界上现存最长、工程最艰巨的石梁桥——福建泉州的万安桥(图 5.4)。1965 年，在河南新野出土的汉代画像砖上所刻的拱桥则说明：我国在东汉时期已经开始使用拱桥了。除此之外，我国还是世界各地最早架设索桥的国家。早在唐朝，我国就出现了索桥，刚开始时使用竹索、藤索，后来发展为铁索。例如，四川都江堰的安澜竹索桥(图 5.5)和至今仍在使用的四川泸定县大渡河铁索桥(图 5.6)等。

图 5.4 万安桥

图 5.5 都江堰的安澜竹索桥

近代以来，我国一直处于军阀割据混战、帝国主义侵略的大混乱之中，桥梁建筑的发展始终处于停滞阶段，直至以 20 世纪五六十年代建成的武汉长江大桥(图 5.7)为标志，才正式打破了停滞的局面，并且结束了“万里长江无一桥”的状况。武汉长江大桥也因此成为我国桥梁建筑史上的里程碑。1969 年，南京长江大桥(图 5.8)的建成是我国桥梁建筑史上又一个里程碑。南京长江大桥是近代以来，由我国自行设计、建造和施工，并且全部使用国产钢材的第一座现代化大型实用而美观的桥梁。

这些著名的桥梁是社会生产力发展和科学技术进步的真实写照，更是一个国家文明与进步的象征。进入 21 世纪以来，随着科学技术水平和社会生产力的迅猛发展，高速铁路、高速公路、立交桥与高架桥、海湾和峡湾大桥(图 5.9)等规模宏大的桥梁工程实体也如雨后春笋般出现，成为一种空间艺术结构存在于社会之中。因此，人们对桥梁建筑艺术也提出了更高的要求。

图 5.6　大渡河铁索桥

图 5.7　武汉长江大桥

图 5.8　南京长江大桥

图 5.9　杭州湾跨海大桥

5.1.2　桥梁建筑美学的艺术要素

桥梁美学作为建筑美学的一个分支，具有独特的艺术特性。首先，它是工程技术与艺术结合的产物；其次，桥梁建筑是结构外露的空间实体。外露构件既是景观重点，也是美学处理上的难点。桥梁作为水平方向单维突出的结构物，应注意协调长宽高比例，改善视觉印象。桥梁建筑美学的艺术要素主要有以下几点。

(1) 统一和谐。包括结构体系、形态统一和体量上的协调。

(2) 均衡稳定。包括对称均衡和非对称均衡。对称均衡符合人的生理要求与心理习惯，但极易造成浪费和呆滞。非对称结构动态感强，但需在力学和视觉上保持均衡，否则会引起混乱和不安定感。

(3) 比例协调。包括总体或局部的规模、尺寸协调，应以其固有的结构关系和力学原理为前提。

(4) 韵律优美。主要通过连续、渐变、起伏、交错等表现手法，来获得韵味和情趣。

(5) 连续流畅。对桥梁正视时，水平方向呈直线或曲线延伸，从桥的一端连续流畅地到达彼端。

另外，还需注意与周围环境协调，重视历史的连续性和文脉的完整性。

5.1.3 桥梁建筑的发展

中国古代的桥梁建造无论是从形式上，还是从数量上来说，都是非常可观的，在世界桥梁史上占有重要的一席之地。我国古代的桥梁不但形式种类很多，而且发展演变的过程也极其漫长。近代以来，由于科技的迅猛发展，桥梁的进步更是突飞猛进，形式更为日新月异。然而，无论现代桥梁如何发展，均从属于梁桥、浮桥、拱桥和索桥几大类。

1. 中国古代桥梁建设的四个主要阶段

1）第一阶段

第一阶段以春秋为主，包括之前的原始社会和夏商周的奴隶社会时期，这个阶段是桥梁的创始时期。

由于当时的社会生产力水平极其低下，桥梁的跨度受到限制等众多因素，大多数桥梁只能建在地势较为平坦，水面比较狭窄、水流趋于平缓的地段；而在地势险峻、水面较宽、水流较急的河道上，无论是在技术上还是在材料上根本达不到桥梁的跨度要求，最终采用了浮桥来解决这个问题。这个时期的桥梁主要是独木桥、梁桥和浮桥。

2）第二阶段

第二阶段以秦汉为主，包括之前的战国和之后的三国两个纷乱时期，这个阶段是桥梁的发展时期。

战国时期，铁器和耕牛的出现，使得社会生产力水平大幅度地提高，极大地促进了石材的应用，于是在木构梁桥的基础上，增添了石梁、石栏杆、石桥面、石桥墩等新的构件。除此之外，这个时期最重要的成就在于创建了石拱桥。较之于木梁桥，石拱桥不仅延长了桥的使用寿命，还降低了维修费用。

秦汉是我国历史上一个光辉绚丽的时期，大约在东汉时期，梁桥、浮桥、索桥和拱桥这四大基本桥型已经全部形成。这个时期发明了砖和拱券结构，从而为后来拱桥的出现提供了条件。这个时期是桥梁建筑史上的一次重大转折。

3）第三阶段

第三阶段是以唐宋为主，包括两晋南北朝、隋朝和五代十国，这个阶段是桥梁发展的鼎盛时期。

唐宋时期取得了相对较长时间的安定统一，技术水平、材料水平、经济水平、交通运输业均创历史新高。这样的环境为桥梁的发展提供了绝佳的条件，这段时期创造出许多举世瞩目的桥梁。例如，隋朝石匠李春建造的河北赵县的赵州桥(图 5.10)、泉州的万安桥(又名洛阳桥，如图 5.4 所示)等；宋朝时建造了数量众多的石梁桥，仅泉州一地，就有十座名桥。

4）第四阶段

第四阶段为元明清三朝，这个阶段是桥梁发展的饱和期。

元明清时期是我国封建社会的后期。元、清两朝均是由少数民族统治，因此在政治上、文化上均实行残酷的镇压；明朝时期南北经济、文化严重不平衡。这些都在各个方面阻碍了社会的进步。无论是在建筑上还是桥梁上，没有什么大的创造和技术突破，几乎全部沿袭前朝的做法，这个时期的主要成就是对部分古桥进行了修缮和改建。

图 5.10　赵州桥

2. 中国古桥的主要结构类型

按桥梁的结构和形式，分为梁桥、拱桥、索桥、浮桥四类。

(1) 梁桥，又称平桥，其桥跨的承载结构由梁组成。这是出现最早、历代沿用最为广泛的一种桥梁类型。在力学上，梁桥主要受弯，梁横截面上只产生与梁轴线方向相垂直的剪力和弯矩。梁桥又可以分为单跨梁桥、双跨梁桥和多跨梁桥。

秦汉时期，梁桥为全木建造，但是这种全木梁桥不耐风雨的长期侵蚀，需要频繁更换，耗财、费时、费力；故后来被经久耐用的石梁桥逐渐取而代之。福建泉州万安桥，长 800 多米，47 孔，是世界现存最长、工程最艰巨的多跨石梁桥。

梁桥中还有一种开合式桥。它是梁桥和浮桥的结合体，中间部分可随时拆卸，以利于排泄洪水和行船使用。郦道元的《水经注》里记载的建于春秋晋平公时期的梁桥，是有记载的最早的一座梁桥。它的桥下有 30 根柱子，每根的直径为五尺。

(2) 拱桥，又称曲桥，比梁桥出现晚，但一经出现便大量发展，尤其是在唐宋时期，是古代最有活力的一种桥梁。其数量之大、样式之多，是各种桥型之冠。从受力上讲，拱桥主要受压，拱圈和拱肋是拱桥的主要承重结构，承受轴向压力，桥墩还要受到水平的推力作用。拱桥又可以分为单拱桥(图 5.10)、双孔桥和多孔桥(图 5.2)。

拱桥始见于东汉中后期，是在梁桥的基础上发展而来的，自问世以来广受好评。拱桥按材料又可分为木拱桥、石拱桥和砖拱桥。由于砖直到明朝时才得以大量发展，所以砖拱桥比较少见，只在园林或庙宇里做景观桥使用。

中国拱桥因地理位置不同、运输工具的不同，桥的形式也有所区别。南方的拱桥多为驼峰式薄壁薄墩桥，而北方多为平桥。拱桥根据其构造情况，还可以分为陡拱和坦拱桥、空腹和实腹桥。

(3) 索桥，又称软桥、吊桥、悬索桥等，主索是主要的承重构件，受水平方向的拉力作用。始见于秦汉，现存最著名的是四川的泸定桥、都江堰的安澜索桥。索桥又可以分为独索桥、藤网桥和铁索桥等。

① 独索桥，又叫溜筒桥，这种桥多见于我国西南山区。这种交通方式虽然古老，却仍有十分强大的生命力，在一些偏僻的山区里，至今仍可见。

② 藤网桥，多见于我国雅鲁藏布江上。它有两根索，两根索之间织有密密的藤网，过河时，脚踩藤网，手扶绳索。

③ 铁索桥，常见于交通量大、水流湍急、地势复杂的地方，一般多于四根绳索。通过索桥(图 5.6)的感觉是非常惊险刺激的。

(4) 浮桥，古时称为舟梁。它用船舟来代替桥墩，故有“浮航”、“浮桁”、“舟桥”之称。由于浮桥架设简便，成桥迅速，在军事上常被应用，因此又称“战桥”。浮桥的结构形式有两种：一种在船或浮箱上架梁，梁上铺桥面；二是舟、梁结合形式。舟(箱)体、梁、桥面板结合成一体，船只首尾相连成纵列式，或舟(箱)体紧密排列成带式。上、下游设置缆索锚碇，以保持桥轴线的稳定。桥两端设栈桥或跳板，以与岸边接通。为适应水位涨落，两岸还应设置升降栈桥或升降码头。

2. 现代桥梁建筑的发展趋势

1) 跨径逐步加大

未来桥梁的发展将向着跨海、轻质、多用途、环保的方向发展。中国桥梁界专家曾预言：21 世纪世界桥梁将实现新型、大跨、轻质、灵敏和美观的国际桥梁发展新目标。

目前，世界上钢梁、钢拱的最大跨径已超过 500m，钢斜拉桥为 890m，而钢悬索桥达 1990m。随着跨江跨海的需要，钢斜拉桥的跨径已经突破 1000m，钢悬索桥将超过 3000m。至于混凝土桥，梁桥的最大跨径为 300m，拱桥已达 420m，斜拉桥为 530m。

2) 桥型不断丰富

20 世纪 50—60 年代，桥梁技术经历了一次飞跃：混凝土梁桥悬臂平衡施工法、顶推法和拱桥无支架方法的出现，极大地提高了混凝土桥梁的竞争能力；斜拉桥的涌现和崛起，展示了丰富多彩的内容和极强的生命力；悬索桥采用钢箱加劲梁，技术上出现新的突破。

3) 结构不断轻型化

悬索桥采用钢箱加劲梁，斜拉桥在密索体系的基础上采用开口截面甚至是板，使梁的高跨比大大减少，非常轻盈；拱桥采用少箱甚至拱肋或桁架体系；梁桥采用长悬臂、薄板件等。这些都使桥梁上部结构越来越轻型化。

4) 重视美学与环保

20 世纪 90 年代以来，桥梁界设计与建造桥梁时将实用功能与艺术构思融为一体，充分考虑周边环境保护，使一座座桥梁成为城市中新的旅游风景线。闻名遐迩的美国旧金山金门大桥、澳大利亚悉尼大桥、英国伦敦大桥，以及中国武汉长江大桥、南京长江大桥、苏通长江大桥、润扬长江大桥、上海杨浦大桥等著名大桥都是一件件宝贵的空间艺术品，成为陆地、江河、海洋和天空的景观，成为城市标志性建筑。

5.2 桥梁建筑的审美要素与特点

桥梁建筑审美是以桥梁美学为依据的。桥梁美学是建筑美学的一个分支，具有建筑的结构和功能的艺术特性，是艺术与工程技术结合的产物。桥梁建筑是结构外露的空间实体，而外露的构件又是美学处理上的难点。桥梁作为水平方向上单维突出的结构物，还应注意协调长宽高的比例。此外，色彩与材质也能影响桥梁的整体美感；不仅如此，桥梁还可以反映当地的文化与建筑的风格。我们只有掌握了桥梁审美的基本要素，才能从各个方面真正地认识到桥梁建筑的美。

5.2.1 统一和谐

桥梁由上下两部分构成，因而具有大量形式多样的构件，每个构件对应各自的功能。而且整个桥梁建筑还要与周围的环境统一和谐。如果处理不当，就会使整座桥梁建筑显得混乱不堪。因此，如何把握桥梁建筑的统一美就是我们需要思考的一个方向。

1. 结构的统一

桥梁的结构体系是桥梁建筑的灵魂。在总体结构下，桥梁各局部的设计也不应孤立离散，局部各自的体系要与整体相呼应，体现整体化一的概念，如成昆线拉旧铁路桥(图 5.11)。同样的例子还有湖南酉水河上的罗依溪大桥(图 5.12)，这座桥采用四孔不等跨双曲拱结构，从图 5.12 中可以看出，这座桥主孔与边孔拱脚高低不同；拱上建筑有梁式，也有拱式，梁下的桥墩有圆形，又有方形，体量也相差悬殊。虽然该桥分孔孤立看起来还是很美的，但是组合起来就显得杂乱无章，因而损害了桥梁整体的和谐美。对于一座桥梁建筑而言，我们注重的不仅仅是局部的美，还有它在整体上给人的感受。在结构上，一座建筑只有加强统一感，整体看起来浑然一体，才能真正地体现它的结构美。

图 5.11 成昆线拉旧铁路桥

图 5.12 罗依溪大桥

结构的统一还包括结构形态的统一，而形态的统一在很大程度上取决于主体部位与次要部位的主从关系。恰当地处理次要部位与主体部位的从属关系，使所有的细部形态均从属于总体的几何形态就显得至关重要。西方大多数建筑为体现结构美，均采用了相似的几何形状，就像音乐中的主旋律反复地出现一样，产生和谐统一的美感。例如，我国桂林解放桥(图 5.13)，其主拱与腹拱交替出现，呈现互相呼应、虚实结合，就是一个很好的例子。

2. 多样中的统一、统一中的多样

对于一座桥梁建筑而言，从各种构件的不同造型中提取出相互统一的因素，这种因素起到了衔接、联系和协调的作用，使得桥梁整体上看起来无可挑剔，这便是多样中的统一。那么这些因素是什么呢？很简单，我们从以下几个细节就可以发现它们。桥梁中栏

图 5.13 桂林解放桥

杆、灯柱、桁杆、桥墩、跨度一般都比较整齐划一；即使是有变化，也是遵循一定的规律。我们所说的多样中的统一就是指以相同形态、相同间距或有规律的变化来达到我们想要的简洁明快、统一协调的效果。

这些统一中往往会包含各种不同的变化，如栏杆柱头上的花样、灯柱上发光体的造型等。这些独具匠心的造型使得桥梁建筑更加生动活泼，不再是单调乏味的无生命体。

比较典型的例子是卢沟桥的柱头。柱头上的狮子，它们的间距、大小、轮廓及狮子的情态都是统一的；但细看这 485 个石狮，却发现它们是姿态万千、变化无穷的，堪称一绝。图 5.14 和图 5.15 所示为卢沟桥及其栏杆柱头上的不同形态的狮子。

图 5.14 卢沟桥

(a)

(b)

图 5.15 卢沟桥栏杆柱头上的狮子

3. 色彩的丰富和谐

桥梁的色彩要从使用功能、所处环境及人的审美要求等方面来考虑，一般不宜单调沉闷，也不宜过分艳丽夺目。总的原则是色彩要明快柔和；一般原则是在整体上大面积使用低纯度的色彩，在局部上选用小面积的高纯度色彩，再采用中性色来联系过渡二者，以达到和谐统一的美感。

5.2.2 均衡稳定

均衡的形态设计让人产生视觉与心理上的完美、宁静、和谐之感。静态均衡的格局大致是由对称与平衡的形式构成的。对于审视桥梁建筑的美，尤其是当它带有一种均衡美时，人的视线能满意地在此处停息下来，不自觉地在心目中产生一种愉悦而平衡的瞬间，我们就会觉得它很美。所以桥梁建筑作为视觉艺术，它的均衡稳定不仅仅是我们审视它的一个基本要素，同样也是桥梁建筑建造的重心所在。

1. 对称均衡

对称的形式天然就是均衡的。例如，生物的体态是对称的，人和动物都是凭借左右两侧对称的器官，才能保持机体的平衡。因而对称的形式符合人的生理要求与心理习惯，也就必然会产生美感。对于桥梁而言亦如是，左右对称的桥梁，若同时存在着水面映射对称，则上下左右相互辉映，虚实相生，动静相济，品赏起来别有一番滋味，如浙江杭州的拱宸桥(图 5.16)。当然，对于很多桥梁建筑而言，为了强调均衡的中心所在，也会在对称中心做适当的处理。例如，拱桥拱冠石大多加大体量或突出墙面，或是题写桥名，或加以雕饰，以加深人们的印象，典型的例子就是河北赵县的赵州桥，如图 5.10 所示。

图 5.16　杭州拱宸桥

近年来为了节约用地，桥梁主体造型以正桥主跨为中轴，引桥或引道采用螺旋线式的旋转对称的布置方式也同样别具特色。它们的造型优美流畅，如日本大阪千本松桥(图 5.17)及我国哈尔滨松花江大桥的引桥(图 5.18)。

图 5.17　日本大阪千本松桥

图 5.18　哈尔滨松花江大桥的引桥

立交桥是大多数的城市里另一种常见的桥梁形式。我们可以看到立交桥的平面及立面布置也常采用各种对称的形式，一方面便于各分支功能上的一致性，构造上的同一性，另一方面也可获得大众容易接受和喜爱的优美造型。图 5.19 为北京某立交桥的苜蓿叶式，犹如一个巨大的花篮，轻托着十字飘带。

2. 非对称均衡

对称只是多元美中的一元，如果不分场合、不分功能地一味追求对称，则会流于平庸呆板；在场合、空间、地形等条件限制下，有时必须采用非对称的形式。非对称均衡是在画面中的一种不均衡状态，它可以引起人们视觉上对比，使得画面更加生动活泼。图 5.20 为日本名古屋城市中心广场上的一座人行桥，斜拉桥的塔后倾，梁似拱形，构成了其独特的造型。由于该桥位于市民休闲活动的中心公园内，加上夜晚彩色灯光与周围的水池喷泉，增加了无穷的生活情趣感；但与背景中高耸的电视塔和林立的高楼似有些不协调之感。因而，在审视桥梁美时，大多数时候更应考虑实际情况。

图 5.19　北京某立交桥

图 5.20　日本名古屋行人桥

图 5.21 是斯洛伐克布拉迪斯拉发市的多瑙河桥，它有后倾式斜塔，以倾斜角度很大的拉索来平衡，且在主塔的顶部设有观景咖啡厅，桥梁形态充满了动感与力的紧张感；同时它具有令人渴望登临眺望的欲望，从观景平台上欣赏四周风景及奔驰在道路上的车流是引人入胜的一个独特的景观看点。这就是一个很好的非对称均衡的例子。

图 5.22 为东京大桥，它沿着海面绕成一个圆，全桥形态优美，顺适流畅，是技术与美观、形态与环境有机结合的范例。

图 5.21　斯洛伐克的多瑙河桥

图 5.22　东京大桥

从上述桥例中我们发现，非对称结构形态具有明显的动态感，但这种动态只是一种态势和感觉，建筑物呈现的仍是静止而可视的形象，且不随时间而变化。所以非对称结构尽管外形多变，但在力学上和视觉上仍需保持均衡，且符合力学的基本原则。在构图上要有一个达到均衡的视点，力感明确且稳定才能体现出它的美学要点；否则就会引起人视觉上的混乱，带来不安全的感觉。

5.2.3　比例优美

比例是艺术领域中诸多相对面之间的度量关系，一般指的是建筑物各部分之间的相对尺度，所以对于桥梁建筑而言，比例美也是不可或缺的一部分。当设计出的桥梁，外形不甚满意的时候，按照比例和谐的法则进行修改，往往也能得到意想不到的效果。同时这也是我们对桥梁建筑美的审视大关中的又一重要节点。

桥梁的各个局部及整体的比例是以其固有的功能关系和结构关系为艺术构思前提的，因而对于这点的把握很大程度上取决于在桥梁结构内在规律的基础上寻求桥梁体态的均匀和比例的和谐，而不是异想天开，违背结构关系与力学原理。图 5.23 是芜湖长江大桥，钢桁架本身比较高，再加上矮塔斜拉，比例失去协调，自然就缺乏美感了。

而与之相对的，体现了比例美的典型实例当属三元桥(图 5.24)，拱形比例协调，整体看上去优美，而且有视觉享受。

图 5.23　芜湖长江大桥

图 5.24　三元桥

像我们所熟知的，建筑必须具有与功能、环境相协调的良好尺度，而比例既是客观世界里自然事物常态的一种带规律性的表现方式，又与人类在长期历史实践中形成的审美心理有关。所以学会运用这一点对造型艺术是至关重要的，不管我们以旁观者的角度去审视它抑或是去建造它。

5.2.4　韵律优美

节奏与韵律是密不可分的统一体，是一种生理和心理上的需要，是美感的共同语言，是创作和感受的关键。如果能在桥梁上找到一种韵律感，那么这座桥至少能给人一种流畅协调的感觉，因而也就具有了灵气。

1. 连续韵律

以一种或几种建筑要素连续地重复排列而形成连续韵律，可以获得端庄、整齐、简洁统一、连续流畅的美感。例如，桥梁上栏杆的排列，桥上灯柱的规整摆放。

2. 起伏韵律

桥上的构件进行强弱、大小、高低、虚实、曲直等有规则的变化，或有规律地时而增加时而减少，可形成激情起伏的韵律。例如，图 5.25 是颐和园的玉带桥，中部隆起像是被风吹动，显得格外轻盈。

3. 渐变韵律

建筑上的连续结构要素按一定的规律或秩序进行微差变化，可以增加建筑物的生动性、情趣性，能给人带来一种柔和的美感。例如，图 5.26 为颐和园十七孔桥，孔的大小随着桥面而发生变化。

图 5.25 颐和园玉带桥

图 5.26 颐和园十七孔桥

4. 交错韵律

运用各种形式要素做有规律的纵横交错、相互穿插等手法，构成虚实进退、明暗相间、色彩变化的韵律感。

5.2.5 桥梁建筑的审美特点

桥梁建筑的审美，除了遵循普通审美的规律要求外，还具有自身的审美特点。

1. 直观性

我们在欣赏桥梁建筑时，其外在形象直接刺激到我们的视觉感官而引发联想与感受。桥梁建筑美观涉及使用功能、结构合理、环境协调、外形美观等。桥梁建筑设计不能只单纯考虑结构设计，视觉美学的形象设计在桥梁设计中也不能忽视。优秀的桥梁建筑，在功能结构和视觉美学方面都能恰到好处。例如，我国著名的赵州桥既满足功能结构要求，即承载与通航，又令人赏心悦目。

2. 趋同性

不同地域和不同民族在建筑美学方面的表现，由于多方面的差别而形成不同的特点。但是对于桥梁建筑，其具有独特的结构技术要求和通行功能要求，使得设计者发挥个性才能的空间受到约束，即必须服从基本结构体系的受力特点，形成目标趋同的审美认识。

3. 空间感

不同于房屋结构，桥梁结构的空间性毫无遮挡地呈现在人们视野之内。人们可以上下、左右、前后，在无限的空间进行观赏，由于视点位置、角度不同，所见到的桥梁画面是变化的。图 5.27 和图 5.28 是一斜拉桥视点角度和高度不同所看到的桥梁空间画面示意。

远眺土耳其的博斯普鲁斯海峡悬索桥，整座大桥只有三条线，即竖直的塔、曲线的悬索、水平的主梁和桥面，如图 5.29 所示。其他部分在大桥整体中几乎不显眼，空间透视性极好，突出了悬索桥轻盈、高耸、简洁的优美形象。

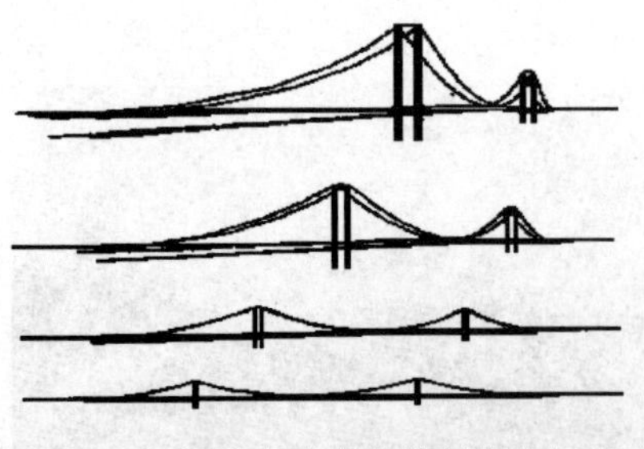

图 5.27　视线角度变化的桥梁空间感

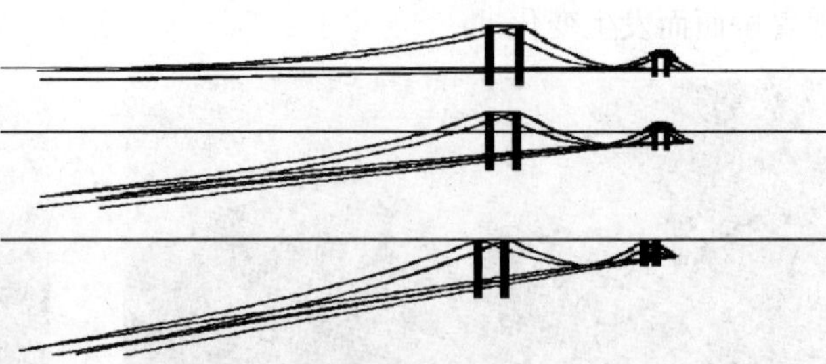

图 5.28　视线高度变化的桥梁空间感

图 5.29　土耳其博斯普鲁斯海峡悬索桥

4. 力度感

当桥梁受到荷载作用时，其主体结构构件的内部将产生抵抗力，同时还产生变形。力的传递由直接承受荷载的构件以一定的规律传递给其他构件，如此下去形成一个力的传递路线，所以在结构设计上为使力的传递路线简洁明确，应按一定的规则来配置构件，以求得在结构整体上的视觉平衡。构件数量多会显得烦琐，引起视觉上的混乱。故能被直观地辨认出力的传递路线，并以简单的几何形状的构件所组成的桥梁，可评价为在力学上合理、在外观上美观的桥梁。这与构成技术美的要素之一的形式美是一致的。

桥梁是承重结构，人们首要的心理活动是通过视觉看出它是“如何承受荷重”的，荷重是如何“传递”的，一般被称为“心理引诱力线”。椅子的结构形成一种功能明确、能充分体现出其结构力线的紧张感，形成一种严谨简练、稳定可靠的结构形象，并在人的心理上得到共鸣，成为最简单的椅子的心理引诱力线，如图 5.30 所示。

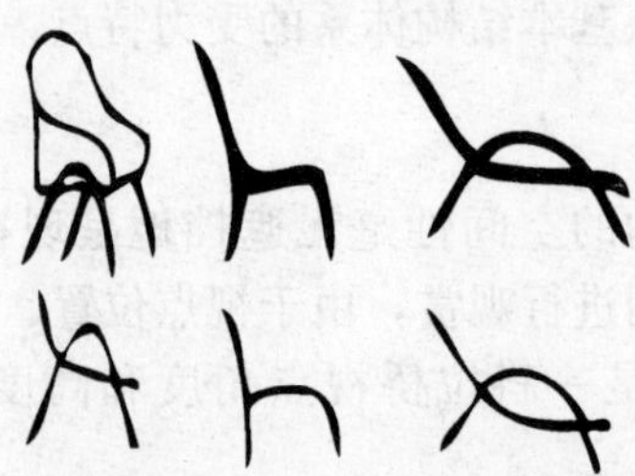

图 5.30　椅子的心理引诱力线

常见的各种桥梁结构的心理引诱力线，如图 5.31 所示。例如，简单的梁式和拱式结

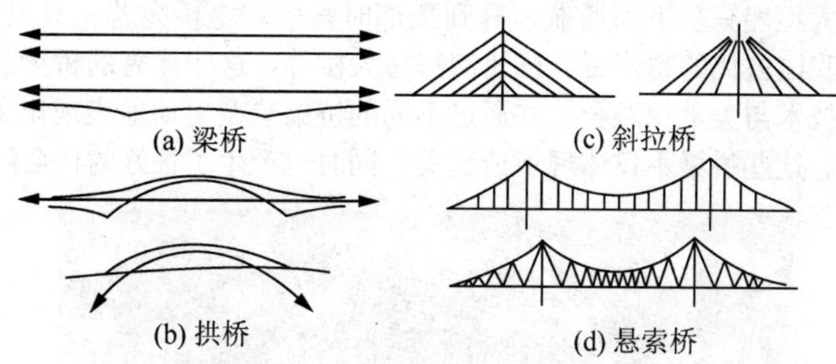

图 5.31 梁桥、拱桥、斜拉桥与悬索桥的基本心理引诱力线

构，由于桥型简单，构件是直线或曲线，心理引诱力线也呈现出直线或曲线。悬索桥和斜拉桥，主要承载结构为塔、索、梁，其心理引诱力线相对复杂一些。各种构件的心理引诱力线连接在一起，就汇总成整体的一群心理引诱力线。

即使在力学上是充分安全合理的，如果给使用者以不安全感，就不可能让人感受到其造型之美。故只有使人在直观上能感受到桥梁的强度和稳定性时，形式美和功能美才得以在人的心理上产生统一。

5.3 桥梁建筑的景观特性

早在 1400 多年前，举世闻名的赵州桥就特别注重与自然环境的协调，善于利用地形、地貌，效法自然，使桥与景融为一体，互相烘托，相得益彰，获得了“如初月出云，长虹饮涧”和“奇巧固护甲于天下”的美誉，这就是桥梁景观。

在桥梁景观设计中应强调环境景观，同时也要保持景观可持续发展。桥梁不是孤立于环境，其景观总是与地景、城市景观相伴，有时其复合景观意义更大，反映到桥梁景观设计中便是桥梁景观与大地或城市景观尺度的和谐研究；桥梁景观对地形、地貌的适合；桥梁景观对文化环境的尊重与共生，以及桥梁建设对建设地点的自然原生景观的保护等。

5.3.1 桥梁建筑景观的技术美学特性

桥梁建筑景观的技术美学特性是指其以功用与技术为重的特点。桥梁建筑首先应是解决通行功能并在技术可能与经济之间优化，这是桥梁设计的基本要求。因此桥梁景观设计必须符合桥梁功能、技术及经济的要求，并以此为原则对景观的构成元素进行美学调整，如桥型的美学设计，桥体结构部件的比例调整，桥梁选型与城市、大地景观尺度的和谐，桥梁的防护涂装与城市整体色彩的联系等。桥梁的技术美学特性以功用与技术为主，但当景观价值有明显优势而功能得以满足、技术也可行的情况下，经济因素则可被其次考虑，如风景区的桥梁或城市结构要害之桥梁等。因此，桥梁建筑景观设计的某些关联域在不同的环境条件下的位次会有所不同。

英国盖茨亥德千禧桥(Gateshead Millennium Bridge)(图 5.32)，是一座专供步行和骑自行车的人们通行的倾斜桥，横跨在英格兰的泰恩河上。它弯成一个弧形，索塔是倾斜状的，通过几十组钢索将桥面固定。桥还可以通过两端的压力扬吸机来进行旋转，将主桥向上拉起 50m，让大型船只从下面通航，升到顶部时索塔和主桥宛若一只点水蝴蝶的双翅。还有众所周知的我国古代的赵州桥、杭州湾跨海大桥等，这些优秀的桥梁建筑都以各自独特的方式将结构技术与美学相融合，并通过不同的桥梁造型生动地表现出来，达到结构与美学的完美结合。这些桥梁不仅体现了造型美，同时也产生了很好的社会经济效益。

图 5.32　盖茨亥德千禧桥

5.3.2　桥梁建筑景观的时代性

桥梁建筑具有强烈的时代特征。我国古代桥梁多以装饰华丽为美，而现代桥梁以简洁大方为美。桥梁建筑能够以其巨大的空间形象来显示生活中的某些本质方面，体现一定的时代精神。在不同历史时期，桥梁建筑的风格、艺术和技术具有较大区别。在中外桥梁建筑史上，几乎每个时代都会形成其独特的桥梁建筑风格，而成为这个时代的标志性特色。每个时代的桥型高潮均是其结构技术突飞猛进的结果。桥梁结构技术的科技特征及技术进步便是使桥梁景观产生深刻时代烙印的主导因素。例如，在我国的桥梁建设历史中，1950—1960 年的木桥，1960—1970 年的拱桥，1980—1990 年的梁桥，1990 年以后大量涌现的斜拉桥、悬索桥、立交桥等。

由于桥梁在城市中的战略性地位，使桥梁景观成为城市中的视觉识别要点，这就使桥梁景观对时代的表述延伸至城市。因此，把握好桥梁景观的这种特点并在城市中得到时良好发挥是桥梁景观设计中需要重视的问题。下面以两点来说明现代城市桥梁建筑景观的时代特性。

1. 城市立交桥

城市道路的立交桥是城市桥梁之一，全称“立体交叉桥”，即在城市重要交通交汇点建立的上下分层、多方向行驶、互不相扰的现代化陆地桥。它是解决城市道路相互交叉的一种交通设施。大型的立体交叉体系在某种程度上能代表城市和地区社会经济发展状况，是城市交通运输现代化的标志。立体交叉总体的美学要求由立交的总体布局形状决定，其基本要求是在满足功能要求前提下体现安全性、经济性和美观性。

2. 桥梁夜景观

桥梁在城市格局中的战略性地位使其夜景观成为城市亮化工程的一个重要组成部分。

桥梁夜景观与桥梁交通照明有本质区别，当然功能照明对夜景观也有一定作用。桥梁夜景观是照明科学与桥梁艺术的有机结合，是社会物质文明达到一定高度后，人们对城市景观多样化的必然要求，也是社会物质文明与精神文明建设的综合体现。桥梁夜景观拓展了桥梁的景观表达，全天候展示了桥梁魅力，是桥梁空间与时间的延伸，如图 5.33 所示。

图 5.33 城市立交桥夜景

5.3.3 桥梁建筑景观的地域性

每个地区特有的地理、政治、历史等因素决定了其独特的一面。例如，我国南方城市的特点是婉转细腻，但是每个城市却又不尽相同，杭州温柔，南京精致，各有各的魅力；北方的城市大多大气豪放，但是北京呈现出包容、西安呈现出沧桑、大连呈现出时尚，各有各的韵味。一座良好的桥梁景观能够把城市的地域美和城市周边的景色有机地结合起来。总之，由于建设桥梁区域的地理、地貌及环境的不同，桥梁的建设与周边的空间景观的配合要能够使桥梁景观和谐地融于环境，也使人们熟知的环境空间与有发展空间的桥梁景观衍生出具有地域特性的景观。它们融合而成的复合景观成为彰显一座城市的独特性、唯一性的景观，同时也是桥梁景观地域性的体现。

桥梁的空间跨越使交通立体化，而桥梁所处的地理位置、地貌状况或城市空间环境均有其特殊性，桥梁与特定地点的地形、地貌、环境的有机融合成为桥梁景观设计的重要方面。也使为人熟知的环境空间与有发展寓意的桥梁景观间蕴生出具有地方性的景观更新意义，桥梁景观更新中的继承与发展是其成为城市地标的深层次原因。

桥梁建筑与环境的融合具有个性色彩。例如，在经常大雾弥漫的旧金山，金门大桥(图 5.34)的橙色桥塔、铁索钢筋傲立于云雾之中，亦真亦幻，十分美丽。若是将金门大桥搬至上海，美感则将大打折扣；若是将上海卢浦大桥(图 5.35)，移至旧金山，恐怕也将与环境格格不入。桥梁与城市的伴生使其复合景观成为标榜城市独特性、唯一性的象征，像延安大桥与宝塔山、布鲁克林大桥与曼哈顿，这也是桥梁景观地域性的表现。

我国的桥梁建筑多具有地方特色，如我国侗族独有的具有民族特色的风雨桥。风雨桥又称“花桥”，以其能避风雨并饰彩绘而得名。坐落在广西三江林溪河上的程阳桥是风雨桥的代表，如图 5.36 所示。在侗族聚居地区，人们根据自己的爱好和河床的宽度大小，设计出各式各样的风雨桥。风雨桥由桥、塔、亭组成，全由木材筑成，桥面铺板，两旁设栏杆、长凳，桥顶盖瓦，形成长廊式走道。塔、亭建在石桥墩上，有多层，檐角飞翘，顶部有宝葫芦等装饰，风雨桥是干阑式建筑的发展及延伸。这些古桥梁建筑结构严谨，造型独特，极富民族气质，发展形成极具民族地域特性的桥梁建筑景观。

图 5.34　旧金山金门大桥

图 5.35　上海卢浦大桥

图 5.36　广西三江程阳桥

5.3.4　桥梁建筑景观的人文性

所谓人文景观，又称文化景观，是人们在日常生活中，为了满足一些物质和精神等方面的需要，在自然景观的基础上，叠加了文化特质而构成的景观。桥梁景观除了其流畅的形态、简约的造型、大空间的跨越产生巨大物质景观的震撼外，历史事件、历史人物的介入或其表现出的人类自我价值的实现又使桥梁横生出文化景观的韵味。

中国古诗文中多与桥梁有联系，这与桥梁建筑的特殊性是分不开的。文学家、诗人均钟爱于将人间的悲欢离合或生死决断安置在以桥为素材的场景中，赋予了桥梁人文文化色彩，也使桥梁拥有更多的文化内涵。例如，著名的杭州西湖断桥(图 5.37)，正是这种人文性的代表体现。西湖断桥又名宝佑桥，为单孔石拱桥。断桥名称的来历有各种不同的说法，不一而足。但其出名还是因为传说在这座桥上许仙与白娘子初次相会，从此演绎了一段凄婉绝美的爱情故事。正是因为这段爱情，有了丰厚的文化内涵，这座普通的石桥才得以名扬四海。这正是桥梁建筑对民间文化的反映所在。

澳门西湾大桥(图 5.38)，也是反映文化景观的典例。西湾大桥是联系澳门岛与氹仔岛的第三座大桥。桥位所处海域宽阔，视野良好，因此西湾大桥轻易地成了视觉焦点。主塔是斜拉桥的主构要素，在力学上起着重要作用，其高耸的形象引人注目，起着象征、标志的作用。设计通过对主塔造型的塑造，注入澳门文化内涵。桥塔根据桥体的双箱结构，形成三根立柱，取澳门的英文“Macau”的第一个字母“M”作为桥塔造型。桥塔组合成“门”形，也隐喻澳门之“门”。与地方文化有更多联想与发挥的创作方式既是为了区别此桥非彼桥，巩固桥梁景观的地域特性，同时还体现了桥梁景观的文化内涵。另外，用欧陆风格的倒角来修饰具有中国特征的“门”形塔的棱角，传达出澳门文化的中西合璧的特色，也表现了对澳门文化特色的深入思考，并以独特的风貌反映了澳门的文化内涵。

图 5.37 杭州西湖断桥

图 5.38 澳门西湾大桥

5.3.5 桥梁建筑景观的艺术性

1. 桥头建筑艺术

桥头建筑艺术处理，是结合桥位处实际情况，合乎比例、协调地把主桥、引桥、引道步梯、自然景观及周围建筑等有机联系起来，形成一个新的景观点，并创造出最佳的艺术效果。国外一些古桥，其桥头建筑多采用对称布置的堡塔式或教堂式建筑，具有独特的风格效果。

武汉长江大桥桥头建筑与风景区晴川阁及龟山联系在一起，后来又恢复修建了黄鹤楼这一闻名的古建筑，与雄伟壮观的大桥相辉映，成为武汉一个著名的景点，吸引着全世界的游客，影响极大，如图 5.39 所示。

图 5.39 武汉长江大桥及桥头建筑

2. 桥梁装饰艺术

桥梁栏杆、望柱、步梯等，不仅服务于全桥的功能性作用，其造型及雕塑美也是桥梁美学的重要组成部分。恰当的装饰能很好地体现桥梁建筑美学，如在桥体表面或栏杆、墩台加上雕刻、铸件等饰物，来丰富视觉的内涵。

我国一些古老的拱桥，尤其一些皇家园林桥梁(如颐和园中的十七孔桥、玉带桥等)，对栏杆的塑造非常重视，常用汉白玉、青白石等细石料精雕细琢，以增加其精美的效果。我国古代桥梁非常注重栏杆的造型，如卢沟桥的栏杆是世界上著名的石狮栏杆，如图 5.40 所示。卢沟桥也称“芦沟桥”，始建于金代大定二十九年(公元 1189 年)。桥全长 265m，宽约 8m，由 11 孔石拱组成。卢沟桥两旁有 281 根汉白玉栏杆，每根柱头上都有雕工精巧、神态各异的石狮，千姿百态，数之不尽，因此民间有一句歇后语：“卢沟桥的石狮子——数不清。”又如，赵州桥的蛟龙栏板雕刻精美(图 5.41)，寓神话传说与当地文化于一体，充分显示了当时人文风俗与技术水平。

图 5.40 卢沟桥石狮子

图 5.41 赵州桥栏板雕塑

我国 20 世纪 50 年代建成的武汉长江大桥也取得了良好的效果。桥面两侧，齐胸的铸铁镂空栏杆上，铸有各种飞禽走兽，栩栩如生。大桥两侧各有 143 块花板对称排列，花板内容取材于我国劳动人民所喜闻乐见的题材，如“喜鹊闹梅”、“玉兔金桂”等，引人入胜，如图 5.42 所示。

图 5.42 武汉长江大桥栏板雕塑

3. 桥塔造型艺术

惠州首座斜拉桥——合生大桥(图 5.43)，桥塔像振翅欲飞的天鹅，这正是大桥新颖的构思设计。主塔为天鹅引颈向天，悬索为鹅的翅膀，鹅塔天歌的曲线造型流畅美观，非常壮观，向世人展现了惠州蓬勃向上、一飞冲天的气势，也契合了惠州作为鹅城的特色，成为惠州市的标志性建筑。

图 5.43 惠州合生大桥

伦敦塔桥(图 5.44)是一座吊桥，最初为木桥，后改为石桥，现在为水泥结构桥。河中的两座桥基高 7.6m，相距 76m，桥基上建有两座高耸的方形主塔，为花岗岩和钢铁结构的方形五层塔，高 40 多米，两座主塔上建有白色大理石屋顶和五个小尖塔。两塔之间的跨度为 60 多米，塔基和两岸用钢缆吊桥相连。从远处观望塔桥，双塔高耸，风格古朴，像两顶皇冠，雄奇壮伟。如遇薄雾锁桥，景观更为一绝。

图 5.44 伦敦塔桥

本 章 小 结

通过本章的学习，掌握常用桥梁建筑审美的基本要素，了解桥梁建筑的发展阶段与类型，掌握桥梁建筑的统一和谐、均衡稳定、比例优美、韵律优美等审美要素，掌握桥梁建筑审美的直观性、趋同性、空间感与力度感等特点。了解桥梁建筑景观的技术美学特性、时代性、地域性、人文性和艺术性。

桥梁是人类建造史上最为壮观的建筑，它体现一个时代的文明与进步。如同美学和艺术两者之间的关系一样，桥梁建筑艺术是桥梁美学的表现。桥梁建筑是结构外露的空间实体，而外露的构件又是美学处理上的难点。桥梁作为水平方向上单维突出的结构物，还应注意协调长宽高的比例、色彩与材质、文化与建筑的风格。我们只有掌握了桥梁建筑审美的基本要素，才能从各个方面真正地认识到桥梁建筑的美。

桥梁景观总是与地景、城市景观相伴，桥梁景观往往是城市中的视觉焦点，这就使城市桥梁景观设计中需要综合考虑桥梁建筑景观的技术美学特性、时代性、地域性、人文性和艺术性。

思 考 题

5-1 桥梁建筑审美的基本要素与审美特点有哪些?

5-2 简述我国桥梁建筑的经典实例。

5-3 桥梁建筑的结构类型有哪些?

5-4 简述桥梁建筑景观的技术美学特性。

5-5 城市桥梁景观设计中需要综合考虑哪些因素?

第6章 桥梁建筑造型基础

教学目标

本章主要讲述桥梁建筑的形体构成与造型的基本法则，桥梁建筑的色彩搭配与材质选用原则。通过本章学习，应达到以下目标。

(1) 熟悉桥梁建筑造型的概念与基本法则。

(2) 掌握一般桥梁建筑的基本形态构成的基本元素及表现。

(3) 了解桥梁建筑色彩的搭配、材料的类型与选用原则。

教学要求

知识要点	能力要求	相关知识
桥梁建筑造型概述	理解桥梁建筑造型的概念	一般桥梁建筑的基本形态
桥梁建筑造型的基本法则	掌握桥梁建筑造型的六大基本法则	桥梁结构总体的受力体系与建筑造型的协调与统一，桥梁结构实体部分与空间部分的比例关系原则
桥梁建筑形体构成与造型表现	掌握形态构成的基本元素	形态的分类与表现
桥梁的色彩造型与材质	掌握桥梁色彩设计造型的概念、特点、影响因素、材料的类型与选用原则	色彩的视觉属性与心理效果

基本概念

造型设计、形态构成、造型法则、色彩造型、色的属性、色彩心理、色彩设计、空间感、力度感

引例

造型优美的赵州桥

赵州桥又称安济桥(宋哲宗赐名，意为“安渡济民”)，在河北省省会石家庄东南约40km的赵县城南2.6km处，桥体全部用石料建成，距今已有1400年的历史。它横跨洨水南北两岸，建于隋朝大业元年至十一年(公元605—616年)，由匠师李春(图6.1)监造，是当今世界上现存最早、保存最完善的古代敞肩石拱桥。1961年，赵州桥被国务院列为第一批全国重点文物保护单位。

赵州桥桥长50.82m，跨径37.02m，券高7.23m，两端宽9.6m，在拱圈两肩各设有两个跨度不等的小拱，即敞肩拱，这是世界造桥史的一个创造(没有小拱的称为满肩或实肩型)，这就使其比实肩拱显得空秀灵丽，既能减轻桥身自重，节省材料，又便于排洪、增加美观。赵州桥的设计构思和工艺的精巧，不仅在我国古桥中首屈一指，据世界桥梁的考证，像这样优美造型的敞肩拱桥，欧洲到19世纪中期才出现，比我国晚了1200多年。唐朝的张鷟说，远望这座桥就像“初月出云，长虹饮涧”。

图6.1　李春(北宋)

6.1 桥梁建筑造型概述

6.1.1 桥梁建筑造型的概念

桥梁建筑是一种为人类生产和生活服务的结构，其主要功能是用于交通负荷、跨越障碍。如果我们单纯地将造型的装饰当做主要的处理而不在乎其实用的价值，就算不上真正的造型设计。正确的造型设计应融功能、技术、经济、美观为一体，共同作用，美寓其中。

桥梁建筑虽然也是建筑的一种，但与普通房屋建筑还是有着许多不同。根据其特有的功能，决定了桥梁建筑必须有自己一定的体量和必要的空间。如果说房屋建筑是空间的分隔组合，桥梁就是空间的延伸与扩展。房屋建筑主要的结构功能表现在室内，而桥梁建筑不同，其结构是开敞的、外露的，组成部分一目了然，功能关系明确。

桥梁本身的各部构造的形象宜简洁纤细、流畅明快，以使快速运动着的人们在瞬间的最初一瞥中得到“明确”的印象。否则，会显得混乱不堪。所以，简洁明快、流畅纤细应当作为现代桥梁美学设计的一项原则，它既适用于主体造型，也同样适用于细部构造和各种设施。与其他建筑一样，桥梁应与其周围自然环境、城镇环境、邻近建筑物及附近其他桥梁有相互协调的关系。桥梁作为环境的一部分，除了自身的造型美以外，与周围环境的协调是桥梁造型很重要的问题。

桥梁建筑是一个工程结构，其独特的结构特征在造型的艺术表现上受到了许多的限制，表达自由度比不上许多其他的建筑形式。一般桥梁建筑的基本形态是水平方向单维突出结构物，即桥梁沿路线方向长度与桥的宽度，高度比差距较大，这种形态在视觉平衡上、比例和谐上很不利。协调这种比例，改善视觉印象，是桥梁美学设计中必须重视的问题。

桥梁建筑基本上是由几何形态的线、面构成的空间形体，靠它的可视形象，给人以庄严、稳定、雄伟挺拔或轻巧明快的感受，但难以用自身的形式表现更具体的内容，此时常常借助雕塑、绘画、匾额、书法等其他艺术形式去构成深厚的艺术意境。

6.1.2 桥梁建筑造型的基本法则

1. 协调与统一

协调就是桥梁建筑物的造型与其所处的自然景观和附近的人工建筑物等与环境相协调；统一就是桥梁建筑本身各组成部分，虽然各自的功能和造型不同，但是必须得到有机的统一。

桥梁结构总体的受力体系是由多种不同结构所组成的。例如，主体结构是跨越和承重的上部主梁(或拱圈)、下部支承的墩台，还有附属结构，还可能有主孔和边孔之分。而且不仅上部结构形式多变，其下部结构也有多种类型可配合，这就形成了桥梁结构极富变化的特点。这种变化应服从于主体受力体系高度的和谐统一。桥梁结构造型统一要注意各结构部分的协调统一。一般来说，要避免不同结构体系混杂使用。

2. 主从与重点

在由若干要素组成的整体中，每一要素在整体中都占有一定的比例和地位。倘若所有要素都竞相突出自己，或者主次不分处于同等重要地位，则会削弱整体的完整统一性。

桥梁建筑从功能特点考虑总有主体和附属之分，而从结构受力体系来说，有主要受力构件和次要受力构件之分。主桥与引桥、主孔与边孔、主体与附属存在主从差异，正是凭借着这种差异的对立，才使桥梁建筑形成一个完整协调的有机整体。如图6.2所示的九江长江大桥是双层公铁两用桥。主孔为桁拱组合体系，并以高低与跨径不同的桁拱来突出主孔位置和造型，其余为连续钢桁梁，结构组合主从分明，视觉重点突出，引人注意，也便于船舶通航。该桥如果取消桁拱而全部采用桁梁结构，则不会有这种主从分明的视觉效果。

图6.2 九江长江大桥

斜拉桥、悬索桥基本结构图形简洁，由主塔、加劲主梁、拉索构成，主塔将竖向及斜向心理引诱力线引向塔顶，形成人们瞩目的重要部位。高耸挺拔气势夺人的塔，配以轻柔的拉索、无限延伸的水平加劲梁，这些都突出了桥塔作为主体的主导地位，形成索体系桥梁突出的个性和鲜明的形象。视觉上的主从分明，力传递路线明确，形成索桥结构所独有的形态美。

3. 对称与均衡

对称与均衡也是造型美的基本法则之一。对称是同形同量的对称组合，对称的造型统一感好，规律性强，使人产生庄严、整齐的美感。

均衡则是在非对称的构图中，以不等的距离形成力量(体量)的平衡感，对桥梁来说其非对称的均衡感还受地形、地物的影响。均衡具有变化的美，其结构特点是生动活泼、有动感。对称与均衡给人的感受就如天平称重。

异形拱桥由于布孔的不对称要求，为了达到造型上的均衡性，可利用斜塔及疏密与长度不等的拉索和大小相差悬殊的跨径来调整布孔上的不对称，从而达到均衡的目的，使桥梁从构造、功能和景观上得到协调一致的处理。

4. 比例与尺度

比例的问题广泛存在于桥梁建筑设计中。它包括3个方面的内容。

(1) 桥梁结构整体或局部本身的三维尺寸的关系。

(2) 桥梁结构整体与局部或局部与局部之间的三维尺寸的关系。

(3) 桥梁结构实体部分与空间部分的比例关系，另外还有凸出部分与凹进部分、高起部分与低落部分的比例关系等。

建筑的比例关系，首先按自然的规律确定，一旦这些自然规律所蕴含的美学价值被认可之后，这些表现自然规律之美的尺寸比例便被概括归纳为典范和法则。古希腊美学的主要奠基人之一——柏拉图把直线段短比长(0.618∶1)等于长比短长之和(1∶1.618)并无限推演所得到的比例关系称为黄金分割，认为这是永恒美的比例，即$a:b=b:(a+b)$。

近代桥梁以轻巧为审美标准之一，其比例虽有时偏离黄金分割甚远，但作为桥梁建筑造型来说，比例的原则必须遵循。其标准之一是人们从视觉上获得的协调匀称及满意的感受。

与比例相联系的另一个因素是尺度。比例是表现桥梁建筑物各部分数量关系之比，是相对的，可不涉及具体尺寸。尺度则不然，它却要涉及真实尺寸的大小，但是又不能把尺寸的大小和尺度的概念混为一谈。尺度一般不是指要素真实尺寸的大小，而是指要素给人感觉上的大小印象和实际大小之间的关系。

比例和尺度是密切相关的一个建筑造型特性，是桥梁美的必不可少的重要因素。一座桥梁建筑，其各部的比例和尺度只有达到匀称和协调才能构成优美形象。

5. 稳定与动势

功能要求决定了桥梁建筑造型具有稳定感和动势感。安全稳定是对桥梁建筑最基本的使用要求。简洁的承载和传力结构，形成一个紧凑严密、蕴藏着巨大力量的构筑物。

桥梁本身的组成结构处在平衡状态，各部分在实现功能作用方面所显示出的安静、自信、坚固的形象，给人一种坚定、不可撼动的稳定感。任何一座设计合理、造型优美的桥梁都会给人以稳定感。

桥梁建筑由于所构成的使用空间是一个开敞空间，使用对象和观赏对象是高速行驶的车或移动的人。人们在接近桥和过桥的过程中视点的变化，使观看到的实际桥梁建筑形象有规律地变换，给人一种动势感。人们乘车经过桥面时会感到仿佛是桥梁在运动。

桥梁是强调一维方向的空间结构，其跨越方向的延伸长度要比宽度和高度大得多，人们沿着桥梁水平方向目视多跨桥梁，自然就会感到桥梁结构上的强烈运动伸延的动势。

6. 韵律与节奏

在生活中，人们把一颗石子投入水中，就会激起波纹由中心向四周一圈圈地扩散，这就是一种富有韵律感的自然现象。自然界中许多事物或现象，常常由于有规律地重复出现或有秩序地变化而激发人们的美感。人们的劳动、运动及舞蹈等活动，都要通过韵律美的感染力，使人们感到精神上的轻松、愉快。人们有意识地对韵律变化加以总结、模仿和运用，从而创造出各种具有条理性、重复性和连续性特征的美的形式——韵律美。

韵律是一种重要的造型手法，设计者运用它可以把设计的建筑物构成一个系统的整体，通过有规律的重复和变化形成韵律、节奏，这在桥梁建筑方面运用得尤为普遍和突出。几乎所有桥梁结构都具有韵律和节奏的因素。

韵律美按其形式特点可分为如下四种类型：连续的韵律——指一部分重复连续出现构成整体，由于人的视觉角度不同，这种重复连续的韵律可以产生一定的动感；变韵律——连续的部分按着一定的秩序变化，如逐渐加长或缩短、变宽或变窄、变密或变疏等；另外，还有起伏韵律和交错韵律。后两种在桥梁建筑中用得较少。

图 6.3 为我国建于唐代的多孔薄墩连拱的苏州宝带桥，是一个运用连续韵律的典范。中间有三孔隆起有利于船只通行，又形成强烈明显的节奏变化。图 6.4 为北京颐和园十七孔桥。其各孔跨径和净高以中孔最大，向两边渐小，形成规律性变化，中间桥面隆起，形如初月，通过渐变起伏韵律的美学表现，使桥型生动而富于节奏，收到赏心悦目的美学效果。

图 6.3 苏州宝带桥

图 6.4 颐和园十七孔桥

图 5.8 为我国 1968 年修建的南京长江大桥，正桥长 1576m，分十孔，由一孔 128m 简支钢桁梁和九孔 160m 连续钢桁梁组成。该桥强烈的韵律形成了宏伟的气势，其连续韵律由两部分构成：一是上部简单桁架图形，好似无限的连绵重复韵律；二是桥墩处桁架支腿的重复出现表现出孔径间断重复，同时又表现出上部桁架梁韵律的节奏感。这种连续交替的富于条理的变化，给人以强有力的心理激励，从而引发出崇高、雄伟的联想。

连续多跨拱桥由于其曲线的造型形成动态的趋势、虚实的交替，使其韵律感特别强烈。图 6.5 是一座跨河的连续拱桥梁，其强烈而优美的韵律，如一曲凝固的乐章，让人领略到桥梁建筑的独特魅力。

图 6.5　跨河的连续拱桥梁

由此可见，桥梁的设计中，韵律和节奏在桥梁造型艺术中具有非常重要的意义，故需要恰当运用这一法则。

6.2　桥梁建筑形体构成与造型表现

人们所见的形象事物都是由三个最基本的要素组合而成的，这三个要素是点、线、面。我们了解形体空间的构成要素本身不是目的，重要的是了解要素空间表现上的作用，以使造型构图丰富流畅。

6.2.1　点形态与表现

点相当于字母，是构造的出发点。它的移动形成线。作为最基本的建筑形态要素——点，并非几何意义上的点，而是进入视野内有存在感、与周围形状或背景相比能产生点的感觉的形状，也可称为点形状。例如，桥梁建筑中的塔、柱、杆在俯视时均可表现为点形状；铰、支座、桥墩盖梁端头、栏杆柱头、灯具等从侧面看，均可视为点形状。

在图 6.6 中，点位于某一范围的中央时，它是静止的［图 6.6(a)］；当位于一端时，在视觉上有一种向心引力而产生的动势［图 6.6(b)］；两点并置时，若大小不同，注视时必然

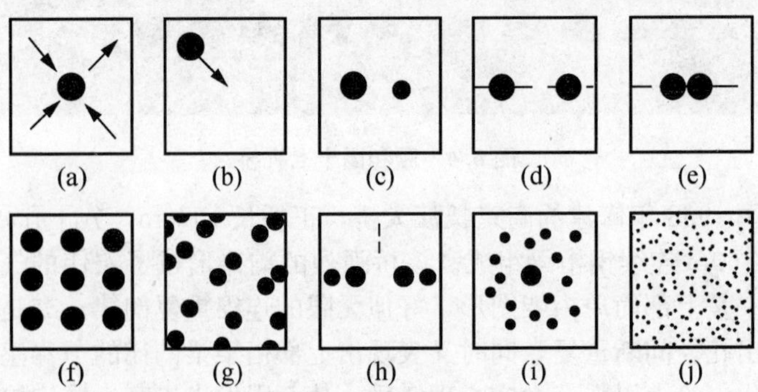

图 6.6　点形态

先大后小［图 6.6(c)］；若大小相同时，视线会在两者之间往返，形成联系轴［图 6.6(d)］；若两点靠近则引起排斥感［图 6.6(e)］；另外，排列有序的点给人以严整感［图 6.6(f)］；分组结合的点可产生韵律感［图 6.6(g)］；对应布置的点可产生均衡感［图 6.6(h)］；小点环绕大点形成重点感［图 6.6(i)］；无数的点可产生神秘、朦胧感［图 6.6(j)］。

点的感觉与点的形状、大小、色质、排列及光影等均有关系。如桥墩、桥台壁面装饰雪花点可使混凝土壁面显得柔和轻盈而富有质感。

6.2.2 线形态与表现

线是形态构成中最重要的要素，是造型美的基础。面的交线、体的棱线，以及结构中能产生线的感觉如梁、拱、塔、柱、杆、索均可表现为线。线有各种各样的形态，如曲直、粗细、长短、虚实、光洁、粗糙等，在人心理上产生快慢、刚柔、滞滑、利钝、节奏等不同感觉。以下仅从线的曲直来分类说明其在桥梁造型中产生的形态感情。

直线具有坚强刚直的特性和冷峻感，直线又分水平线、竖直线与斜线三类。

水平线具有与地球表面平行而产生附着于地面的稳定感，可以产生开阔、舒展、亲切、平静的气氛，同时也有扩大宽度、降低高度的心理倾向。道路桥梁就是一种水平方向延伸的线形结构，水平线功能尤为突出，如图 6.7 所示。

竖直线与地面垂直，显示了与地球引力相反方向的动力，有一种战胜自然的象征，体现了力量与强度，表达了崇高向上、坚挺而严肃的情感。对于桥梁这种突出水平方向的一维结构物，利用竖直结构如吊杆、栏杆、灯柱、高塔等可以改善视觉印象，对整体比例的不协调起到局部调整作用，增加均衡稳定、比例和谐的美感。

斜线与水平线、竖直线比，更具有力感、动感与方向感，其构图也更显得活泼与生动。桥梁结构中的各种 X 形、Y 形、A 形桥墩或主塔的轮廓线，以及桁架中的腹杆、斜腿钢构中的斜腿均是，简洁明快、生机勃勃的斜拉桥更是充分体现了斜线的魅力，如图 6.7 所示。

曲线具有柔顺、弹性、流畅、活泼的特性，给人以运动的感觉，其心理诱惑力强于直线。其中几何曲线如圆、椭圆、抛物线、螺旋线等规则而明了，表达了理智、圆浑统一的美感，自由曲线如波浪线、弧线等呈现出自然、抒情与奔放，如图 6.8 所示。

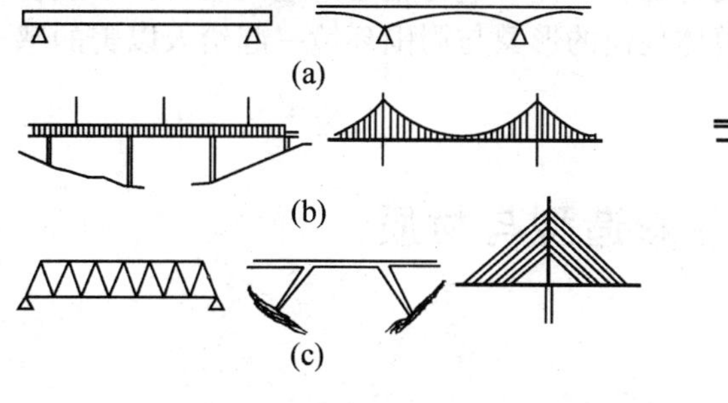

图 6.7 桥梁线形态

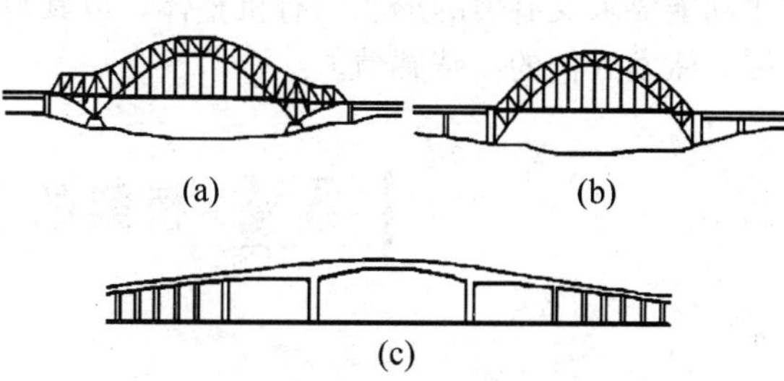

图 6.8 桥梁曲线形态

6.2.3 面形态与表现

在造型方面，人们感知某一物体的形状，除根据其周围的轮廓线之外，主要是依据人们多能直接观察到的面形。复杂几何图形的构成是建立在简单的基本的圆形、方形、三角形基础上的，又称三原形，如同绚丽多彩的颜色产生于三原色一样，如图 6.9 所示。

图 6.9 面形态

圆形——只有一个半径，以最短周边闭合成最紧凑完美的形。圆形给人以纯情、圆润、光滑、满足的感受，在桥梁造型形态中不乏直接采用，如圆拱、圆台、圆墩、圆柱、环道等。

方形——具有直角及对边平行的关系，使任何构件，无论是梁、板、柱、台都有利于加工制造和使用方便，是所有形中最适用于人类使用的图形。与圆形相比，方形显得更静态，是中性、稳定的形。矩形长宽之比变化无穷、规则而又灵活，主要代表有黄金矩形。

三角形——主要特征表现在其斜边与角度上，比圆形、方形更具活力，容易增加空间感。

6.2.4 体形态与表现

形体是由面围合而成的三维空间，最大特点是具有尺度、比例、体量、凹凸、虚实、刚柔、强弱的量感与质感，桥梁各种构件如塔、梁、墩、台等均可视为“体”。

桥梁建筑整体是将不同功能、不同形态的各部分“体”进行精心的空间组合，形成合乎功能要求又有美的形态的有机整体，以其总体规模的形象与周围环境一起给人以美的感受，激发人们的特殊感情。

6.3 桥梁的色彩造型与材质

6.3.1 桥梁的色彩造型

1. 色彩的视觉属性

通常我们通过形体、质感及色彩来辨别物体。形体的表现力的大小与色彩是分不开的，因此，色彩在造型手段中占据着重要的位置，也广泛地应用于各个设计领域，其中也包括桥梁设计。

色彩的三个视觉属性是色相、纯度、明度，为辨别形体起到辅助作用。色相使人们根据色彩感觉来区分颜色，又称为色调，通常可以把色彩分为冷色调、暖色调与灰色调。

明度高的颜色有向前的感觉，明度低的颜色有后退的感觉；暖色有向前的感觉，冷色有后退的感觉；高纯度色有向前的感觉，低纯度色有后退的感觉；色彩整有向前的感觉，色彩不整、边缘虚有后退的感觉；色彩面积大有向前的感觉，色彩面积小有后退的感觉；规则形有向前的感觉，不规则形有后退的感觉。

把握桥梁建筑的色彩关键是要解决色彩的和谐问题，充分考虑色彩的纯度、明度、视觉冲击力及面积大小。

2. 桥梁色彩与色彩造型

1）桥梁色彩的作用

在人们的现实生活中，色彩充斥了人们生活的每一个角落，带给人们不同的精神体验。美好的色彩能够调动人们的情绪，使人感到轻松与愉快。例如，每天清晨起床时，看见湛蓝的天空、纯白的云朵、碧绿的树、红艳的花，人们通常会觉得这是美好的一天的开始。同理可循，不恰当的色彩会压抑人们的情绪，使人感到沉重与低迷。因此，桥梁色彩的搭配，成为桥梁设计中不可或缺的部分。美国旧金山的金门大桥，在夕阳西下时(图 6.10)比平常时间(图 6.11)的大桥喷薄出一种摄魂夺魄的美。

图 6.10　夕阳西下时的金门大桥

图 6.11　平常时间的金门大桥

除结构造型外，桥梁的材质和色彩也是与周围环境相协调的一个重要的因素。各种材料都有自己的固有颜色和表面质感，如棕色的环状木纹、灰白粗糙的混凝土、白色细腻的石膏等。质感在大部分情况下，通常是很难改变的，人们常常会使用打磨、抛光、刮花等手段，虽然能在一定程度上改变材料的质感，但是会明显增加整体建筑的造价。

随着科技的发展，各种拥有不同功能的涂料开始在建筑上使用，防火、防锈、防潮等优良的性质，涂料的颜色也是不受约束的。功能多、色彩选择多、价格便宜等优点，使人们发现涂料开始越来越多地出现在建筑之中。

2）桥梁色彩造型的概念

色彩是一种无处不在的美学资源。桥梁的美一定程度上归功于桥梁色彩，它直观地展现了大桥外观形象及桥梁的个性。不同的色彩表达对大桥的地域性、文化性及独特性都起着至关重要的作用。

桥梁的色彩造型就是有意识地、有目的地将色彩运用到桥梁构建的造型设计当中，色彩能够引起人的联想和感情，优化桥梁设计，同时使桥梁本身具有性格和独特的美感。

3）桥梁色彩造型的特点

桥梁建筑的造型简洁，因此色彩在桥梁形象中的重要性就显得尤为突出。如果只运用单一色彩就会使桥梁显得单调、毫无生机，相反，恰当且丰富的色彩运用则会突出桥梁形象。

根据桥梁造型特点与色彩属性原理，桥梁的色彩铺装可大致分为标志色与普装色。标志色一般纯度较高，效果突出，视觉冲击力强，是体现桥梁个性的色彩。在铺装过程中应当避免面积过大，桥梁的重点部位，如主塔、桥梁主构件及桥栏等重要节点可铺装。普装色一般要与周围环境相协调，是桥梁整体涂装的色彩，特点是具有一定灰度且明度较高，不会造成较强的视觉冲击力。

4）桥梁色彩造型的影响因素

（1）城市色彩。

桥梁景观属于城市景观系统，因此色彩须与城市环境色彩相协调，既不会因为太过突兀的色彩而使桥梁不能融合到城市景观中去，也不能因为太过于中庸的色彩而使桥梁淹没在城市环境色彩中，这样就失去了桥梁景观本身应该具有的个性与标志性。图 6.12 为厦门海沧大桥，在对大桥进行色彩设计前，就对周边环境进行了深入了解，经过反复对比，最终确定整体色彩为银蓝色。大桥被完美地融合于城市景观，并与美丽的水景相映成趣，同时又是一座城市景观的视觉重心。

图 6.12　厦门海沧大桥

（2）文化传统。

每个城市和民族在其发展演变过程中，逐渐形成了自己特有的一些色彩习惯，这也构成了城市历史的一个重要组成部分。

位于四川凉山彝族自治区的锦屏东桥，属于上承式拱桥，其色彩涂装方案便借鉴了彝族服饰，彝族服饰一般以黑、蓝为主，并配以白色花纹，领口、袖口及裙边则以彩色线条装饰。大桥的主色为蓝色，拱脚处以黑、红、青、黄为点缀，展示了浓郁的民族特色。

5）桥梁色彩造型的手段

色彩的造型手段主要有三种：独立造型、协同造型与辅助造型。独立造型与所在物体的形体无关，是指某些形状已经得到认同确定下来的产品，如领带主要就是依靠色彩发挥自身表现功能的。形体造型在桥梁工程中占据主导地位，色彩的辅助造型则是设计中常常用到的手段，方法又分为调节、强化与组织。

色彩造型手段能够对突出桥梁造型表现力有进一步的增强作用。旧金山金门大桥采用的是醒目的红色，在很远的地方就能够清晰地看到该桥的形象，是桥梁采用统一色彩的典型案例。如果采用其他视觉感较弱的色彩，就会降低其作为中心景观的视觉效果。

6）桥梁色彩的组织与设计

色彩组织即发挥色彩造型的概括、突现和抑制的功能，对形体形象的各组成部分进行构图的重建和再造，以便创造出多种可供比较和选择的整体形象。大型钢桁梁桥的杆件极为复杂，形状也大不相同，容易造成杂乱的视觉感受。可以通过色彩的组织，使其在视觉上取得统一，削减各构件间的差异感。

东莞东江大桥(图 6.13)为刚性悬索加劲钢梁桥，双层双幅桥面。大多数桥梁由于各种原因并不会进行涂装，桥梁色彩涂装只是为桥梁设计手段提供了更多的选择。桥梁色彩的选定不但要从视觉效果、地域文化、风俗习惯等多方面考虑，还要使桥梁结构色彩与环境协调，这样才能充分展示大桥的雄姿。

图 6.13 东莞东江大桥

桥梁不是单独孤立地只以功能为唯一需求的建筑，它必然存在一定的艺术欣赏性，必然与周围环境一起成为人们欣赏的要素。也就是说，桥梁的色彩是环境色的一个重要因素，所以桥梁的色彩设计不是无足轻重的。尤其对钢结构桥梁，除锈涂色是防腐的一道工序，色彩设计变成极其重要的事情。

(1) 桥梁色彩设计的要求。

① 与桥处的环境和景观相协调。

② 能更好地突出和表现桥梁结构的形式美与功能美。

③ 对栏杆端柱、灯柱等利用醒目的色彩调配来达到其色彩的平衡和统一。

④ 要避免由于色彩强烈的对比而造成人们(尤其驾驶人员)观之产生目眩或眼睛疲劳的现象。

(2) 桥例。

① 武汉长江大桥。武汉长江大桥位于武昌蛇山和汉阳龟山之间的江面上，是中国在万里长江上修建的第一座桥梁，被称为“万里长江第一桥”，全桥总长 1670m，其中正桥 1156m，西北岸引桥 303m，东南岸引桥 211m。从基底至公路桥面高 80m，下层为双线铁路桥，宽 14.5m，上层为公路桥，宽 22.5m。整座大桥并没有用特殊涂料，呈现混凝土的

原色，白天的时候显得敦实、稳固(图 6.14)；夜晚桥体上的灯光开启后，橘黄色的灯光宛如渔火一样，充满着温馨，大桥的夜景(图 6.15)与周围环境浑然一体，是武汉著名的一景。2011 年将大桥上的灯光改为白色 LED 节能灯，是大桥 55 年来首次改变路灯的色彩，温暖的大桥显得冰冷起来，试行一段时间后，遭到了市民们的极力反对，渔火般橘黄色的灯光早已是人们心中美好的记忆，人们不愿失去记忆中的美好。

图 6.14　白天的武汉长江大桥

图 6.15　夜晚的武汉长江大桥

② 武汉晴川桥。晴川桥是武汉市建造的第四座城区江汉公路桥，位于汉口集家嘴与汉阳南岸嘴之间，紧邻汉江入长江口处。桥长 989.75m，主跨 302.93m，是跨径为 280m 的下承式钢管混凝土系杆拱桥，一跨过江。两端通过四条匝道与汉口沿河大道和汉阳汉南路相接。它以一条弧形曲线跨越汉江，犹如一道天空的彩虹，也称“彩虹桥”，如图 6.16 所示。

③ 武汉光谷大桥。武汉光谷大桥是八一路延长线上的桥梁，为大桥选外观颜色，第一考虑的是怎样融入湖景。为选定颜色，要征求东湖风景区、园林专家、市民等各方面意见。最初方案选择白色，但随后考虑到夏天湖面光照强，这类亮色容易让人感觉更热，方案被否决。综合考虑简单大方、不刺眼、与环境融合较好，各方最终才确定选用了现在的灰绿色，如图 6.17 所示。

图 6.16　武汉晴川桥

图 6.17　武汉光谷大桥

(3) 桥面的彩色铺装。

桥面的彩色铺装，尤其人行道部分的彩色铺装，也是桥梁色彩设计的一个内容。它可以消除人行道空间简单乏味、单调平淡的心理影响，丰富眼前的景观效果，使人产生一种安全感、舒适感和愉悦感，如图 6.18 所示。

图 6.18 彩色桥面铺装

彩色步道面设计，主要依靠步道色彩、材料、质感的变化，利用图案与纹理、光滑与粗糙的组合，达到步行空间景观的目的。

彩色桥面铺装还可发挥不同颜色所产生的交通诱导功能，吸引人们上桥，引导方向。目前我国人行天桥桥面，多用红色、绿色、蓝色塑胶桥面或设计成彩条状。

6.3.2 桥梁的材质

随着人类文明的发展，桥梁的材质愈发丰富多彩起来，从最古老的“独木为桥”、“垒石为桥”，到现在结构造型独特、运用先进材料与技术的钢桥、悬索桥。人们从最初的只为了解决交通问题，到现在将桥梁作为城市风景的一部分，桥梁材质的发展，为桥梁创造了更多新的可能，同样，桥梁形式结构上的不断创新，也为材质的未来决定了方向。一座桥梁的落成，要结合多种内外的因素，如造价、周边环境、城市规划等，桥梁材质的选择是首要的设计要求。

1. 木桥

木桥，即以天然木材作为主要建造材料的桥梁。由于木材分布较广，取材容易，而且采伐加工不需要复杂工具，所以木桥是最早出现的桥梁形式。其具有重量轻，强度较高，加工及各部分连接的构造简单等优点。但其也有易燃，易腐蚀，承载力和耐久性易受木材的各向异性及天然缺陷影响等缺点。

木材的种类很多，常用木材有红松、白松、桦木、泡桐、椴木、水曲柳、榆木、柞木、榉木、枫木、樟木、柳木、花梨木、紫檀木和人造板等。不同种类的木材有着不同的色彩和纹理，散发着独特的魅力。

目前常用的木桥有木梁桥、木撑架桥和木桁架桥。

木梁桥跨度一般不超过 6.8m，木梁可用两面削平的原木或方木组成，可做成单梁、叠置梁或组合梁(以键传递上、下层梁木之间的剪力)。其墩台多以木排架组成，故又称木排架桥或木栈桥。木撑架桥由木梁桥演变而成，从墩台伸出斜撑支承木梁，以增大跨度或载重能力。木桁架桥常用交叉腹杆式桁架做主梁，其弦杆和斜杆用木制，竖向腹杆用圆钢。

由以上三种木桥的基本形式可以看出，木桥不能承受太大的重量，不能作为车辆交通桥梁，因此它更多的是用于景观中，作为景观木桥使用。例如，武汉市解放公园新修的景观木桥，充分展现了木材精致的纹理和天然的景观属性，和周围的环境相得益彰，如图 6.19 所示。

图 6.19　武汉解放公园的景观木桥

2. 石桥

石桥，即用石料建造的桥梁。有石梁桥和石拱桥，历史都很悠久。中国历史上著名的石梁桥有洛阳桥和虎踞桥。由于石梁抗弯能力较差，现已只能在人行桥或涵洞中使用。石拱桥不仅在历史上有过辉煌成就，在现代铁路和公路桥上也发挥着一定作用。

石拱桥的外形美观，养护简便，可以就地取材，特别在石料供应方便、工价低廉的地区，修建跨度不大的石拱桥，是比较经济的。但石拱桥为实体重型结构，跨越能力有限，拱石的开采、加工、砌筑等均不易机械化，需要的劳动力较多，工期较长，使其发展受到一定限制。

石材主要可分为天然石材和人工石材(又名人造石)两大种类。石材是建筑装饰材料的高档产品，可分为花岗岩、大理石、砂岩、石灰岩、火山岩等，随着科技的不断发展和进步，人工石材的产品也不断日新月异，质量和美观都已经不逊色于天然石材。现今石材早已成为了建筑、装饰、道路、桥梁建设的重要原料之一。

在我国，石桥的发展具有悠久的历史，现今存有的多座明、清甚至更古老年代的桥梁，如具有十大名桥之称的卢沟桥、广济桥、五亭桥、赵州桥、安平桥、十字桥、风雨桥、铁索桥、五音桥、宝带桥。

石桥在我们的日常生活和景观中也经常出现，成为我们生活中的风景，如武汉市紫阳湖公园的石桥，优美的弧形跨越在湖面上，与水景相互呼应，如图 6.20 所示。

3. 钢桥

钢桥，即用钢材作为主要建造材料的桥梁。具有强度高、刚度大的特点，相对于混凝土桥可减小梁高和自重。且由于钢材的各向同性、质地均匀及弹性模量大，使桥的工作情况与计算图例比较符合；另外，钢桥一般采用工厂预制，工地拼接，施工周期短，加工方便且不受季节影响。但钢材的耐火性差，需要经常检查、检修，养护费用高。

图 6.20　武汉紫阳湖公园的石桥

4. 钢筋混凝土桥

钢筋混凝土桥，即用混凝土配置钢筋作为主要建造材料的桥梁。我国目前的公路桥梁都是采用这种材料，具有强度高、预制性好、施工方便等特点。

5. 钢-混凝土组合桥

顾名思义，钢一混凝土组合桥就是利用型钢与混凝土组合而成的桥梁。这种桥梁可以很好地发挥钢材与混凝土各自的材料优势，自重较轻，施工方便。

6.3.3 色彩与材质的设计

在色彩设计中，不仅要注意与周围环境相协调，而且要注意桥梁自身规模、形态的协调，要保证桥梁本身色彩的统一和谐。在配色时也要着重注意安全色的使用。

此外，桥梁所在区域的人文风情及气候等对色彩的影响也需考虑。例如，北方较寒冷的地方以暖色为宜，南方炎热地区宜用冷色。

现代大型桥梁的材质以钢材、混凝土为主，非承重装饰构件主要采用铝合金、玻璃钢或其他合成材料。桥梁因其材料的变化，断面的组成方法和拼接方法也有区别，会出现雄健有力或纤柔轻巧的不同状态。这就要根据设计者的需要来淡化或突出材质感。

由上述的美学设计要点可以看出，现代桥梁建筑应该表现出正面的、积极的、令人振奋的精神格调，体现出优良的民族与时代品格。在现代社会，人们的审美观受到科技、各类先进的通信设施的影响，在设计上也在某种程度上符合现代人干练、明确、快捷的工作作风与生活节奏。因此，现代桥梁建筑是在工程建筑与社会生产力及社会思想意识的同步发展的情况下向前发展的。总的美学特征为轻巧纤细、明快简洁、连续流畅。

作为新时期的设计者，要兼顾桥梁设计中的实用、经济、安全要素，也要具有美学意识和审美能力，更要具备创作美的手段和能力。

桥梁建筑作为交通线上的工程实体，更多的是一个国家综合实力的体现。未来的桥梁一定会造福人类，成为代表社会进步与文明的标志性建筑。

物质文明的高度发展最终要引发精神追求的进步，这就对我国桥梁景观设计提出了更高的要求。新时期的桥梁景观设计更加需要以人为本、研究创新，发展“绿色设计”理念，推动我国桥梁设计走向世界。桥梁景观建设反映城市特色，展现地域文化，体现了时代精神风貌，应当给予大力倡导与推崇。未来桥梁景观设计空间广阔，同时也是桥梁设计的新要求。

桥梁根据材料的不同可分为木桥、砖石桥、钢桥、钢筋混凝土桥、索桥、钢-混凝土组合桥等。通常情况下的桥梁无论是在结构上，还是装饰上，往往都并不是采取的某些单一的材料，而主体材质的选择不同，决定了桥梁整体上给人们带来的感官上不同的感受，如木桥的轻盈(图 6.21)、石桥的敦实(图 6.22)、钢桥的稳健(图 6.23)等。

对于大多数桥梁来说，不同材质的桥梁具有不同的色彩，而色彩又不仅仅只能依靠材质的本身来获取。人们可以在不同的桥梁上，根据材质的不同，结合桥梁当地的环境、气候、人文等条件，赋予桥梁不同的色彩，以达到一定的艺术目的，这也是桥梁美学魅力的一个重点体现形式。

图 6.21　木桥

图 6.22　石桥

图 6.23　钢桥

本章小结

桥梁建筑是空间的延伸与扩展，桥梁建筑本身各部构造的形象简洁纤细、流畅明快。作为环境的一部分，桥梁建筑除了自身的造型美以外，与周围环境的协调是桥梁造型很重要的问题。

桥梁建筑是一个工程结构，其独特的结构特征在造型艺术上除了遵循一般的美学规律要求外，还受到了许多的限制，同时桥梁建筑的造型艺术表达需要遵从以下形式法则：协调与统一、主从与重点、对称与均衡、比例与尺度、稳定与动势、韵律与节奏等。

桥梁色彩造型是桥梁建筑景观设计必须考虑的问题。色彩的搭配和主体材质选择的不同，决定了桥梁整体上给人们带来的感官上不同的感受，如木桥的轻盈、石桥的敦实、钢桥的稳健等。人们可以在不同的桥梁上，根据材质的不同，结合桥梁当地的环境、气候、人文等条件，赋予桥梁不同的色彩，以达到一定的艺术目的。

思　考　题

6-1　形态构成的基本元素有哪些？

6-2　影响色彩心理的因素有哪些？桥梁色彩设计的要求有哪些？

6-3　桥梁建筑的造型需要遵循哪些形式法则？

6-4　在进行桥梁色彩设计中标志色和普装色的区别体现在哪些方面？

6-5　结合著名桥梁设计实例，探讨在桥梁色彩设计中如何体现“绿色”设计理念。

第7章 桥梁结构体系的力学美

教学目标

本章主要讲述各种桥梁的结构体系与应用桥例。通过学习，应达到以下目标。

(1) 了解桥梁结构中力与美相结合的特点。

(2) 理解拱桥、梁桥、刚构桥、斜拉桥、悬索桥、立交桥等结构体系。

(3) 掌握各种常见桥型在国内外应用中的具体实例。

教学要求

知识要点	能力要求	相关知识
桥梁结构体系中力与美的结合	(1) 熟悉桥梁结构体系中力与美相结合的方式方法 (2) 了解桥梁结构体系中力与美相结合的实例	拱桥、梁桥、刚构桥、斜拉桥、悬索桥、立交桥中力与美相结合的特点及其在实际桥梁中的应用
拱桥	(1) 掌握拱桥结构体系 (2) 熟悉拱桥的国内外应用	(1) 拱桥结构受力特征、审美特点、结构形式 (2) 拱桥典型实例
梁桥与刚构桥	(1) 掌握梁桥与刚构桥结构体系 (2) 熟悉梁桥与刚构桥的国内外应用	(1) 梁桥与刚构桥结构受力特征、审美特点、结构形式 (2) 梁桥与刚构桥典型实例
斜拉桥	(1) 掌握斜拉桥结构体系 (2) 了解特殊结构的斜拉桥 (3) 熟悉斜拉桥的国内外应用	(1) 斜拉桥结构特点、审美特点 (2) 矮塔斜拉桥与结合梁斜拉桥 (3) 斜拉桥典型实例
悬索桥	(1) 掌握悬索桥结构体系 (2) 了解特殊结构或用材的悬索桥 (3) 熟悉悬索桥的国内外应用	(1) 悬索桥构造特点、结构特点、审美特点 (2) 自锚式悬索桥、悬索-斜拉协作桥、混凝土悬索桥 (3) 悬索桥典型实例
立交桥	(1) 掌握人行天桥结构体系 (2) 掌握公路铁路立交桥的结构体系	(1) 人行天桥设置原则及平面布置 (2) 人行天桥典型实例 (3) 国内外典型的公路立交桥

基本概念

梁桥、刚构桥、拱桥、钢管混凝土拱桥、双曲拱桥、刚架拱桥、桁架拱桥、梁拱组合体系桥梁、斜拉桥、悬索桥、立交桥

引例

润扬长江大桥

“京口瓜洲一水间，钟山只隔数重山。春风又绿江南岸，明月何时照我还?”当年王安石奉诏赴京，从江苏镇江的京口扬舟北上，经停扬州的瓜洲时，想到交通不便、返乡不易，感伤中写下了这首著名的《泊船瓜洲》。如今，京口瓜洲间飞架起一座现代化的大桥——润扬长江大桥。现在润扬长江大桥的一端是“春江潮水连海平，海上明月共潮生”的扬州，一端是“一水横陈、连岗三面，做出争雄势”的镇江，润扬长江大桥让两座城市紧紧相握，成为江苏省“四纵四横四联”公路主骨架和跨长江公路通道规划的重要组成部分。临江远眺，大桥仿佛仙女玉手轻挥的银色丝带，将江南江北连接在一起，如图 7.1 所示。

图 7.1　润扬长江大桥

该桥于 2004 年建成，创造了多项当年国内第一，综合体现了目前我国公路桥梁建设的最高水平。大桥南汊悬索桥主跨 1490m，为中国第一、世界第三大跨径悬索桥；悬索桥主塔高 215.58m，为国内第一高塔；悬索桥主缆长 2600m，为国内第一长缆；大桥钢箱梁总重 34 000t，为国内第一重；钢桥面铺装面积达 71 400m^2，为国内第一大面积钢桥面铺装；悬索桥锚碇锚体浇铸混凝土近 6 万 m^3，为国内第一大锚碇。润扬长江大桥不仅结束了扬州与镇江两座历史文化名城隔江相望、舟楫以渡的历史，也为加速我国从“桥梁大国”迈向“桥梁强国”做出了积极的贡献。

7.1　桥梁结构体系概述

爱美是人类的天性，始于亘古洪荒的远古，孕育于遥远的未来。桥梁是人类根据生活和生产发展的需要，利用所掌握的物质技术手段，在科学规律和美学法则的支配下，经过精心设计与施工所创造出的人工构造物，是人文科学和工程技术的结合体。纵观国内外桥梁史，可以发现：精巧的古代桥梁依然放射着灿烂的光芒，而宏伟的现代桥梁展现了当今人类求生存、谋发展、征服江河湖海的伟大力量。桥梁以其实用性、巨大性、固定性、永久性和艺术性极大地影响并改变了人类的生活环境。一座桥梁，从满足功能要求而言，是工程结构物，从观赏要求而言，应是一件建筑艺术品，所以它通常是力与美相结合的产物。

7.1.1　桥梁结构中力学与美学的结合

桥梁结构的基本功能在于承载，设计者应突出结构自身的结构美感。桥梁形式应设计成在视觉上最大限度地引人入胜的状态下承受其荷载。桥梁形式的塑造不应只求荷载效应，而不考虑其外观，同时桥梁形式的塑造也不应只求外观，而不考虑桥梁所承受的荷载的效应。考虑美观的同时也应该服从结构和功能，要避免由于单纯强调美观而使结构设计和施工复杂化。如墨西哥的里维罗(Revelo)所说："正如每件工艺品的情况一样，一座美丽桥梁的许多美学特性都在其形式中表现出来，确切地说，表现在桥梁设计师可赋予桥梁以美丽的形式中。工艺的敏感性和技术能力两者都需要形式，因为不如此，就无从保证思想得以实现。"

桥梁结构是由线的组合所构成的受力体系，是简洁明晰的力的传承路线的直观表象。桥梁各部分构造之间作用力的关系由其外形表现出来，能让人产生一种稳定、明快和有力量的美感。其表现手法是能够使结构简单、力线明快并精简至最少限度。正如法国诗人波德莱尔(Baudelaire)所说："任何美的，宏伟壮丽的事物，都是合理的、精确分析计算的结果。"在力线明快这一点上，技术与美观自然融为一体了。桥梁建筑的形象表现是以结构本体显示自身美的风格，是以轻盈的姿态而又富于强劲力度的跨越，正如毛泽东著名诗句所说"一桥飞架南北，天堑变通途"，从而构成令人惊叹的磅礴气势。

追求桥梁结构的力线美，需要对桥梁结构受力和传力特征有比较清晰的概念。一个优越合理的结构，应当根据最短的传力路径来组织各部分构件，因为结构的传力路径越短、越直接，其工作效率就越高，所耗材料也就越少。唯有结构简洁、明快、受力合理，与环境相协调，才能体现桥梁的力线美。

由于地形等自然条件、泄洪通航等客观要求，桥梁有大跨度、高荷载强度等特性。依据材料的特性，一般材料基本上受压强度远远大于受拉强度。因此，设计桥梁结构时要尽可能在桥面中多设置支撑点，并要把桥面受的拉应力变换为支座压应力。当跨度不大时，由于桥梁受力不大，其造型发挥的余地就大，能够很好地供人观赏。而当跨度较大时，由于桥梁受力较大，其造型当以结构受力合理为中心进行选择，而这种造型并不是不美，而是技术与艺术的统一。

由于经济条件等因素的制约，桥梁技术人员一般只考虑结构安全、实用、经济的一面，而缺乏美学意识和审美能力，导致设计中思路狭隘，构思平庸，所建桥梁没有特色，无生命力。近年来，随着全球经济的蓬勃发展，交通运输事业也随之迅猛升温，大海、大江上桥梁的建设如雨后春笋般涌现。例如，图7.2是美籍工程专家林同炎先生所设计的一座曲线斜拉桥鲁克楚基桥(Ruck-A-Chucky Bridge)。该设计避开了桥下的深谷急流，利用

图7.2 鲁克楚基桥

两岸的山体来锚固拉索，索面在空间实现了旋转。该结构造型独特，并充满了生机和活力，与周围环境的配合十分默契。设计者打破传统的思维模式，创造出新颖别致的结构造型。虽然最后未能付诸工程，但该桥一直被公认为力学与美学结合的典范作品，而被称为“最著名的未建成的桥梁”。

一般情况下，结构物的联结传力、桥梁的整体结构及桥梁造型的关系使这些拱桥、斜拉桥、悬索桥等都能给人带来很好的审美和视觉享受，也吻合了一般简单物受力传力的基本规律。这些规模宏伟的大桥自然达到了力学美、自然美和材料的高度统一。

7.1.2 桥梁结构类型的力学表达

(1) 拱桥在结构受力学中是传荷的最好结构，与此同时“拱”也有很好的自然美造型，不仅有很好的承载力，而且外形上也给人带来很好的视觉效果。因为当荷载从桥面上通过时，桥面上受到的拉应力通过主拱圈传递到了桥梁支座上，转变为对桥梁支座上的压应力和对桥梁支座的水平推力，从而整体地考虑了桥梁中拉应力到压应力的转换，节省了材料，使大桥受力更为合理。设计中，一些桥面为直线形的桥梁也会稍稍拱起以减少挠度。所以无论是古代桥梁还是现代的跨江跨海大桥中的拱桥，都能够善于用“拱”来把拉应力转换成压应力。

(2) 斜拉桥是通过斜拉索的支承作用，把桥面上的荷载传给桥主梁的拉应力，以转化为塔柱的压应力，整座桥就附着悬挑在塔柱上，从而减少了桥梁的跨度。斜拉桥的力度美主要利用加劲梁、主塔和主索来体现。这种桥型水平方向比较长，而主塔和主索则起了协调作用，使之不会违背美的比例法则，取得纵横向的和谐。高耸入云、气势磅礴的主塔动势则产生“高扬”的功能，向上伸展的主塔动势和水平延伸的加劲梁动势能够取得视觉上的平衡，最终构成整体上的力动美。主塔的造型对桥梁的功能美来说至关重要，以前多用H形的索塔，如今多采用钻石形，使斜拉索汇集于塔顶，增加了力动感。主塔高度的增加，塔柱宽度的减少，塔柱上纵向线条的绘制等均可加强主塔的动势。另外，缆索的布置影响着桥梁的外观美，增加索的数量会在轻快中加强稳定感。

(3) 梁桥大梁的上下翼缘与栏杆底部所构成的水平线为桥梁的力动感发挥着重大的作用。简支梁的设计通常保持梁高不变而强调其左右发展的动感美，同时也有利于创造功能美。梁高增大但又不希望减弱其动势时，可以在适当部位按照适当的间距加设垂直加劲构件，或者将装饰物直接设置在桥墩上部梁宽阔的侧面上。曲线梁桥梁与桥面板都可以设计成曲线形，从而产生优美的动势。

(4) 刚构桥构架的形状对其力度美有主要影响，减小其截面，用少量构件来形成简单明了的形态，有利于产生力的紧张感与轻快感。另外，桥墩形态应与梁的格调相协调一致。

(5) 悬索桥则是由主缆通过锚碇吊在塔柱上，如同两根柱子上通过地锚桩吊了一根强度很大的绳子，绳子上挂了很多重物。悬索桥桥面均布恒载，使主缆形成赏心悦目的抛物线形，纤柔的桥面凌空挂起，结构明显易见而引人注目，充分表现出力线明快、简洁流畅的现代气息。

综上所述，桥梁结构在力学和美学上具有协调性及一致性，桥梁在带给人以美感的同时还满足其受力上的合理性。实际上结构中力的传递本身就是一种给人以美感的因素，力的平衡与结构稳定又是桥梁负载功能的基本要求。同时就其结构本身的可塑性而言，又具有非常有利的条件。所以，力线明快为桥梁美的法则是理所当然的。悬索、斜腿刚构和空腹拱等体系的桥梁具有明显的拉力、撑力或推力形象，悬索桥和斜拉桥的主索本身就是拉力线，拱桥的拱轴线接近实际的压力线，在设计上要求两者相互吻合。这些桥型的力线明显，当它与地形条件配合恰当时，力线明快感更加明显。著名桥梁专家樊凡先生在对赵州桥的审美评价时就提出了“力线”的概念，他认为“力线明快感”是赵州桥的一大特色。下面举一些实例来具体说明。

重庆朝阳大桥(图 7.3)于 1969 年建成，跨越嘉陵江，为双链钢悬索桥，跨径 180m。桥面系采用钢箱型梁与钢筋混凝土板相结合的组合箱梁。这是一项很有意义的技术革新，它避免使用并取代过去习用的体型杂乱的加劲桁架，从而增强了悬索桥的力线明快感。

横跨巴西圣保罗皮涅鲁斯河的奥利维尔大桥(图 7.4)于 2008 年建成，是世界首座 X 形双道索桥，桥高 138m。它的独特之处在于两条交叉(呈现为 X 形)桥身和一座 X 形的支撑吊塔，既表现出力量感，又使人得到一种平衡、稳定、刚劲有力的美感。

图 7.3　重庆朝阳大桥

图 7.4　奥利维尔大桥

陕西省安康汉江公路桥(图 7.5)，为预应力混凝土 T 形梁，X 形桥墩，视觉上愈显得桥孔开阔(与实际施工跨径相比)，收到桥型轻巧、优美的美学效果。

我国古桥梁的设计师也十分重视表现力量美。例如，在著名的卢沟桥栏板西侧，紧靠栏板终端的望柱旁立着一尊垂首的大石象雕塑(图 7.6)，该石象头向桥里，姿态下蹲，似用力顶撑桥梁。显然，作者寓意在于力大无比，用以支撑桥梁，自当稳固无虞，同时也象征着大桥固若金汤，坚实无比。此类饰品论其力量感，不愧为绝妙之佳作。

图 7.5　安康汉江公路桥

图 7.6　卢沟桥大象顶桥

优秀的桥梁设计总会有一些不同平常的设计思想和结构构造形式，从而形成自己鲜明的结构特色，使得力与美恰到好处地相结合。这些特点都来源于设计者对于美的追求、对景观的理解及对结构的深刻认识，而不是毫无意义的、纯粹的求变。

7.2 拱　桥

7.2.1 拱桥结构体系

拱桥在世界桥梁史上是应用最早、最广泛的一种桥梁体系，是一种推力结构，是一种以圆曲线、抛物线、悬链线等曲线形主拱圈(或称拱肋、拱箱)为主要承载结构的桥梁。其结构受力特点是：主拱圈为以承受轴向压力为主的偏心受压结构，其拱脚必须支承于良好的地基，依靠地基来传递并平衡主拱圈轴向力所产生的水平推力和竖直反力，以保持结构稳定。当地质条件较差时，则采用强大的系杆来平衡主拱圈水平力，称之为系杆拱桥。

拱式结构由规则的且富于感染力和诱惑力的曲线或曲面元素组成，所产生的视觉印象和审美情感十分丰富：连续流畅、圆滑平和、柔软且富于弹性，具有极强的视觉诱惑力，并能引发温柔亲切、自然和谐、优美舒畅等情感效应，同时又蕴藏了稳定刚强、坚固耐久、柔中有刚、充满自信等丰富内涵。由多个规则曲线或曲面组成的多跨连拱富于节奏与韵律，更显生动活泼，能使观赏者产生跳跃、奔放、飘逸的动感。拱式曲线的矢高可陡可坦，跨度可大可小，形态可尖可平，可以为单层也可以为多层叠合，可以为单跨也可以为多跨连续，应用其良好的可塑性，可以把拱式结构组合成多种造型和谐的新结构、新造型，所以拱式结构存在几千年而历久不衰，并能不断发展。

7.2.2 拱桥的发展史

拱桥是一种古老的桥型。由天然形成的石拱到人们用离散的块体砌筑的石拱桥，是人类科学文化发展进步飞跃的体现。美国犹他州南部纳瓦霍山西北的科罗拉多河(Colorado River)支流上，屹立着世界上最大的天然拱桥(图 7.7)。桥高出水面 94m，跨径 84m，拱顶厚 13m，宽 10m。它由鲜艳的橙红色砂岩构成，在蓝天白云衬托下，凌空横架，宛如长空中美丽的彩虹。

图 7.7　美国犹他州天然拱桥

由于受到自然界的天然拱桥的启发，人类学会了制造拱结构。拱桥的发源地在巴比伦、埃及、波斯(今伊朗)、希腊共同活跃的爱琴海地区，该地区是西方历史与文化的中心，以后发展至罗马，同时鼎盛于古罗马时代。公元前800—前476年，古罗马帝国修建了长达100km的石砌拱形引水管道桥，公元前400—前350年修建并保存至今的伊朗胡泽斯坦省的提斯浮尔桥是最早的空腹式石拱桥，公元前63年修建并保存至今的罗马喀尔水道桥是多层拱桥。

古罗马时期的拱桥大多是半圆形拱，跨度一般都小于25m。桥墩都特别厚，约为拱宽的1/3，以承受拱的推力，因此每一孔都能独立存在；其设计、建造以经验为主；所用的材料多为石材。现存较为著名的两座石拱桥为加尔(Pout-du-Gard)桥(图7.8)和阿尔坎塔拉(Alcantara)桥。前者建于公元14年，由三层半圆拱组成，其中底层六拱、中层11拱、顶层33拱，总长达270m；后者建于公元98年，共16个半圆拱，跨径13.5～28.2m不等。

图7.8　加尔桥

拱桥在中国也有着悠久的历史。我国在东汉时就开始修建拱桥，由于我国是一个多山的国家，石料资源丰富，因此拱桥以石料为主，且石材比木材或藤麻材料耐久，至今保存的古桥多为拱桥。由于拱桥的突出特点，在现存中国古代桥梁中占有重要地位。例如，江南水乡的小桥流水，背景著名的卢沟桥，颐和园皇家园林中的玉带桥等，但最为著名的是位于河北赵县的赵州桥。

赵州桥(图5.10)建于隋朝大业初年(公元605年左右)，由李春设计，是当今世界上现存最早、保存最完善的古代敞肩石拱桥，也是世界上最著名的割圆拱和大拱上加小拱结构的桥梁。它是一座空腹式圆弧形桥，净跨37.02m，宽9m，矢高7.23m，拱背上四个跨度不等的腹拱既减轻了自重，又便于排洪，并且增加美观。桥面呈弧形，栏槛望柱，雕刻着龙兽，神采飞扬。赵州桥因其构思和工艺的精巧而举世闻名，而欧洲的敞肩圆弧拱到19世纪才出现。

中华人民共和国成立后修建了不少新的石拱桥，其中著名的拱桥之一是用堆土做拱模修建的延安延河桥(图7.9)。

图7.9　延安延河桥

20 世纪 80 年代至今的 30 余年间，中国把古典拱桥发展成为一种现代“时尚”桥型。中国拱桥桥型之多样，分布范围之广泛，技术和功能之完美，艺术造型之新颖、奇特、精巧等均达到了世界先进水平。据不完全统计，我国的公路桥中 7%为拱桥。

7.2.3 现代拱桥桥型

历经 5000 多年的发展，拱桥已成为一种造型多样、体系庞大、应用范围广泛、古老而前卫的桥型。除了早期流行的夹合木桁架拱桥已被淘汰外，其他传统桥型都仍在流行并有所发展，而且新桥型不断出现。现代拱桥桥型主要包括以下几种。

1. 石拱桥

石拱桥是古老而现代的桥型，石拱桥坚实有力、稳重朴素，养护维修费用低，与环境和谐相融，适合于桥位区盛产石料，桥址地质条件较好的中、小桥。最佳跨度 100m 左右，矢跨比 1/2～1/5 不等。石拱桥传统的修建方法是必须搭设拱架施工。其自重较大，作为超静定推力结构对下部结构要求高，从而使其跨越能力受到影响。同时大跨度拱桥对施工也提出了更高的要求，所以其发展受到一定的限制。但在山区及石料丰富地区，地形条件允许时对中小跨径桥梁来说是有一定竞争力的桥型。由于石料开采和加工砌筑工费巨大，国外已很少修建大跨度石拱桥。

图 7.10 为 1990 年我国建成的湖南凤凰乌巢河大桥，该桥为双肋石拱桥，全长 214m，桥宽 8m，主跨 120m，主拱圈由两条分离式矩形石肋和八条钢筋混凝土横系梁组成。拱轴线为悬链线，拱矢度 1/5，拱肋为等高变宽度。结构轻盈，造型美观，该桥为当时我国石拱桥之最。

图 7.10 凤凰乌巢河大桥

2000 年我国建成的山西晋焦高速公路上的丹河大桥(图 7.11)为全空腹式变截面悬链线无铰石板拱结构，是目前世界上同类桥型结构中最大跨径的桥梁。桥梁主跨 146m，全长 413.17m，桥宽 24.8m，高 80.6m，主拱圈用 80 号大料石组成，腹拱由 14 个等跨径腹拱组成空腹式断面，为减轻拱上建筑重力，增加结构的透视与美学效果，腹拱墩采用横向挖空形式。腹拱采用边孔设三铰拱。桥梁栏杆由 200 多幅表现晋城市历史文化的石雕图画与近300个传统的石狮子组成。其桥梁宽度、荷载等级及桥梁美学也使石拱桥的设计建设水平提到了一个新的高度。

图 7.11 丹河大桥

2. 钢筋混凝土拱桥

钢筋混凝土拱桥由于铰的构造不便处理，大多采用无铰拱，只有在小跨度结构中采用双铰或三铰拱，以上承式或中承式为主。由于混凝土材料具有很强的可塑性，它比钢拱桥更容易进行造型装饰，从而可建成各种造型的拱桥，如多跨的高架峡谷拱桥，不同曲线形的拱桥，以及脱离石拱桥传统形式的片拱和桁架拱等。

主拱采用箱形截面的钢筋混凝土拱桥，其截面挖空率大，用料及受力合理，抗弯和抗扭刚度大。具有较大的价格优势，据有关资料，100m左右跨径钢筋混凝土箱形拱桥，每平方米的造价与跨径20～30m的梁桥造价相当。可采用无支架吊装施工，施工时稳定性好。此外，钢筋混凝土箱形拱桥还具有跨越能力大，桥型多样、美观、雄伟，养护维修低等优点，国内外修建的钢筋混凝土拱桥绝大多数采用箱形截面。

四川宜宾市的马鸣溪金沙江大桥(图7.12)是我国用缆索吊机吊装施工的跨度最大的箱形截面钢筋混凝土拱桥，跨度150m。该桥拱圈箱高2m，箱宽7.6m，矢跨比1/7。全拱圈在横向分为五个箱室，纵向分五个预制节段。缆索将预制节段吊装就位后，再在横向组合成整体箱。最大吊重达70t，创下国内缆索吊装的吊重纪录，于1979年建成。

图 7.12 马鸣溪金沙江大桥

1979年南斯拉夫建成当时世界上最大跨度的钢筋混凝土拱桥——克尔克桥(Krk Bridge)，如图7.13所示。该桥为上承式无铰拱公路、管道两用桥，主跨390m，桥面行车道宽10.37m，主拱圈截面为一个高6.5m、宽13m的三室箱。采用预制构件，悬臂拼装施工。

图 7.13 克尔克桥

1995 年建成的四川德阳旌湖大桥是一座跨越绵远河连接东西两岸市区主干道的城市桥梁，如图 7.14 所示。由于地理位置的特殊性，对桥梁造型提出较高的要求，经过多重方案的比较，选定中跨为双肋中承式钢筋混凝土提篮式拱桥，边跨采用外倾式斜腿钢架加挂梁。主跨 90m，矢跨比为 1/2，桥宽 33m。

钢筋混凝土肋拱桥的主拱圈由两条或多条分离式的钢筋混凝土拱肋组成。这种拱体重量较轻，恒载内力小，能充分利用主拱材料的强度和适应各种地形，是大跨度拱桥常用的一种形式。

我国丰沙线北京永定河 7 号桥的主跨为一孔跨度 150m 的中承式钢筋混凝土肋拱桥，也是我国当时跨度最大的铁路钢筋混凝土拱桥，如图 7.15 所示。该桥全长 217.98m，拱跨 150m，拱矢高 40m。主拱圈为两片箱形截面的拱肋，中心距 7.5m。拱轴线采用二次抛物线。吊杆采用预应力混凝土构件。施工时先架设钢拱架，然后在拱架上由下而上分层先按装拱肋底板，再安装腹板，最后安装顶板。这样做是可以让先安装完毕的部分与钢拱架共同受力，以减少钢拱架的受力和用钢量。

图 7.14 四川德阳旌湖大桥

图 7.15 丰沙线北京永定河 7 号桥

3. 钢管混凝土拱桥

20 世纪 90 年代初，我国开始开发采用钢管混凝土拱桥。钢管混凝土拱桥是一种复合材料拱桥。施工过程中，先分段架设预制钢管拱桁架节段，形成钢管桁架拱，然后在上、下钢管弦杆中压注混凝土，形成钢管混凝土拱桥。

钢管混凝土拱桥兼有混凝土拱桥、钢桁架拱桥、钢箱拱桥的特点，并且可设计为有推力拱桥或无推力系杆拱桥，上、中、下承式拱桥，单肋、多肋、哑铃形、三角形、四边形、箱形截面拱桥，提篮式拱桥，单层或双层拱桥，单跨或多跨连续拱桥等多种造型。拱肋根据跨度大小可采用不同截面形式的格构式结构，一改以往混凝土拱圈厚重呆板的形象，构成一个具有空透空间，并且抗压能力较强，严密结构规律性和轻盈壮美形态的拱肋，适合修建各种类型拱桥，也是大跨度桥梁的一种比较理想的结构形式。短短20多年中，它在中国迅速发展成为一种技术性能优越，施工安全、简便、投资省、承载力大、造型美观，得到广泛推广的桥型，现已修建200余座。

2000年建成的广州丫髻沙大桥，是主跨为360m的中承式拱桥，气势恢宏、造型优美，如图7.16所示。该桥首次选用六管式拱肋界面，每肋由六根Φ750mm钢管混凝土组成，由横向平联板、腹板连接成为钢管混凝土桁架。内、中、外三根钢管通过平联板形成能共同受力的类似肋板式结构，上下排钢管间通过腹杆组成稳定的空间结构，沿拱轴采用变高等宽截面。

2000年建成的贵州水柏铁路北盘江大桥(图7.17)是我国第一座铁路钢管混凝土拱桥，主跨236m，是目前我国最大跨度铁路拱桥，也是世界上最大跨度铁路钢管混凝土拱桥和最大跨度单线铁路拱桥，单铰转体重量达世界之最。该桥采用上承式钢管混凝土推力拱桥，比同等跨度的连续刚构桥节约投资约3000万元，经济效益十分显著。

图7.16 广州丫髻沙大桥

图7.17 北盘江大桥

2005年建成的巫山长江大桥(图7.18)为主跨492m的钢管混凝土中承式拱桥，拱肋拱顶界面高7m，拱脚界面高14m，肋宽4.14m，每肋上下各两根Φ220mm×22(25)mm、内填C60混凝土，钢管混凝土上弦杆、下弦杆通过横梁钢管和竖联钢管连接而成的钢管混凝土桁架。这座美丽的大桥不仅是长江上雄伟的“彩虹桥”，更是世界上跨度最大的中承式钢管拱桥。

图7.18 巫山长江大桥

4. 钢拱桥

钢拱桥自重轻、跨越能力强，适应于特大跨度桥梁。钢拱桥多数采用上承式或中承式双铰拱形式。钢拱桥的拱肋一般可做成桁架形、箱形或板梁形，分别称桁拱、箱拱和板拱。钢箱拱桥结构新颖，跨越能力大，雄伟壮观，极富震撼力。但用钢量大，造价高，多建于对景观要求较高的城市。

1867—1874 年美国建成的伊兹(Eads)桥(图 7.19)，拉开了现代钢拱桥建设的帷幕。该桥是下承式拱桥，由三跨 158.5m 的钢管组成，有公路、铁路双层桥面，首次采用悬臂架设施工方法和沉井基础。该桥的建成，开启了大跨径钢拱桥的新时代。

图 7.19 伊兹桥

1916 年美国纽约的狱门桥(Hell Gate Bridge)(图 7.20)是钢拱桥发展史上的里程碑。其主跨 298m，是 20 世纪早期最宏伟的拱桥。由于有两个石塔架，塔架处上、下弦间距离较大，这座钢桥看上去很宏伟。

2003 年我国建成的“世界第一钢箱拱桥”——上海卢浦大桥(图 7.21)，该桥全长 3900m，其中主跨达 550m，为全钢结构，它不用传统的平行桁架拱形式，而采用更具优美感的中承提篮式箱形肋拱。从美学效果上看，箱形肋拱比桁架拱更具有现代气息。桥位地基为软土，两根提篮式钢箱拱肋如蛟龙腾空，一跃飞渡浩瀚的黄浦江面，屹立在上海繁华市区。该桥阳光下如金龙升腾，夜幕中似长虹卧波。纤巧而不失稳重，轻盈而不失刚毅，古典而又前卫，其跨度和造型艺术美均超越了被称为世界桥梁杰作的德国的费曼恩海峡桥、美国的新河谷桥和澳大利亚的悉尼港(Sydney Harbour)大桥。

图 7.20 狱门桥

图 7.21 上海卢浦大桥

广东佛山东平大桥(图 7.22)为跨度 300m 的无系杆组合体系钢箱拱，大桥全长 1322.2m，主桥为钢筋混凝土连续梁-钢箱拱组合体系拱桥，长 578m，主桥桥面设计宽度 48.6m，两岸引桥为五联 35m 跨径预应力混凝土连续箱梁。该桥的创新点在于首次提出连续梁与拱协作，形成新型的“飞燕式”桥梁，提高了主跨刚度，增大了边跨跨越能力，解决了主跨通航及边跨滨江大道净空要求，实现了桥梁的美观与受力的合理融合。

图 7.22 佛山东平大桥

5. 双曲拱桥

双曲拱桥是我国首创的一种新型拱桥，其主拱圈在纵向(顺桥方向)和横向(顺水流方向)均呈曲线形，故称“双曲”拱桥。这样做既减少了拱圈用料，又增大了主拱的截面抵抗力矩。并且它的拱圈由拱肋、拱波、拱板、横隔板等小型构件预制装配而成，这样做的好处是施工安装时“化整为零”，而承受荷载时又“集零为整”。双曲拱桥的施工速度很快，为中国拱桥结构形式与安装方法的发展提供了一个新思路。

双曲拱桥最初在 20 世纪 60 年代出现，来源于我国的江苏省无锡县，很快一度风靡全国。该桥型节省材料，结构简单，施工便利，外形美观，造价低廉，符合我国当时国情，20 世纪 70 年代在中国广为推广，对中国公路建设的发展起到历史性推动作用。但是将拱圈“化整为零”难免会带来在承重上起关键作用的拱圈整体性差并容易开裂的缺点，特别是活荷载较大的铁路双曲拱桥。在建成的数百座双曲拱桥中，大部分拱圈开裂、变形，故现在已很少采用。

1968 年建成的河南省嵩县的前河大桥(图 7.23)是单孔净跨 150m、上承式无铰空腹拱，是当时我国跨径最大的双曲拱桥。拱矢度 1/10，拱轴线设计为悬链线。为提高横断面刚度、增强双曲拱在组合过程中裸肋的稳定性，断面设计成高低拱肋，全桥 29 道横隔板组成整体性好的拱肋格排，合龙后上面砌筑双层拱波。

建于 1972 年的湖南长沙湘江大桥(图 7.24)是修建最为成功的迄今没有出现裂缝的大跨度多孔双曲拱桥。该桥全长 1532m，是由八孔 76m 和九孔 50m 组成的钢筋混凝土双曲拱桥。

6. 桁架拱桥

桁架拱是在软土地基上为了减轻拱桥自重，利用拱上建筑与主拱圈共同作用的原理，逐步发展起来的一种轻型钢筋混凝土拱桥，适用于中、小跨径桥梁。桁架拱桥的主要承重结构是桁架拱片，它由拱和桁架两种结构体系组合而成。其优点是结构刚度大、自重小、用钢量省。当采用了预应力措施和悬臂拼装的方法，就形成一种悬臂组合桁架拱桥。桁架拱桥有钢筋混凝土桁架拱桥、钢桁架拱桥、预应力混凝土组合式桁架拱桥。钢桁架拱桥跨越能力大，雄伟壮观，施工简便，最适合于山谷地形。

图 7.23　前河大桥

图 7.24　长沙湘江大桥

1971 年建成的余杭里仁桥(图 7.25)是我国首座单跨 50m 的钢筋混凝土斜拉杆式桁架拱桥，拱圈矢跨比为 1/8，桥面净空为净 7m＋2×0.75m 人行道。全桥布置四片拱片，在上弦杆覆盖微弯板混凝土桥面。两岸桥台为桩基上的复式 U 形桥台，拱座后为一立交孔，沿河街道在此桥孔中通过。

著名的钢桁架拱桥有澳大利亚悉尼港大桥(图 7.26)，建于 1932 年，跨度 503m。桥型为两铰中承式桁架拱，钢拱用悬臂法拼装。该桥承担四线火车加公路运输，是一座受载较大的桥梁。世界著名造型奇特的悉尼大剧院建在桥旁，二者相互辉映，相得益彰。所以该桥以其雄伟宏大的气势，与悉尼歌剧院一起载入世界建筑史册。

图 7.25　余杭里仁桥

图 7.26　澳大利亚悉尼港大桥

2009 年我国建成的重庆朝天门长江大桥(图 7.27)，主桥为 190m＋552m＋190m 的三跨连续中承式公轨两用飞燕式多肋钢桁系杆拱桥。大桥主体工程全长 1741m，主桁结构中间支点采用支座支撑，使得拱桥复杂受力变为在外部为三跨连续梁受力体系，结构受力明确。大桥创造了三项世界第一：主跨 552m 为当时世界已建成的跨度最大的拱桥；主桥中支点支座采用了 145 000kN 的球形抗震支座，是目前已建成世界同类桥型承载力最大的球形支座；公轨两用先拱后梁施工难度世界第一。因此该桥被誉为“世界第一拱”。

1977 年建成的美国的新河峡谷(New River Gorge)桥(图 7.28)是一座钢桁拱桥，拱跨为 518.2m，全长 921m，桥面为公路四车道，桥面宽 22m，在水面以上高 268m，是上承式双铰钢桁拱桥，对于这么大的跨度来说，桁架拱是最合适的结构形式。从远处看，桥梁巨大的跨度与纤细的结构形成强烈对比，惊心动魄，叹为观止，令人不得不钦佩掌握现代先进工程技术的桥梁工程师的杰作。该桥拱上立柱间距就达 42.5m，因此选择桁梁作为支承行车道的拱上承重结构，并可减少位于峡谷时的受风面积，外观又显得更为苗条。

图 7.27 重庆朝天门长江大桥

图 7.28 新河峡谷桥

预应力混凝土组合式桁架拱桥，这种桥型的中部“挂孔”为桁架拱，两端为“T 形”悬臂桁架，故被称为组合式桁架拱桥。

1995 年建成的贵州江界河大桥(图 7.29)，主跨 330m，是目前我国建成的一系列桁架拱桥中跨度最大者。大桥全长 461m，宽 13.4m，桥面至最低水面 263m。上部结构为预应力混凝土桁式组合拱，主孔分 108 个桁片预制，运用桁架伸臂法悬拼架设，两岸引孔为桁式刚构。桁架杆件简洁有序，结构轻巧，飞架在 300 多米深的峡谷之上，其雄伟壮观更具征服力、震撼力。

图 7.29 贵州江界河大桥

7. 刚架拱桥

刚架拱桥是在桁架拱桥、斜腿刚架桥等基础上发展起来的另外一种桥型，属于有推力的高次超静定结构。其特点是从简化拱上建筑着眼，利用斜撑将桥面位于拱的 1/4 跨度处的最不利荷载传至拱脚，以改善主拱的受力。刚架拱桥全构件 80%以上是以受弯为主的杆件，没有受拉杆件，适合钢筋混凝土材料的受力特点。同时约占桥面 1/3 的拱桥跨中实腹段的主拱圈顶板是直接承受车轮荷载的行车道板，省去了其他拱式桥梁这部分的材料。刚架拱桥特别适用于中小跨度，其结构受力合理，技术经济特性好，刚度大且外形简洁、轻盈美观，近年来在跨径 100m 以下的拱桥中得到广泛推广应用。

广东清远北江大桥(图 7.30)是我国 1985 年建成的规模最大的钢筋混凝土刚架拱桥。该桥全长 1058.04m，由 3×45m+8×70m+4×45m 共 15 孔刚架拱组成。该桥造型飘逸秀丽，颇有气势。

图 7.30　清远北江大桥

1993 年建成的江西德兴乐安江太白桥(图 7.31)更将钢筋混凝土刚架拱桥的跨度提高到 130m。该桥左右半拱各在岸上做成，用转体法在江心合龙。

图 7.31　德兴乐安江太白桥

8. 拱-梁组合桥

拱梁组合体系桥梁(图 7.32)是将拱和梁两种基本结构组合起来，共同承受荷载，充分发挥梁受弯、拱受压的结构特点，多用于中、小跨连拱。一般可分为有推力和无推力两种类型。其优点是推力小，建筑高度低，矢跨比可小达 1/15～1/20，其受力行为已近于连续梁。特点是对中、下承式拱桥，加强桥面系为加劲梁结构，水平推力由加劲梁承受(或承受一部分)，消除或减轻拱的推力结构特点。无推力的拱梁组合体系根据拱肋和系杆的刚度大小及吊杆布置式可分为：柔性系杆刚性拱(系杆拱)[图 7.32(a)]，刚性系杆柔性拱(蓝格尔拱)[图 7.32(b)]，刚性系杆刚性拱(洛泽拱)[图 7.32(c)]。当前三种用斜吊杆来代替竖直吊杆时，称为尼尔森拱[图 7.32(e)、(d)、(f)]。有推力的组合拱没有系杆，由单独的拱和梁共同受力，拱的推力仍由墩台承受。图 7.32(g)是刚性梁柔性拱(倒蓝格尔拱)，图 7.32(h)是刚性梁刚性拱(倒洛泽拱)。

为了克服拱桥自重的缺点，拱桥上部结构轻型化是拱桥发展的关键，主要从两个方面考虑：向薄壁少箱肋拱的方向发展；拱桥上部结构主拱圈与拱上构造联合作用的方向发展。前者可以通过采用劲性钢骨架、钢管混凝土结构等来实现，后者在刚架拱桥上得到充分发挥。

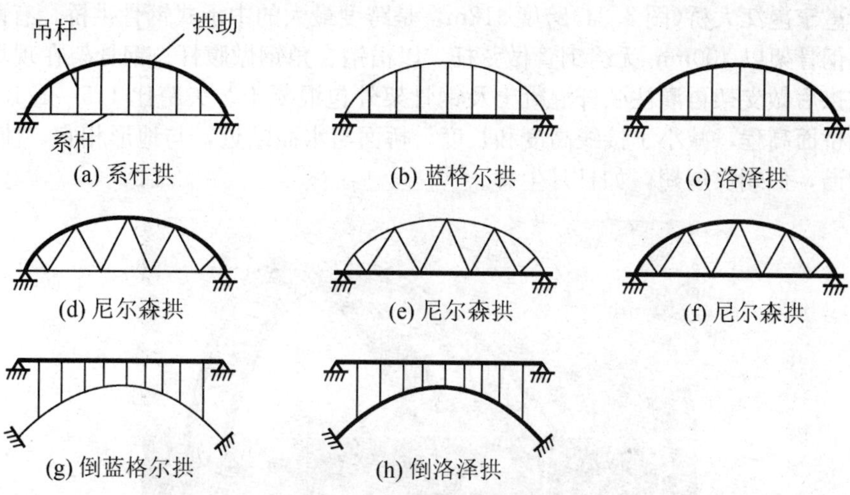

图 7.32 组合体系拱桥

所谓劲性骨架混凝土(Steel Reinforced Concrete，SRC)拱桥，就是先安装拱形劲性钢桁架作为拱圈的施工支架(骨架)，然后在各片竖、横骨架外包以混凝土，形成拱圈整个空心截面。建成后骨架又成为拱圈结构的组成部分。取其施工方法命名，称劲性骨架法。它是传统拱架法的演变和发展，在日本又称米兰法，国人亦称之为埋置式拱架法。若取其结构工作原理，则称为钢骨钢筋混凝土或劲性骨架混凝土结构。劲性骨架法本是一种修建特大跨度拱桥的老方法，这种将施工方法和结构相结合的拱桥形式之所以能再次“焕发青春”，是因为找到了受力合理的，既高强又经济的骨架材料——钢管混凝土作为骨架中的骨架。

我国早期采用劲性骨架法施工的拱桥为 1990 年建成的四川宜宾小南门金沙江大桥(图 7.33)。主桥系中承式钢筋混凝土肋拱桥，净跨 240m，净矢高 48m，拱矢度 1/5。该桥桥面系分成两部分，中部 180m 范围为钢筋混凝土连续桥面，预制横梁及空心板组成“漂浮式”桥面系，用 12 根钢绞线组成的柔性吊杆将桥面悬挂于拱肋；两端各 30m 为钢筋混凝土门式框架，铺设预制空心板。该桥采用劲性钢骨架施工法，缆索吊装，钢骨架采用悬臂架设法，分七段架设。混凝土浇筑由拱脚至拱顶平衡地浇注底板混凝土，而后贯及全箱。

图 7.33 宜宾小南门金沙江大桥

广西邕宁邕江大桥(图 7.34)跨度 312m，是跨度最大的中承式钢骨拱桥。有两条箱肋，箱肋中的钢骨架以 400mm 无缝钢管做弦杆，以槽钢、角钢做腹杆。钢骨架在现场分 18 段拼装，成拱后做支架再灌注弦杆混凝土及钢骨架外包混凝土。矢跨比 1/5～1/10。采用中承式降低桥面高程，减小了接线高度和长度，桥面与水面贴近，与地形相宜，使观赏者倍感亲切和谐，似蝴蝶展翅，如日月生辉。

图 7.34　广西邕宁邕江大桥

1997 年建成的重庆万县长江大桥(图 7.35)是世界最大跨度的用钢管混凝土作为劲性骨架的钢筋混凝土拱桥，主拱圈为钢管混凝土劲性骨架箱形混凝土结构。桥梁全长 856m，主跨 420m，桥面宽 24m。单孔跨江，无深水基础。1/5 的矢跨比合理且优美。拱圈植根于两岸基岩，腾空一跃飞渡长江天堑，不仅突破了南斯拉夫克尔克桥保持了 20 年的跨度记录，而且与桥位地形和谐，结构造型简洁轻巧、富于动感，更胜于克尔克桥。该桥的建成，使我国的拱桥建筑水平处于世界领先地位。

拱桥的发展是与高强轻质材料的应用、结构分析方法和施工工艺的发展密切相关的。其中施工工艺的发展更为关键。多年来，施工技术由原来在笨拙的满布式支架上施工发展到无支架缆索吊装、悬臂施工法、直到劲性骨架施工法，转体施工法等。

我国创造了用平转法修建拱桥，较著名的是 1989 年建成通车的重庆市涪陵乌江大桥(图 7.36)，它是一座世界少见的用转体施工法建成的特大跨度钢筋混凝土拱桥。该桥桥址为一 V 形河谷，水深流急，故用一跨 200m 的钢筋混凝土箱形拱桥跨越乌江，桥高 84m。拱上结构为 13 孔 15.8m 的钢筋混凝土简支板，支承于双柱式柔性排架上。桥台基础置于岩石上。主拱圈为三室箱，全宽 9m，由厚 20cm 的混凝土顶、底板及腹板组成。该桥采用转体施工法：先在两岸上、下游支架上各组成 3m 宽的边箱，形成半个拱圈，转体合龙后，再吊装中箱的顶、底板形成三室箱全截面。

图 7.35　万县长江大桥

图 7.36　涪陵乌江大桥

7.2.4 拱桥桥例

拱桥具有优美的曲线造型，它总是令人赏心悦目而且能清晰地表达出它的功能，极易融入环境和满足大众的审美习惯，被描绘为地上的“七色彩虹”。它的跨越力较大，给人一种强劲的力度感，加之多跨拱桥的动感变化，一直受到人们的关注和推崇。随着工业的迅猛发展，拱桥的造型已经不断突破与创新，新的结构造型为优美的拱桥又增光添色，拓展了应用前景。

浙江义乌宾王大桥(图 7.37)，是一座三跨单拱肋箱加劲梁的简支拱组合体系。该桥跨径为 55m+80m+55m，桥面宽 32.65m，拱肋高 1.4m，宽 3.0m。其强劲的拱肋在中间，两边是宽阔的桥面，形成自然的分割带，让人感到结构设计的合理和精巧，又感到桥梁形态的亲切和美观。

1986 年建成的位于德国的阿贝朗(Aebgrun)桥(图 7.38)，该桥轻型的钢拱和薄板结构的钢筋混凝土桥面系形成一个轻巧秀美的整体造型。其精美的施工质量，让人无瑕可指，结构的轻巧通透令人赏心悦目。行人平台下缘的层次线，桥台的立面错落变化，处处都渗透着设计者对艺术的匠心独运。

图 7.37 义乌宾王大桥

图 7.38 德国阿贝朗桥

建于西班牙巴塞罗那的巴克德罗达(Bacde Roda)桥(图 7.39)也是一座构思巧妙、造型奇特的桥梁。该桥巧妙地将拱的承载分为四根拱肋承受，每侧拱肋设计成 A 形造型，同时顺乎自然地将下桥步梯、行人平台等各功能部分与结构造型组合在一起。该桥是一座设计造型极为精细、极有特色的桥梁建筑。

图 7.39 巴塞罗那(巴克德罗达)桥

7.3 梁桥与刚构桥

7.3.1 梁桥结构体系

梁桥是一种在竖向荷载作用下梁的支承处仅产生竖向反力而无水平反力的结构体系，梁作为主要承重结构，主要承受弯矩和剪力。

梁桥是最古老、最简单、使用最多的桥型，城市乡村、大江小河、山区平原随处可见。其形态特征是水平方向单维突出，往往是等跨、等高、平坡、直桥，坦平箭直，充分显示了桥梁的刚性，具有很强的沿水平方向左右伸展的动力感与穿越感。梁式桥的经济实用，会使人产生自然、朴素、务实等情感。城市桥梁中采用的鱼腹式箱梁桥和飞鸟式翼板桥，造型简洁兼具雄伟，外形自然朴素且不失壮观，但随着跨度的不断增大，梁桥各部分体量增大，因而比例选择、构件配置及与周围环境的协调等在梁桥艺术表现方面都极为重要，也是梁桥设计美学处理上的难点。

中小跨径时，一般都用简支梁。简支梁桥是结构受力和构造最简单的桥型，是一种静定结构，施工方便，对地基承载力的要求也不高，应用比较广泛。目前应用最广的简支梁桥是预制装配式的钢筋混凝土和预应力混凝土简支梁桥。预应力混凝土简支梁是指对混凝土施加预应力的简支梁，一般指全预应力结构，即在外荷作用下，在梁受拉区不允许混凝土出现拉应力。因简支梁桥建筑高度低，适合于预制安装，多用于城市高架桥。近年来，随着车速的提高和行车舒适的要求，简支梁多采用桥面连续。由于其跨越能力有限，钢筋混凝土简支梁桥常用跨径在 25m 以下，预应力混凝土简支梁桥常用跨径在 50m 以下。

我国目前预应力简支梁的标准设计最大跨径为 40m。图 7.40 为黑龙江省牡丹江市牡丹江大桥，跨径为 40m，属于预应力混凝土简支梁桥，为弥补上部结构简单平淡的造型，将桥墩设计为缩头墩，使桥梁整体产生了平淡之中有嬗变、平直之中见曲柔的造型效果。

1988 年，我国建成了当时最大跨度的预应力混凝土简支梁桥是通车的飞云江桥，如图 7.41 所示。该桥位于浙江省瑞安县，跨越飞云江，全长 1721m，分别为 18×51m＋5×62m＋14×35m，最大跨度 62m，梁高 2.85m，主梁间距 2.5m，桥面宽 13m，混凝土标号为 60 号。大桥上下部结构连接线形流畅协调形成一体，不失为一座构思精美的桥梁。

图 7.40　牡丹江大桥

图 7.41　飞云江桥

我国1997年建成的昆明过境干道高架桥是简支梁桥，跨径63m，如图7.42所示。这是一座桥上的桥，纵向跨越原3孔16m梁桥及桥台，形成63m跨径，已超过跨径62m的浙江飞云江大桥而列中国当年首位。它的截面为单室箱，梁高2.5m，为跨径的1/25，顶板板厚25cm，腹板30～45cm，纵向束平弯，多数锚固在肋腋范围，仅在梁的两端设弯起束。这是一座构思巧妙，极具特色的桥梁。

我国1989年建成当时最长的简支梁桥是河南省开封的黄河公路大桥，如图7.43所示。该桥全长4475.09m，共108孔，其中77孔50m预应力简支T形梁，其余31孔为跨径20m钢筋混凝土T形梁。预应力T形梁采用部分预应力A类构件，桥面连续长度为450m。该桥建筑宏伟，气势磅礴，审美效果十分明显。

图7.42 昆明过境干道高架桥

图7.43 开封黄河公路大桥

当跨度较大时，为了受力合理，减小跨中弯矩达到经济目的，可根据地质条件修建悬臂式或连续式梁桥。悬臂梁桥跨越能力比简支梁大，小于连续梁，比简支梁节约材料用量，但是多伸缩缝，悬臂施工时需要采取一些临时固定措施。

我国1964建成的南宁邕江大桥(图7.44)位于广西南宁市，为我国最早采用闭口薄壁杆件理论设计的一座悬臂式钢筋混凝土薄壁箱形城市桥。该桥全长394.6m，桥宽24m。其两端跨径各为45m的单悬臂梁，中间五孔跨度各长55m，采用23m中间挂梁的双悬臂梁。上部结构横断面由两组独立的三室箱梁组成，两组箱梁之间用简支板支承于箱梁的悬臂上。大桥梁底线形如波浪起伏类似变高连续梁，侧面造型美观。

图7.44 南宁邕江大桥

1883—1890年建于英国爱丁堡的福斯铁路桥(Forth Railway Bridge)是一座悬臂桁梁桥，如图7.45所示。该桥主跨521m，全长1620m，支承处桁高110m，六个悬臂各长

图 7.45　福斯铁路桥

206m，刚度和承载能力均满足双线铁路要求，是反映当时桥梁技术世界水平的一座里程碑式的桥梁，它保持了梁桥最大跨度记录达 28 年之久。

连续梁的结构刚度大、伸缩缝小、变形小、主梁变形挠曲线平缓、动力性能好及有利于高速行驶。连续梁桥上缘平直，表现出直线造型的坚定性，下缘为多跨连续的平坦曲线，既富有连续韵律美，又具有生动活泼、跳跃前进的动感，是一道亮丽的景观。该类桥本身伸缩缝少，特别适应高等级公路行车平稳舒适的要求，所以在世界各国都得到广泛应用。

对于跨径很大、承受荷载较大的特大桥梁可建造钢桁架梁桥。钢桁架桥的跨越能力最大，钢桁架的桁架形式主要为三角形，其次为 K 形、菱形。现代钢桁架桥重复应用规则的几何造型图案，在复杂中求得多样统一，简洁透明、虚实相间、尺度合理、比例和谐，既显示了严谨、刚劲、稳定，目标坚定等情感，又兼具节奏感和韵律感，显得雄伟、生动。

1974 年建成的日本大阪港大桥(Minato Bridge)是一座悬臂钢桁架梁，如图 7.46 所示。该桥跨度已达 510m，主桥全长 980m，其中主跨 510m，公路桥面分上下两层，宽均为 17.7m，通航净空约为 50m。大桥采用双悬臂三跨曲线下弦，又增添了柔美与亲切感，堪称钢桁架桥之杰作。

图 7.46　日本大阪港大桥

南京长江大桥(图 7.47)是我国第一座完全依靠自身技术力量和器材建成的跨越长江天险的公路铁路两用宏伟大桥，正桥长 1576m，加上两端引桥，铁路桥长 6772m，公路桥长 4588m。正桥十孔，由一孔跨度 128m 的简支钢桁梁和三联(三孔为一联)九孔跨度 160m 的连续钢桁梁组成。全桥于 1968 年建成，公路正桥两边的栏杆上嵌着铸铁浮雕，人行道旁有白玉兰花形的路灯。每当夜幕降临，花灯齐放，万盏灯火，把大桥的雄姿勾勒得更加清晰、迷人，着实是一幅“疑是银河落九天”的画面，并以“天堑飞虹”的夜景被列为南京四十景之一。

图 7.47 南京长江大桥

1993 年建成的九江长江大桥(图 7.48)是一座公、铁两用钢桁梁大桥，主孔采用刚性梁柔性拱，分跨为 180m＋216m＋180m 钢桁组合体系，在目前国内同类型桥梁中跨径最大。其北侧边孔为两联 3×162m 连续钢桁梁，也为国内最大跨径。大桥铁路引桥采用的无碴无枕预应力箱形梁，在我国建桥史上还是第一次。整个大桥设计新颖，造型优美，工艺独特，雄伟壮观。

普通钢筋混凝土连续式梁桥的适用跨径在 15～30m，当跨径进一步增大时，结构自重产生的弯矩迅速增大，混凝土开裂难以避免，于是预应力混凝土连续式梁桥得到广泛应用。预应力结构通过高强钢筋对混凝土预压，不仅充分发挥了高强材料的特性，还提高了混凝土的抗裂性，促使结构轻型化，因而预应力混凝土结构具有比钢筋混凝土结构大得多的跨越能力。多跨预应力混凝土连续梁是最合理的梁式桥桥型之一，目前最大跨度已达 180m。

我国 1991 年建成的六库怒江桥(图 7.49)位于云南省怒江傈僳族自治州州府六库，横越怒江，是当时国内跨度最大的预应力混凝土连续梁桥。它采用 85m＋154m＋85m 三跨连续变截面箱形梁(单箱单室)。支点处梁高 8.5m，为跨度的 1/18，跨中梁高仅 2.8m，为跨度的 1/55。支点梁高与跨中梁高之比为 3∶1，使该桥造型有强劲的力度感。梁部采用三向预应力配筋，基础采用钻孔灌注桩支承于岩层。该桥建成后，成为了一个新的旅游景点，吸引了广大观光游客，也振兴了当地经济。

图 7.48 九江长江大桥

图 7.49 六库怒江桥

由于预应力筋在结构内能起到调整内力(或应力)的作用，因此预应力混凝土连续梁桥在孔径布置和截面设计等方面，可供选择的范围比钢筋混凝土桥要多。另外，预应力混凝土连续梁桥的结构形式和截面形状还与施工工艺有紧密的关系。采用顶推法施工时，往往设计成等跨等高连续梁桥。不等跨不等高预应力混凝土连续梁桥，则是悬臂法施工的常用结构形式。连续梁采用变截面结构不仅外形美观，还可以节省材料并增大净空高度。

位于福建省厦门岛北端的厦门海峡大桥(图 7.50)是一座跨越高崎集美海峡的公路桥。主桥长 2070m，上部结构为多孔 45m 等跨等截面预应力混凝土连续梁桥，跨径布置为 8×5m+8×45m+12×45m+10×45m+8×45m。横截面为两个独立的单室箱，梁高 2.68m，桥宽 3.5m。该桥是我国首次采用移动式模架逐孔现浇施工的桥梁，施工工艺独特，无论以哪个角度审视，都给人以俊美的感受，于 1991 年建成通车。

(a)

(b)

图 7.50　厦门海峡大桥

梁桥横截面形式主要受结构类型、跨度大小、施工方法等因素的影响。一般中小跨径，预制装配采用肋梁式截面较多，并适用于简支梁桥。对于跨度较大，要求整体性好，抗扭刚度大，承受正负弯矩时，多采用预应力混凝土闭合箱形截面。箱形截面能适应各种使用条件，特别适合于预应力混凝土连续梁桥、变宽度桥。因为嵌固在箱梁上的悬臂板，其长度可以较大幅度变化，并且腹板间距也能放大；同 T 形梁相比徐变变形较小；其桥面接缝少、梁高小、外形美观，便于养护。在目前已建成的大跨径预应力混凝土梁桥中，当跨径超过 60m 后，除极少数外，其横截面大多为箱形截面。

我国在 1986 年建成的哈尔滨松花江大桥(图 7.51)，全长 1656m，桥宽 24m，分孔为 59m+7×90m+59m 的九孔预应力混凝土连续箱梁，分离式双室，主梁采用悬臂浇筑施工。这座大桥设计标准高，结构新颖，造型优美，整体布局与城市建设相协调，为美丽的松花江与哈尔滨市增添了别样的风采，并荣获鲁班奖。

连续梁从结构合理和造型考虑，可设计成带 V 形墩或 V 形支撑的连续梁桥。这样可缩短计算跨径，降低梁高，减少支点负弯矩，在外观上也显得轻巧别致。

猴子石大桥(图 7.52)是长沙市二环线跨越湘江的一座大桥，也称长沙湘江南大桥或长沙湘江三桥，主桥上部构造为 V 形斜撑预应力连续梁。跨径为 66m+3×88m+66m，斜撑上端与梁固结，下设支座，采用变截面箱梁，跨中梁高 2.6m，V 形斜撑端部梁高 4.2m，支撑段梁高 4.0m，使主梁下缘曲线在斜撑处产生急促的节奏变化，增强了桥梁线形变化的景观效果。斜撑与竖直直线夹角为 36.05°，从线形组合考虑，斜撑与竖直线夹角为 40°～45°最佳。该桥的建成为美丽的湘江增添了一处亮丽的风景。

图 7.51 哈尔滨松花江大桥

图 7.52 长沙猴子石大桥

7.3.2 刚构桥结构体系

刚构桥也称刚架桥，是桥跨结构(主梁)和墩台(支柱)连成整体的结构。由于梁柱之间是刚性连接，在竖向荷载作用下，将在主梁端部产生负弯矩，因而减小了跨中的正弯矩，跨中截面尺寸也相应减小。所以刚构桥多用于桥下需要较大净空和建筑高度受到限制的情况，如立交桥、高架桥等。刚构桥在荷载作用下，框架底部除了产生竖向反力外，还产生力矩和水平反力。为此，需要有良好的地基条件，或用较深的基础和用特殊的构造措施来抵抗推力的作用。

刚构桥具有简练、挺拔的形态，具有强劲的力动感，力的传递路线非常明确。它的外形美观，结构尺寸小，桥下净空大，桥下视野开阔，混凝土用量少，但墩梁连接构造复杂，柱脚有水平推力，钢筋混凝土刚架桥钢筋的用量较大，基础的造价比较高，施工比较困难，所以常用于中小跨度桥梁。近年来，随着预应力混凝土技术的发展和悬臂施工方法的广泛应用，刚构桥也得到了进一步的发展。预应力混凝土刚构桥则常用于大跨度桥梁。

刚构桥可以是单跨和多跨，也可做成带悬臂形式。如地形条件允许、立柱较高时，单跨刚构桥的立柱也可做成斜的，成为斜腿刚构桥。

单跨刚构桥常用于立交桥，有时也用于跨越小溪。门式刚构桥是其中的一种形式。门式刚构桥简称门架桥，其腿和梁垂直相交呈门架形，受力状态介于梁桥与拱桥之间。用钢或钢筋混凝土制造的门架桥，多用于跨线桥。门形刚构也可两端带有悬臂，这样可减小水平反力，改善基础的受力状态，而且有利于与路基连接，但会增加主梁的长度。另外，门式刚构桥在温度变化时，内部易产生较大的附加内力，应引起重视。

较早的门式刚构桥是美国纽约州威彻斯特(Westchester)地区于 1922 年修建的一座立交桥。到 1939 年美国共修建了 400 座门式刚构桥。我国于 1952 年在兰州修建了第一座钢筋混凝土门式刚构桥，跨度 22.5m，桥宽 17m。其上部结构为实心板，呈抛物线形。桥台为实体墙，截面自顶部向底部逐渐收缩，台底与基础间设有混凝土铰。

桥梁跨越陡峭河岸和深邃狭谷时，采用斜腿刚构桥是经济合理的方案。斜腿刚构桥的刚架腿是斜置的，两腿和梁中部的轴线大致呈拱形，腿和梁所受的弯矩比同跨度的门式刚构桥显著减小，但支承反力却有所增加，跨越能力比门式刚构桥要大得多。当桥下净空要求为梯形时，采用斜腿刚构桥是有利的，它可用较小的主梁跨度来跨越深谷或同其他线路立交。有不少跨线桥采用斜腿刚架，造型轻巧美观。

1982 年建成的陕西安康汉江铁路桥(图 7.53)，则是我国第一座铁路钢斜腿刚构桥，跨度达 176m，在当年世界上同类铁路桥中，居于首位。正桥全长 305.1m，两斜腿中心距 176m，梁中心至支座中心高 52m。斜腿以 6/1 斜度向两侧撑开，腿底部设铰支座。主梁为截面 4.4m×3.0m 的钢箱，斜腿为截面上端 1.5m×4.0m、下端 1.5m×1.5m 的钢箱，均为带肋的栓焊箱形结构。该桥位于安康石庙沟水电站铁路专用线上，桥下水深流急，一跨飞越汉江，总体造型十分壮观。

图 7.53　陕西安康汉江铁路桥

钢筋混凝土多跨刚构桥，一般适用于宽而浅的河流上的中小跨度桥梁或立交桥，跨度一般为 10～30m，3～7 跨成一联，一联长度不超过 70m。两联之间，用铰连接。主梁为板梁或 T 形梁，桥墩大多是柔性桩柱。早在 1945 年甘肃与陕西就建造过几座多跨刚构桥，上部结构是 T 形梁，下部结构是排架桩墩，用料经济，施工简便。

多跨刚构桥的主梁，可以做成非连续式的。一般在主梁跨中设剪力铰或悬挂简支梁，形成带铰的 T 形刚构或带挂孔的 T 形刚构，这样有利于采用悬臂法施工，而静定结构可以减小次内力，简化主梁配筋。

带铰的 T 形刚构是一种超静定结构，它的上部结构全部是悬臂部分，相邻两悬臂通过剪力铰相连接。剪力铰是一种只传递竖向剪力而不传递纵向水平力和弯矩的连接构造。当在一个 T 形刚构结构单元上作用有竖向荷载时，相邻的 T 形刚构单元通过剪力铰共同参与受力。从结构整体受力和牵制悬臂端的变形分析，剪力铰对 T 形刚构桥的内力起到有利作用。

带挂孔的 T 形刚构桥是一种静定结构，消除了钢筋混凝土结构的缺点，充分发挥了结构在营运和施工中受力一致的独特优点，且受力明确，构造简单，特别是挂梁与多孔引桥简支跨尺寸相同时，更能加快全桥施工进度，从而获得更高的经济效益。虽增加了牛腿构造，但免去了剪力铰复杂构造，施工中还需增加预制与安装挂梁的机具设备。

带挂梁的 T 形刚构桥，一般划分 T 形刚构单元以偶数 T 形刚构单元与奇数的挂梁配合布置最为合理，在此情况下 T 形刚构两侧恒载对称，立柱中无不平衡恒载弯矩。一般多跨时均采用尺寸划一的 T 形刚构和挂梁，以简化设计和施工。

T 形刚构桥无论是带铰的还是带挂梁的，它与预应力混凝土连续梁桥相比，同样采用悬臂施工法，可节省墩梁固结和跨中合龙两道关键工序。虽然桥墩刚度较大，但可节省昂贵的支座，其综合用材和费用却比连续梁经济。与悬臂拼装施工方法协调结合是它的主要特点，为T形刚构桥施工悬空作业机械化、装配化提供了有利条件。尤其对深水、深谷、大江、急流等障碍条件下修建大跨度桥梁，施工条件十分有利，并可获得合理的技术经济指标。

T形刚构桥最早采用钢筋混凝土结构，由于钢筋混凝土梁式结构承受负弯矩，顶面裂缝不可避免，因此钢筋混凝土T形刚构不可能做成很大的跨径。而预应力混凝土T形刚构可直接采用悬臂施工法，从20世纪50年代以来，预应力混凝土T形刚构得到了迅速发展。

我国在1959年设计了广西柳州大桥(图7.54)，采用预应力混凝土T形刚构桥方案，1967年建成。它是我国第一座采用悬臂浇筑施工的预应力混凝土T形刚构城市桥，桥宽20m，主跨124m，总长为408m，主梁由双箱组成，根部高8.5m，跨中高2.0m，中央设25m长的挂梁。施工采用悬臂灌筑法。该桥为我国建造预应力混凝土大跨度桥奠定了基础。

图7.54 柳州大桥

佳木斯松花江大桥(图7.55)位于黑龙江省佳木斯市，是一座带挂孔的预应力混凝土T形刚构桥。大桥长1396.2m，桥宽17m，主桥分孔为55m+100m+5×120m +100m+55m，挂梁长30m，采用双箱单室截面。该桥是位于寒冷地区的最大跨度T形刚构桥，采用了冬季施工等一些措施，于1989年建成通车。

1998年建成的重庆长江大桥(图7.56)是当时我国最大跨径的预应力混凝土T形刚构桥。正桥全长1120m，桥宽21.0m，最大跨度174m，悬臂梁端高3.2m，根部高11.0m，挂梁跨度35m。上部结构由两个单室箱梁组成，采用三向预应力，悬臂浇筑施工。墩为高70m矩形空心高墩。该桥梁部结构曲线变化明显，配以高耸挺拔的高墩，给人以气势磅礴、雄伟强劲的感受，突出了该桥型的特色。该桥贯通南北两岸，它的建成不仅为城市经济发展创造了有利条件，对沟通整个西南地区的交通也有重要价值。

图7.55 佳木斯松花江大桥

图7.56 重庆长江大桥

预应力混凝土桁架式T形刚构桥受力情况与箱形梁相同，但自重轻，材料节省。其缺点是预制安装工艺复杂，节点易出现裂纹。

湖北汉阳黄陵矶桥(图 7.57)建于 1979 年。它是预应力混凝土桁架式 T 形刚构公路桥，大桥长 380.19m，分跨为 7×20m+53m+90m+53m+2×20m。主孔长 90m，由悬臂加挂孔组成，臂长 37m，挂孔 16m，桥宽 8.5m，沉井基础，箱式墩。上部结构由两片桁架构成，上设预应力混凝土简支板，用横向预应力筋与主桁连成整体，形成上纵联、下弦杆无纵向联结系。受拉杆件配预应力钢筋，受压构件采用普通钢筋。纵向预应力筋设于弦明槽内，张拉便利，悬臂拼装速度快。这种桥型轻巧美观，用料省。

1990 年建成的福州洪塘桥(图 7.58)是一座预应力混凝土桁架式 T 形刚构桥。桥全长 1849.47m，主跨 120m，桥宽 2×1.5m +9m。主孔由三个下承式预应力混凝土斜拉式桁架 T 形刚构组成，T 形刚构之间以剪力铰相连，这种结构综合了斜拉、桁架和 T 形刚构桥的优点，采用缆索起吊，悬臂拼装，进度快，精度高。滩孔为 31 孔 40m 预应力混凝土连续梁，采用逐孔节段无黏结拼装，这是中国桥梁史上首次采用该项新技术的桥梁。

图 7.57　汉阳黄陵矶桥

图 7.58　福州洪塘桥

1985 年建成的福州洪山桥(图 7.59)位于福建省福州市西郊，跨越闽江北港，主孔 110m，是我国当时最大跨径的预应力混凝土桁架式 T 形刚构桥。桥梁总长 363.36m，桥宽 15.2m，分孔为 2×20m+67.5m+110m+67.5m+2×30m。主桥采用三向预应力上承式 T 形桁架结构，挂梁 25m。梁的曲线变化和根部采用空透的桁架结构，节省材料，解决了 T 形刚构根部尺寸大、实体沉重的问题，使结构轻巧美观，并兼有了桁架拱的桥型特点。

图 7.59　福州洪山桥

多跨刚构桥的主梁可以做成连续结构，形成连续刚构桥。它是连续梁桥与 T 形刚构桥的组合体系，将梁、墩、基础固结在一起受力，既保持了连续梁无伸缩缝、行车平顺的优点，又保持了T形刚构不设支座、无须体系转换的优点，方便施工，而且很大的顺桥方向抗弯刚度和横桥方向抗扭刚度能很好地满足较大跨径桥梁的受力要求。在相同跨径下连续刚构桥截面尺寸要比连续梁小，因此它是一种极有生命力的桥梁结构形式，在大跨度桥梁中得到越来越广泛的使用。预应力混凝土连续刚构桥的悬臂施工法与T形刚构桥相同，但在跨中要灌注合龙段，张拉预应力束，使之连成整体。

广东洛溪桥(图7.60)建于1988年，位于广东省广州市南郊，跨越珠江，是我国第一座预应力混凝土连续刚构桥。桥梁总长1916.04m，桥宽15.5m，最大跨径180m，通航净空要求34m(高)×120m(宽)，主桥分孔为65m＋125m＋180m＋110m。主梁采用单箱单室，根部梁高10m，为主跨1/18，跨中梁高3m，为主跨1/60。主孔桥墩采用双壁式薄壁空心墩，壁厚仅50cm，具有较大的柔度。由于通航要求，桥面标高较高，引桥长达1376.24m，整座桥宛如一条彩虹飞跨珠江，具有雄伟壮观的气势。

湖南沅陵沅水桥(图7.61)跨越沅水，全长767.3m，桥宽16m，主孔跨径140m，采用85m＋140m＋85m＋42m四跨不对称预应力混凝土连续刚构。由于桥位处于五强溪水电站库容区，桥高水深，最高桥墩达52.4m，桥型总体十分壮观。

图7.60 广东洛溪桥

图7.61 沅陵沅水桥

1996年建成的黄石长江大桥(图7.62)位于湖北省黄石市，全桥长2580.08m，正桥五跨相连，主桥长1060m，桥宽20m，最大跨度245m，分孔为162.5m＋3×245m＋162.5m，是当年我国跨度最大和连孔长度最长的预应力混凝土连续刚构桥。梁为单箱单室，高4.1～13m，采用三向预应力配筋。主桥墩也为双肢薄壁式柔性墩，中心距为10.5m，墩高44.7～48.4m，柔度满足要求。该桥虽为公路桥，但也具有城市桥梁的功能和特点，与两岸优美的小区规划建筑和桥头配套工程相互辉映，使大桥更加绚丽多彩，是我国建桥水平迈入世界前列的又一有力证明。

广东虎门辅航道桥(图7.63)于1997年建成，位于珠江出海口，是广—深—珠高速公路上的一座特大桥，是当年世界上跨度最大的预应力混凝土连续刚构桥。该桥对珠江三角洲经济发展具有十分重要的意义。全桥长4588m，由主航道悬索桥、辅航道上的预应力混凝土连续刚构桥和引桥组成。连续刚构桥正桥为150m＋270m＋150m一联，桥宽31m，六车道。单桥主梁采用带挑臂的单室变截面梁，箱高由墩顶处14.8m减至跨中5m，箱底宽7m。梁的下缘呈抛物线形，根部高14.8m，跨中高5m。桥墩为双柱式空心墩，高35m，具有较大抗弯刚度，以保证施工和运行的安全稳定，并满足变形要求。基础采用高桩承台，每墩有32根直径为2m的桩嵌入岩石。主梁用挂篮法平衡悬臂灌注。桥墩用支架提升模板灌注混凝土。虎门是台风经常袭击的地区，桥梁的抗风稳定性是工程的关键问题。施工时最长悬臂达128m，根据风洞试验结果，采取了安全措施。桥梁上下游设置防撞墩，使桥墩免受船舶撞击。该桥的建成使我国桥梁建设事业跨入同类桥型的世界领先地位。

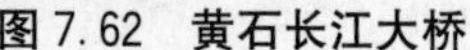

图7.62　黄石长江大桥

图7.63　虎门辅航道桥

澳大利亚门道(Gate Way)桥(图7.64)位于澳大利亚布里斯班，1985年建成。该桥全长1627m，正桥为145m＋260m＋145m预应力混凝土连续刚构桥。主梁为单箱，根部高15m，跨中高5.2m，下缘呈抛物线形。桥宽23m，设六车道。边跨在伸出桥墩15m处与引桥铰接，并设置伸缩缝。两个主墩均采用桩基础。桥墩高48m，采用双壁柔性墩，壁厚2.5m，中距11m。主梁采用悬臂灌注法施工，钢丝束布置为三向预应力。该桥造型美观大方，线形流畅具有动感，令人称道。

图7.64　澳大利亚门道桥

V形刚构桥也是一种连续刚构桥，所不同的是将桥墩做成V形。它具有连续刚构桥和斜腿刚构桥的受力特性和共同优点。V形斜撑的夹角一般大于40°。主梁截面多采用箱形，以使预应力索的布置较易，且整体刚度较大。桥墩较高时，V形两腿交点以下部分可连接一段竖墩，则成Y形刚构。其工作性能与V形刚构相同。

1988年建成的广西桂林雉山漓江桥(图7.65)横跨漓江，是三向预应力混凝土V形刚构变截面连续梁结构，主跨分孔为67.5m＋95.0m＋67.5m，主孔悬臂长27.5m，挂梁长40m，它由箱形主梁、箱形挂梁、斜腿和墩座四部分组成。主梁系两个单室单箱组成，两箱间桥面板预留高度0.6m，用现浇混凝土连接成整体。V形墩的斜腿长12m，宽度与箱梁等同(5m)，斜腿倾角45°。V形墩可减小主梁的$\pm M$峰值，并显著降低建筑高度，最小高跨比达1/42.5。该桥上部结构新颖，线条流畅，别具一格，与周围景观协调，达到桥景相融的效果。

1981年建成的台湾台北忠孝桥(图7.66)，正桥长1145m，宽31m，为预应力混凝土Y形墩刚构桥。该桥跨度为80m，上部结构按照连续梁设计，而梁高只有2.6m，建筑高度甚小，造型轻巧，颇具风格。

图7.65 桂林雉山漓江桥

图7.66 台北忠孝桥

7.4 斜拉桥

7.4.1 斜拉桥结构体系

斜拉桥主要由主梁、索塔、斜拉索三大部分组成。它是一种桥面体系以加劲梁受压(密索)或受弯(稀索)为主，支撑体系以斜索受拉及桥塔受压为主的桥梁，由主塔往两边深处的斜索将主梁拉起，若多条斜索分散拉起，主梁就像支承多个弹性支承上的连续梁一样工作，减少了主梁跨度，梁高也大大降低，自重减轻，内力减小，从而增加了桥梁跨越能力。

斜拉桥的梁、塔是主要承重结构，尤其主塔，由于是高耸结构，加之拉索的作用使其受力极为复杂。主塔既受本身自重和水平力(风力、地震力等)的作用，还受拉索传来的主梁恒、活载的作用；既有顺桥方向的各种荷载因素引起的内力和变形，又有横桥方向各荷载因素引起的内力和变形；既要考虑荷载因素引起的内力，也要计算由温度变化、混凝土收缩、徐变、基础不均匀沉降、体系转换等非荷载因素而引起的内力。

斜拉桥一般为三孔桥，中孔为主孔，边孔跨度一般为中孔的0.25～0.50，大都在0.4左右。若为两孔时，两孔比值为0.5～1.0，一般在0.8～0.9。目前我国斜拉桥最大跨度已达1108m(如江苏苏通长江大桥)，理论最大跨度可达3000m。为使结构受力合理、比例均衡，斜拉桥边中跨度比(边跨∶中跨)、梁高、塔高、索间距等结构的尺寸宜符合表7-1所示的比例关系。

表7-1 斜拉桥结构尺寸比例关系

跨度比	中跨主梁高跨比	塔高中跨比	斜拉索间距/m
双塔对称：0.5 双塔不对称：0.3～0.4 独塔不对称：0.3～0.4	混凝土梁：1/80～1/100 钢梁：1/100～1/300	1/4～1/7	6～8

斜拉桥跨度宜大宜小，形态组合可简可繁，可“常规”可“异常”，即造型和创新空间大。设计者可以在符合基本审美原则的前提下，独具匠心，创造出具有雕塑效果的各种新颖桥型，如不对称斜拉桥、斜塔斜拉桥、矮塔斜拉桥、无背斜拉桥、稀索斜拉桥等。

对称体系斜拉桥的索面系统对称布置于索塔两侧，侧视犹如两把巨伞，正视如同从索塔放射出无数的光束。对称体系斜拉桥左右对称、均衡，给观赏者安详、平衡、稳定的视觉印象，更符合古典传统审美思想和结构受力行为。非对称体系斜拉桥或左右两跨一长一短，或索塔倾斜，或索面交叉，或主梁平直弯曲，其造型各式各样、生动活泼、新颖美观，符合当今追求个性解放、突出创新变革的社会潮流，在不平衡中求得力的均衡，在不稳定中求得功能的稳定，在静态中蕴含动态形象，不是雕刻胜似雕刻，显示出人类社会发展的特点。该桥型富于视觉吸引力和冲击力，常常成为观赏者瞩目的焦点。

斜拉桥千姿百态的造型和景观效果，受桥塔形状和结构尺寸、比例及索的布置等影响很大。塔的造型和索的布置形成不同的桥式风格，成为备受人们欢迎的桥型结构。

1. 桥塔功能及审美

桥塔的主要功能是承担斜拉索和行车道系作用于桥塔的内力，以及直接作用于桥塔上的风荷载，地震荷载，水流、流冰、船舶冲击荷载，并把这些外力和荷载传递到地基，保证全桥稳定。

作为斜拉桥主体构件要素而在力学上起着重要作用的主塔，其高耸挺拔的风姿引人注目，起着象征和标志作用，是景观中最重要的因素之一。尤其对城市桥梁，往往更多的是从造型、景观及环境来考虑主塔的建筑造型。桥梁主塔应在结构设计的基础上，按照桥梁景观设计的原则进行造型及外装的完善，使桥塔在蕴藏着自身力量感、紧张感的同时，又孕育着向高空伸展、刺破青天的动势，诱发参观者升入更高境界，由“情境”层面进入“意境”层面，从而使桥塔具有高扬功能与动态美。已建斜拉桥桥塔造型丰富多彩，如图7.67所示。

桥塔结构形式、高度、截面尺寸、塔底支承形式，应根据桥位处水文地质、环境条件、斜拉桥跨径、桥面宽度、拉索布置来决定。桥塔设计的重点除了满足桥梁结构的强度、刚度、稳定性要求外，还要考虑桥塔与斜拉索的连接部位、桥塔与主梁或桥墩基础连接处的受力及细部构造，使结构受力合理、安全、经济，方便施工。

首先要考虑桥塔的有效高度和跨度的协调比例关系。桥塔的有效高度(H)要从桥面以上算起，桥塔高度越高，斜索的倾角越大，斜索垂直分力对主梁的支承效果也越大，但桥塔与斜索的材料数量也要相应的增加。因此，桥塔的适宜高度要通过经济比较来确定。

桥塔的纵向形式一般为单柱形式[图7.68(a)]。在需要将桥塔的纵向刚度做得较大时，或者需要有四根塔柱来分散塔架的内力时，常常做成倒V形[图7.68(b)]与倒Y形[图7.68(c)]，倒V形只宜用于放射形索面。倒V形也可增设一道横梁变成A形，A形索塔下肢分开，突出其坚实稳重，上肢交汇于一点，突显其目标坚定，更能表现斜拉桥刚强有力的姿态。

(a) (b) (c)

(d) (e) (f)

图 7.67 斜拉桥桥塔结构形式

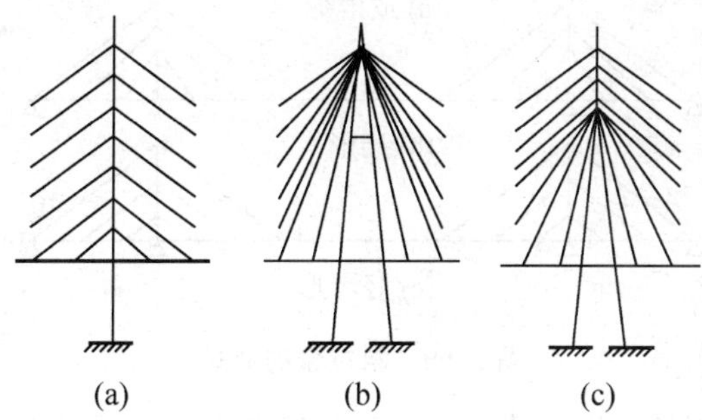

(a) (b) (c)

图 7.68 桥塔的纵向形式

桥塔的横向形式直接影响桥的整体形态风格和造型，需要巧妙的构思和创新理念，包括塔身构件的连接过渡和尺寸变化形式等。现代斜拉桥桥塔流行横向形式，有独柱形、双柱形、门形、H形、倒V形、A形、倒Y形、钻石形索塔，如图 7.67 所示。独柱形桥塔与单索面相配，高耸挺拔，形似天梯直上云天，突显其向上延伸的动势，使观赏者有飞跃之感。双柱形、门形、H形索塔同属一类，适用于竖向双索面斜拉桥，也是斜拉桥索塔的基本形式。无横梁双柱索塔结构简洁，视觉空间畅通，使行驶者心情舒畅，而无压抑感。当跨度较大，索塔较高时，需以横梁联系双柱，而成为门形或H形。为了减少横梁的负面影响，常请名人在横梁上题写桥名，使之成为又一视觉焦点。倒Y形既利于布索，又突显高耸效果。小跨度“异形”斜拉桥采用歪塔、异形索塔。异形索塔是异形斜拉桥的主要造型特征，更显张扬，是个性化的标志。

2. 斜拉索索面功能及审美

斜拉索系统又称索面系统，由多股钢丝或钢绞线组成的多根斜拉索及锚头组成。其主要功能是斜拉扣挂行车道系统，并通过索鞍把索力传递给索塔。

斜拉索不仅是斜拉桥的主要构件，而且也是主要审美元素，它的斜直线分置，与桥塔构成的简洁、稳定的几何构图，蕴藏着明确、强劲的力感，同时又加强桥的平衡感。斜拉索造型多种多样，按索面数目分类有单索面、双索面和三索面之分。若行车道较窄，则可以采用单索面式；行车道宽度大于30m者常采用双索面式或单索面式；行车宽度大于40m者常采用三索面式。我国建成的斜拉桥多采用双索面。按边、中跨度比例关系，又有对称索面或不对称索面之分；按索塔高跨比及斜拉索间距或排列方式分类，有平行密索面、平行稀索面、放射索面之别。密索面体系拉索虚实相间，井然有序，远观似一张拉网斜挂于塔梁之间，虽然纤细，但强劲有力。稀索面体系拉索稀疏而无形态可言，审美效果较差，现已较少采用。

斜拉索在索面内的布置形式主要有放射形［图7.69(a)］、扇形［图7.69(b)］、竖琴形［图7.69(c)］。索型选择要根据跨度、塔高及塔形综合考虑。竖琴式耗材较多，但塔与索锚固比较简单，造型也比较美观。现在一般常用的是扇形布置。放射形和扇形索面斜拉索以不同倾角交汇于索塔上部，具有较强的视觉吸引力，当与A形索塔匹配时，审美效果更佳。

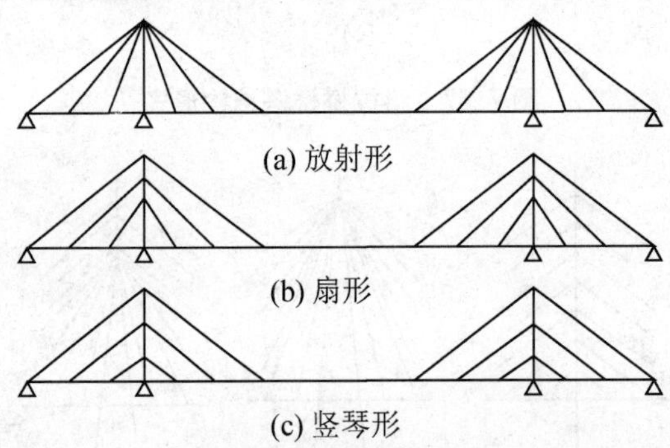
(a) 放射形

(b) 扇形

(c) 竖琴形

图7.69 斜拉索的形式

斜拉桥根据桥塔与索的布置形式，从形态平衡考虑，给予了设计者广阔的构思空间和构思塔的不同造型方案进行比选。

日本静冈县滨名湖风景区的曲塔斜拉桥(图7.70)全长60m，正桥为200m，独塔双跨斜拉。主塔的曲弯状及拉索的不对称布置，充分显示出斜拉桥强劲的力量。同时通过塔的曲向又使人感受到了结构力的平衡形态，塔的曲线造型更增加了其美学效果。

西班牙1993年在塞维利市建设的单侧索独塔斜拉桥(图7.71)具有奇特的造型及特殊的标志意义。它是以世界展览会的会标造型设计而成，但是由于它违背了斜拉桥结构受力的基本平衡原理，与拉索的平衡作用全部依靠塔后倾产生的偏心自重及塔下巨大基础承受，再加上其他细节结构的处理，使整座桥的造价十分昂贵，这种耗费巨大资金而获得的桥梁造型艺术，人们褒贬不一。

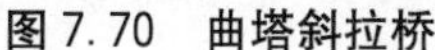

图 7.70 曲塔斜拉桥

图 7.71 单侧索斜拉桥

凡河四桥(图 7.72)位于我国辽宁省铁岭凡河新城区，桥长 400m，桥宽 32.3m，为双向四车道，外侧设置人行道。设计以“梭”为题，取唐朝韩愈《石鼓歌》中的“金绳铁索锁钮壮，古鼎跃水龙腾梭”之意，以“梭”、“鼎”为元素抽象成为斜拉桥桥塔造型，使该桥从常规造型的斜拉桥中脱颖而出，成为新城的地标性建筑。该桥的立面形象突出，似立体的梭子，如燃烧的火炬，直冲霄汉，颇具凌云之势；斜拉的铁索，似银色的琴弦，啸傲西风，时闻天籁之音。

图 7.72 凡河四桥

7.4.2 特殊结构斜拉桥

1. 矮塔斜拉桥

普通斜拉桥被广泛应用的同时，有时由于其动力响应过于显著而影响使用，有时由于高耸的桥塔过于突出而影响与环境的协调，从而引发了降低桥塔的讨论，因此“矮塔斜拉桥”应运而生。矮塔斜拉桥是近期桥梁向轻型化、复合化发展的过程中出现的介于连续梁桥与斜拉桥之间的过渡桥型。桥的刚度主要由梁体提供，斜拉索起到体外预应力的作用，相当部分的荷载由梁的受弯、受剪来承受，因此被称为“部分斜拉桥”。它的英文名称为“Extrdosed Cable Stayed Bridge”，即“超配置的预应力混凝土桥”，是一种介于预应力连续梁(刚构)桥和轻型混凝土斜拉桥之间的桥梁，正如部分预应力介于钢筋混凝土和全预应力一样。

矮塔斜拉桥塔高较矮，一般塔高可取主跨的 1/8～1/12。结构以梁为主，以索为辅，拉索多成扇形布置，拉索集中在塔顶通过。主梁高度是连续梁的 1/2 左右，高跨比为 1/35～1/55。往往做成变截面，塔处梁高高些。边、主跨跨径比较大，一般大于 0.5。其造型具有纤细、柔美的美学效果。它的跨径布置灵活桥，适用跨径宜选择在 100～200m，如果采用组合梁或复合梁，则跨径可达 300m，克服了多塔斜拉桥所带来的刚度不足和各跨相互影响的弊端，发挥了多跨连续梁桥的优点，无论在单孔跨径和总桥长设计方面均有较大的选择空间；并且具有施工简便、经济性好等优点。

2001 年建成的福建漳州战备大桥(图 7.73)，为我国第一座预应力混凝土部分斜拉桥。主桥采用单索面三跨，跨径为 80.8m＋132m＋80m，边中跨比 0.6：2，塔高跨比 1：8，梁高跨比 1/35～1/55，斜拉索从内钢管穿过，施工完成后在内钢管压入高标号环氧水泥浆。大桥屹立于九龙江，威风凛凛，似一条长龙横亘两岸。

该桥型也用在钢桥上，2000 年建成的芜湖长江大桥(图 7.74)是我国首建的公铁两用矮塔斜拉桥。主跨 312m，上层为四车道公路桥，下层为双线铁路桥，公路桥面以上两塔均高 33m，主梁公路桥面采用钢桁和钢筋混凝土板组合梁，结构整体性好，造型美观，填补了我国此类桥的技术空白。

图 7.73　漳州战备大桥

图 7.74　芜湖长江大桥

矮塔斜拉桥是一种刚柔相济的新桥型。由于塔高的降低，梁的挠度和动力幅值也相应地降低，一般概念认为该桥型是刚性梁斜拉桥，但在应用中也可以修建柔性梁的矮塔斜拉桥。

1998 年建成的位于瑞士克劳斯特斯(Klosters)地区的森尼伯格(Sunniberg)桥(图 7.75)是一座柔性梁的矮塔斜拉桥。桥梁总长 526m，主跨 140m，塔高 60m。主肋板式主梁，跨中板厚 0.32m，塔根板厚 0.4m，两个边肋高 0.8m，与已建矮塔斜拉桥相比，主梁高跨比只有 1/175，而后者一般为 1/55～1/70。因地形限制而采取高桥墩、矮桥塔、竖琴形钢索配置，采用五跨连续双索面曲线梁的结构形式。由于平面线形的关系，全桥桥面板整体浇注为一体，并在桥台处取消了伸缩缝，形成一个平面拱形结构。塔高较低的同时，塔与墩一体向上扩展的造型使桥面视域宽阔舒展，拉索的竖琴形方式给人一种欲静亦动的韵律感。桥墩自上向基座逐渐收缩，加之塔墩竖向线形的变化，用一种优雅的造型来减少视觉干扰。加劲梁形态轻巧柔和，融入河谷中。该桥就像一件艺术品，与地形、自然景观极好地融合在一起。

2. 结合梁斜拉桥

在斜拉桥跨径很大时，采用结合梁斜拉桥可减轻自重，加大悬臂施工阶段长度，加快

图 7.75　森尼伯格桥

进度，采用开式断面，以减小材料用量，降低造价。结合梁斜拉桥一般采用两根钢主梁，钢主梁的断面形式有实腹开口工字形、箱形、Ⅱ形等。桥面板多采用钢筋混凝土实心板。其架设方法与一般钢梁相似。

这是一种轻型而经济的斜拉桥，而我国又处于钢材较贵较缺乏的情况，因此，结合梁斜拉桥在中国特大斜拉桥中，得到了优先发展，跨径一般为 350～600m。我国的上海南浦大桥和杨浦大桥的建成，为世界结合梁斜拉桥的建设做出了重要贡献。

1991 年我国上海建成南浦大桥(图 7.76)，跨径 423m，是双塔双索面，拉索扇形布置的钢与混凝土结合梁斜拉桥。主塔高 150m，H 折线造型塔身，空心截面，锚头置于其内，使塔与索的造型对称而优美。该桥在设计理论上、施工工艺上、构造上对结合梁采取针对性的措施。例如，在跨中范围设置纵向预应力；吊机的布置，使未安装钢索之前的钢梁栓节点板处弯矩为零，因而现浇混凝土不承受拉应力，锚固及重量由腹板承受，而不由混凝土承受等。这些措施使结合梁确保整体稳定性，避免了结构性裂缝的产生，因而南浦大桥比国外结合梁结构更可靠。

1993 年在我国上海建成跨径 602m 的杨浦大桥(图 7.77)，跨径居世界结合梁斜拉桥首位，梁截面为两个钢箱肋，上设厚 26cm 的钢筋混凝土板，横梁间距为 4.5m，梁全高 3m，梁宽 30.35m，梁上索间距 9m。它是双塔双索面，拉索扇形布置，主塔高 208m。为提高结构抗风能力，采用钻石形(又称 Y 形)索塔。塔与索的锚固方法做了重大改进，塔的索锚固区用预应力抵消其拉力。杨浦大桥在南浦大桥的设计施工经验基础上，对超大跨度斜拉桥的设计施工，又进行了深入的探讨和实践。

图 7.76　南浦大桥

图 7.77　杨浦大桥

长沙洪山浏阳河大桥(图 7.78)是一座较为特殊的结合梁斜拉桥。该桥主跨 206m，主桥结构形式为无背索斜塔竖琴形单索面斜拉桥，主梁为钢箱梁，呈矩形，高 4.4m，宽 7m，纵向每 4m 有钢挑梁，每侧悬臂 13.1m，上设混凝土桥面板，厚 21m，该桥造型美观。

主结合边混凝土混合式斜拉桥是近几年来才出现的新桥型，性能与主钢边混凝土混合式斜拉桥相似，仅主跨采用结合梁。

上海徐浦大桥(图 7.79)，跨径 590m，边跨为混凝土梁，而主跨为结合梁。钢梁为箱形，上有 25cm 混凝土桥面，梁高 3m，宽 36m，为该类桥型的世界跨径最大者，大桥审美效果良好。

图 7.78　长沙洪山浏阳河大桥

图 7.79　徐浦大桥

7.4.3　斜拉桥桥例

我国斜拉桥的发展，走了一条理论探索与工程实践紧密结合、发挥我国施工技术特点的道路。我国自 1988 年跨径 460m 的重庆石门大桥的建成，到 1993 年以 602m 的跨径雄居当时世界第一的上海杨浦大桥的建成，足以说明了我国斜拉桥的建设在不到 20 年的时间里就进入了世界领先行列。

1988 年建成的重庆嘉陵江石门大桥(图 7.80)位于重庆市沙坪坝，全桥长 716m，主桥跨径为 200m+230m，桥面宽 25.5m，墩高 50m。塔柱在桥面以上高 113m，采用单索面独塔竖琴式布置。若修建双塔斜拉桥，跨径可达 460m，完全可进入当时世界先进行列。横断面采用单箱三室结构，采用劲性骨架悬臂施工工艺。它的建成标志着中国已具备 460m 斜拉桥的设计、施工能力。

2001 年建成的湖南岳阳洞庭湖多塔斜拉桥(图 7.81)，主桥跨径组成为 130m +2×310m+130m，主梁采用肋板式断面，飘浮体系，拉索为扇形双斜回索，索塔采用钻石形空心塔。整座桥梁看上去飘逸美丽，缤纷别致。

2002 年建成的湖北荆州市荆沙长江大桥(图 7.82)为主跨 500m 的双塔双索面扇形布置拉索的预应力混凝土斜拉桥，主梁采用预应力混凝土肋板结构，主塔为 H 形预应力混凝土结构。大桥构思合理、经济，外观赏心悦目。

2004 年我国建成的南京长江三桥(图 7.83)是第一座采用“人”字形曲线桥塔的斜拉桥，体现“天人合一”的设计理念。桥面以下的塔柱采用混凝土，桥面以上则用钢塔柱以加快施工速度。混合塔柱的接头采用剪力键构造，塔形雄伟壮观，深受人们喜爱。

图 7.80　重庆嘉陵江石门大桥

图 7.81　岳阳洞庭湖多塔斜拉桥

图 7.82　荆沙长江大桥

图 7.83　南京长江三桥

2008 年我国建成世界上第一座超千米的斜拉桥　苏通长江大桥(图 7.84)，总长 8206m，主跨跨径达到 1088m，由于跨度特大，主塔高达 300m，因此采用稳定感强的倒 Y 形桥塔。桥梁整体布置为长达 6km 的平曲线和竖曲线，犹如一条巨龙跨越宽阔的长江，构成一幅优美壮丽的景色，给人永恒的美感。

图 7.84　苏通长江大桥

斜拉桥在世界范围内应用从 20 世纪 70 年代开始，在 90 年代迅速发展，斜拉桥的跨越能力仅次于跨越能力最大的悬索桥。由于斜拉桥结构轻巧，实用性强，可使用不同的地形与地质条件，建筑高度小，能充分满足桥下净空与美观要求，并能降低引导填土高度，一直得到了广泛的使用。

1957 年德国杜塞尔多夫(Dusseldorf)建成的西奥特-霍伊斯(Theodor-heuss)桥如

图 7.85 所示。其跨径组成为 108m＋260m＋108m，钢塔高 41m，横向不设横梁。拉索呈竖琴形布置，索间距为 36m。大桥结构造型简洁轻巧，富于动感。

1962 年委内瑞拉建成的马拉开波湖桥(Maracaibo Lake Bridge)(图 7.86)为世界上第一座公路预应力混凝土斜拉桥。大桥全长 8.7km，五个通航孔跨度为 235m，结构为预应力混凝土斜拉悬臂加挂梁。主桥墩支承一连续的预应力混凝土梁，梁两端悬臂伸出墩外，其伸出端部以斜拉索系于 A 形塔架顶部，组成一组独立的悬臂结构。整座桥梁造型优美，雄伟壮观。

图 7.85　西奥特-霍伊斯桥

图 7.86　马拉开波湖桥

法国 1994 年修建的诺曼底(Normandy)大桥(图 7.87)，主跨 856m，是当时已建成的世界最大跨度斜拉桥。全桥中孔采用钢梁，边孔采用预应力混凝土梁。引桥采用混凝土结构，而主跨中部采用正交各向异形钢箱。该桥高高的桥塔和一排排整齐的斜拉索仿佛两把巨型的雨伞罩在塞纳河上，以雄伟、挺拔之姿成为法国西部一道独特的风景线。

与诺曼底大桥的设计相似，1999 年建成的日本多多罗桥(图 7.88)把跨径记录提高到 890m。该桥是日本本州岛和四国岛的联络线上的一座重要桥梁，主跨 890m，边跨分别为 270m 和 320m，桥宽四车道；主跨采用带正交异形板及空气减阻装置的钢箱梁，边跨采用预应力混凝土箱梁；塔高 216.6m，为菱形。它像一条巨大的青龙，横跨美丽的濑户内海。

图 7.87　法国诺曼底大桥

图 7.88　日本多多罗桥

武汉天兴洲长江大桥(图 7.89)是世界上第一座按四线铁路修建的双塔三索面三主桁公铁两用斜拉桥，其正桥全长 4657m，全桥共 91 个桥墩，其中公铁合建部分长 2842m。上层公路为六车道，宽 27m。下层铁路为四线，其中两线一级干线、两线客运专线。该桥在当今世界同类型大桥中拥有“跨度、荷载、速度、宽度”四项第一：主跨 504m，比世界第二的丹麦厄勒海峡大桥长 14m；可同时承载 2 万 t 的荷载，按天兴洲长江大桥四条铁路线加六车道公路推算，荷载能力至少是武汉长江二桥的六倍；铁路桥按高速铁路设计，时速可达 250km/h；主桁宽 30m，可同时并行四线火车，宽度在同类型桥梁中居首。

图 7.89 武汉天兴洲长江大桥

7.5 悬索桥

7.5.1 悬索桥结构体系

悬索桥又称吊桥，是一个古老的桥型。它是利用桥塔将主缆凌空架起，并通过有序排列的吊杆把设有加劲梁或加劲桁架的桥面悬挂起来的结构。悬索桥上部结构由缆索、桥塔、桥面结构、加劲梁和吊索组成，下部结构由支承着塔的桥墩、锚固主缆的锚碇、基础组成。其受力原理是作用在主梁上的荷载通过吊索作用于主缆，然后经桥塔及桥墩传到基础。悬索桥的主要构造如图 7.90 所示。

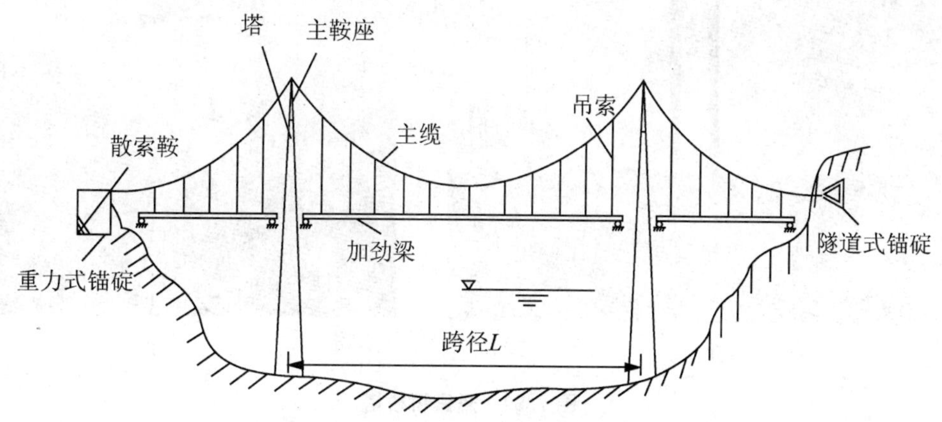

图 7.90 悬索桥的主要构造

一跃而过的悬索桥，可创造出规模宏伟的景观形象，形成该地域的标志性建筑和游览景点，同时它也是世界上跨越能力最大的桥梁形式，所以目前千米以上的大桥都是悬索桥。大跨度悬索桥多修建在水面宽阔的江河和海湾、海峡地区，跨大体薄，横越长空，轻柔空透，线形流畅，气势雄伟，景观优美。我国是世界公认的最早有悬索桥的国家，我国应用悬索桥比西方早1000多年，而现代大跨度悬索桥的建造却是近几年的事情。

悬索桥设计要从整体按着协调的比例关系来确定各部分尺寸，才能获得预期的美学效果。一般应注意以下几点。

1. 桥塔设计

桥塔是支撑主缆的重要构件。桥塔的高度主要由垂跨比确定。桥塔立面造型与主缆材料有关，大部分悬索桥为双主缆，故桥塔多为“门式”框架。混凝土桥塔刚度大、强度高，一般只设中横梁和上横梁。塔柱和横梁多为矩形箱式截面。悬索桥的桥塔高耸挺拔，蕴藏着力的紧张感和直向蓝天的动势，桥塔多数为简单的刚架，不宜设置过多的横梁，特别要注重顶部横梁与塔柱形状的协调。古老悬索桥粗大的圬工桥塔与现代悬索桥钢或钢筋混凝土桥塔都不宜太纤细而显得柔弱，结构要简洁且有一定的强壮感。图7.91为悬索桥桥塔丰富多彩的造型实例。

(a) (b) (c) (d)

图7.91　悬索桥桥塔

2. 跨径布置

悬索桥跨径布置主要控制跨度比，即边跨与主跨的比值。世界上已建的三跨悬索桥的跨度比一般在1/4～1/2。单跨悬索桥跨度比一般在1/5～8/25。边跨比越小，则主跨印象越突出，越能引人注目，并且越经济，对控制变形及改善震动特性越有利。

3. 桥下净空形状

桥下净空形状突出该桥跨越能力，其桥下净空形状应呈扁长形，长高比越大越好。

4. 加劲梁的造型

加劲梁支承行车系统，承受车辆荷载、风荷载。加劲梁高宽比一般为1/5～1/12，高跨比一般为1/40～1/60，大都采用扁平截面。扁平钢箱梁尺寸庞大，显得雄伟壮观、坚强有力，但它的梁高低、梁宽窄，又显得格外纤细轻巧，庞大与紧促相得益彰，力量与纤细相辅相成，显示出悬索桥的桥面系轻巧而纤柔，并且其横断面具有良好的抗风性能。钢桁架加劲梁的梁高刚度大、抗风性好，多用于超大跨海、跨山谷的双层桥面悬索桥。

5. 主缆垂跨比

主缆垂跨比是指主缆支孔的垂度与主缆跨度的比值，大跨径悬索桥的垂跨比一般在1/9～1/12。自重较小的箱梁，可取较小的垂跨比，以提高悬索桥的刚度。垂跨比与主缆中的拉力和塔承受的压力呈反比，与塔的高呈正比。垂跨比越大，悬索桥竖向挠度和横向挠度都加大。

6. 锚碇

锚碇的主要功能是平衡主缆拉力。锚碇的选型和造型主要取决于结构要求和锚碇部位的地形、地质条件。框架式锚碇属于重力式锚碇，结构高耸，体积庞大，能激发观赏者稳重、坚实的审美情感，如图7.92(a)所示。厦门海沧大桥充分利用锚碇内部空间，在大桥东岸锚碇内设置了一座桥梁博物馆，如图7.92(b)所示，扩展了锚碇功能和审美效应，被誉为一大创举。

(a)

(b)

图7.92 厦门海沧大桥

7.5.2 特殊结构悬索桥

1. 自锚式悬索桥

一般大跨悬索桥均为地锚式悬索桥，由于大体积的锚碇带来的工程量较大，所以对中等跨径的悬索桥，在地质条件很差、锚碇修筑困难时，可修建自锚式悬索桥(图7.93)。自锚式悬索桥是将主缆直接锚固在加劲梁上，从而取消了锚碇。自锚式悬索桥跨径布置比较灵活，可紧密地结合地形，既可做成一般的双塔三跨悬索桥，也可做成单塔双跨悬索桥。此外，由于跨度小、桥塔矮，塔的造型也可以被考虑得更加精细优美，形成一种具有新意的桥型。

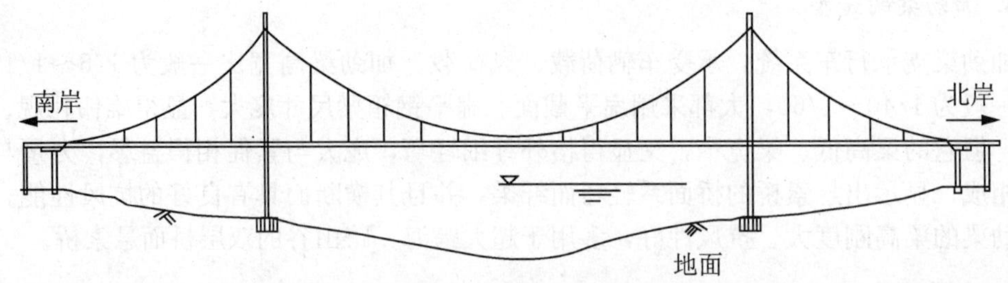

图 7.93　自锚式悬索桥

21 世纪我国开始修建自锚式悬索桥，采用预应力混凝土加劲梁，充分发挥其抗压性能。自锚式悬索桥不仅具有传统悬索桥雄伟壮观的气势，更有生动活泼又富有张力的曲线主缆，形成由很有个性特色的索塔组成的桥型，适合于对景观要求较高的城市或景观区修建。我国近几年的自锚式悬索桥得到了迅猛发展，国内已建和在建的自锚式悬索桥已有十余座，以下介绍几座代表性桥梁。

1999 年建成的浙江诸暨市皖江桥(图 7.94)是我国最早修建的自锚式悬索桥之一。该桥为人行桥，跨径为 2×70.6m，钢管混凝土索塔高 16.2m，桥面宽 10m。主梁为钢管桁架，梁高 1.5m，下部结构为柱式墩，基础为钻孔灌注桩。桥梁经照明特别优美，如图 7.95 所示。

图 7.94　诸暨皖江桥

图 7.95　诸暨皖江桥夜景

2000 年建成的桂林丽泽桥(图 7.96)位于广西桂林市，横跨丽泽湖，同另外 16 座桥形成了桂林两江四湖景区的桥梁博览园，也是一座自锚式柔性悬索桥。丽泽桥全长 120m，桥宽 25.5m，两座主塔高 17m，跨径组成为 25m＋70m＋25m。设计师采用了自锚式钢桁梁柔性悬索桥方案，充分展示了自锚式悬索桥的独特魅力。桥身涂以橘红色的油漆，与周围的绿树碧水相映，红桥的夜景颇为娇气俏丽，灯光装饰着主塔和整个桥身，有异国之感，成为桂林市著名景点之一，如图 7.97 所示。

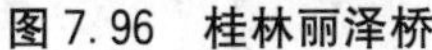

图 7.96 桂林丽泽桥

图 7.97 桂林丽泽桥夜景

世界上第一座钢筋混凝土自锚式悬索桥为我国的大连金石滩金湾桥(图 7.98)，于 2002 年建成，全桥长 198m，主桥跨径为 24m＋60m＋24m，主桥宽 12.5m。主桥的加劲梁采用钢筋混凝土连续梁，梁高 1m，桥塔为钢筋混凝土门式塔架，索塔高 26.8m，塔柱直径为 1.5m。金石滩金湾悬索桥独特的设计为美丽的海滨城市大连增添了一处亮丽的风景。

广东佛山平胜大桥(图 7.99)是世界首座独塔、单跨悬吊钢混结合梁的自锚式悬索桥，跨度达 350m。桥跨总体布置为 39.64m＋5×40m＋30m(混凝土加劲梁及锚跨)＋350m(钢加劲梁)＋30m＋29.60m(混凝土锚跨)。横桥方向按分开的两幅桥面布置，单幅桥面宽 30m，两幅桥净间距 7.5m。加劲梁采用钢和混凝土的混合结构，桥塔为三柱式门式塔。加劲梁采用单箱三室钢箱梁，该桥在已建自锚式悬索桥中的跨度世界第一。

图 7.98 大连金石滩金湾桥

图 7.99 佛山平胜大桥

2. 悬索-斜拉协作桥

由于单一的斜拉桥和单一的悬索桥各有优点，人们提出了悬索桥与斜拉桥协作体系桥。其考虑的出发点是通过跨中部分的缆索作用改善斜拉桥由于悬臂长度过大引起主梁压力过大的问题，同时又由于斜拉桥端自锚作用大幅度地减小地锚工程量，从整体考虑增大桥梁的整体刚度而改善动力响应。这种形式可以减少加劲梁的挠度，降低梁高、主缆拉力和缩小锚碇规模，尤其对深水和软土地基的情况意义重大。

较早采用悬索-斜拉混合体系的是著名桥梁布鲁克林桥。公元 1883 年，美国建成当时世界上最大跨度的城市悬索-斜拉桥——布鲁克林大桥(图 7.100)，主跨长达 486m，其重要成就不仅在于刷新了当时的跨度纪录，而且在构造上采用了加劲钢桁架和很多根斜拉索，形成了斜拉-悬吊混合体系，提高了全桥刚度，从而有效地抵御了暴风和周期性荷载的振荡，同时又降低了缆拉力，减轻了锚碇荷载。

(a)

(b)

图 7.100 布鲁克林大桥

3. 混凝土悬索桥

悬索桥的加劲梁，基本都采用钢梁，尤其是特大跨径悬索桥更是如此。然而，当悬索桥的主跨不太大，如在 400m 以下，并且锚碇构造简单，特别在地质条件好，有可能采用比较经济的隧道锚或岩锚时，适合选用混凝土悬索桥。这样，用混凝土加劲梁节省的费用大于或基本等于主缆锚碇增加的费用，减少了悬索桥的钢用量及加劲梁费用。

位于新疆哈巴河县西南约 30m 处的齐勒哈仁额尔齐斯河大桥于(图 7.101)1992 年建成，为 36m＋108m＋36m 的三跨混凝土悬索桥。由于交通量不大，桥面净宽为 4.5m，单车道。该桥的加劲梁由钢丝网水泥箱体、钢筋混凝土边梁及横隔梁所组成，以减轻自重。箱梁全高 1.41m。为提高抗风稳定性，截面做成倒梯形，顶板采用钢丝网正交异形板，纵肋为梯形小箱，横肋为矩形截面。为增强箱梁的抗扭刚度，每隔 4m 设一道横隔板。塔采用钢筋混凝土门架结构，塔柱为 1.2m×1.8m 的削角多边形。该桥结构稳定可靠，造型美观。

图 7.101 齐勒哈仁额尔齐斯河大桥

1995 年建成的汕头海湾大桥(图 7.102)，在汕头市游览风景点妈屿岛处跨越汕头港海湾，是我国第一座现代悬索桥，是当时世界最大跨径的预应力混凝土悬索桥。桥全长 2420m，其跨径布置为 95m＋154m＋452m＋154m＋95m，桥面宽 23.8m，主桥为预应力混凝土悬索桥，三跨双铰，该桥的加劲梁为一等截面扁平流线型三室箱梁，并采用双向预应力结构。梁的高跨比为 1/205，宽跨比为 1/18.7。主缆垂跨比为 1/10。主塔为三层门式

图 7.102 汕头海湾大桥

框架结构，塔高 95.1m。锚碇设计中充分利用锚碇所在地形的有利位置节省大量的锚体混凝土。大桥对称布置，虽属混凝土加劲梁，但梁体扁平，造型优美。它面对台湾海峡，位于风景地区，雄伟桥跨与浩瀚海域和谐相融，令人产生一种生机盎然、力量倍增的感受。

7.5.3 悬索桥桥例

悬索桥以其刚劲挺拔的主塔、流畅起伏的主缆和凌空飞渡的加劲梁共同构成了几何线形清晰、形态生动的建筑景观，充分体现了结构简洁、建筑比例匀称、功能与形式相统一的优美形态。不仅以其流畅自然的线形提供景观优势，还在于主塔、锚碇结构可为建筑造型处理提供广阔的创造空间，便于建筑师进行景观和美化处理，使该古老桥型的实用性和美观性得以完美结合。它凭借宏伟壮观的形态和柔中济刚、轻盈飘逸的总体造型及强大的跨越感受到人们的推崇。

1935 年美国旧金山市建成了跨越金门湾的金门大桥(图 5.34)。该桥主跨 1280m，边孔 344m，塔高 228m，桥宽 25.2m，被认为是当时的撼世奇迹，在相当长的时间内居于世界桥梁之首。塔柱由角钢和钢板组合成多室箱形截面。受浪漫主义建筑的影响，塔柱截面的宽度随其升高而减小，创造一种鲜明的视觉效果。金门大桥优美的造型与周围环境融为一体，深红色外表与蔚蓝色海洋形成了强烈的反差，显得巍峨壮观。其雄伟的塔姿、强劲的主缆与柔中济刚的吊索蕴含着强大的张力，巨大的跨度使得水平桥面显得轻盈舒展，以此博得了人们深深的喜爱。

英国 1981 年建成的恒伯尔桥(图 7.103)，以 1410m 的主跨径打破了以 1410m 的主跨径创当时世界纪录。该桥桥塔高 152m，梁高仅为 3m，高跨比 1/313。两个边跨不对称布置。索塔采用钢筋混凝土门式框架结构。由于跨径很大，梁高较小，远观桥面梁特别轻薄，疑似向上微弯的飘带。由于桥下没有远洋轮船通过，所以塔高桥薄、高耸入云，气势雄伟。

1995 年建成的明石海峡大桥(图 7.104)是日本神户市与淡路岛之间跨越明石海峡的一座特大跨径悬索桥，它是 20 世纪世界最大跨径桥梁。大桥主桥全长 3910m，主跨 1990m。建设期间的大桥，在 1995 年 1 月 17 日遭受阪神大地震。大桥经受住了考验，变化极小，不影响继续建设和将来的使用，从而保证了大桥按期完成。

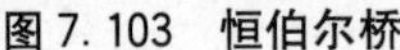

图 7.103　恒伯尔桥

图 7.104　明石海峡大桥

1997 年丹麦在大带海峡修建的大带桥(又译大贝尔特桥，Great Belt Bridge)(图 7.105)也是一座超大跨径的三跨悬索桥，跨径布置为 535m＋1624m＋535m，混凝土桥塔高 254m，比金门大桥桥塔还高 26m，创塔高世界纪录。梁高 4m，高跨比 1/406；梁宽 30m，宽跨比 1/54.1；主缆的垂跨比 1/9。塔柱截面呈锥形变化，这种塔柱受力合理，稳定性好，落落大方，造型美观，该桥形成一座简洁、力线清晰，犹如浮在大带海峡上的人工雕塑。它也是连接丹麦大城市阿彻波拉格与首都哥本哈根“贯通工程”的一个重要组成部分。

矮寨特大悬索桥(图 7.106)位于湖南湘西矮寨镇境内，跨越矮寨镇附近的山谷，桥面设计标高与地面高差达 330m 左右。桥型方案为钢桁加劲梁单跨悬索桥，全长 1073.65m。该悬索桥的主跨为 1176m，跨峡谷悬索桥，创世界第一；在国际上首次采用塔、梁完全分离的结构设计方案；在国际上首次采用“轨索滑移法”架设钢桁梁；同时也是国际上首次采用岩锚吊索结构，并用碳纤维作为预应力筋材。

图 7.105　丹麦大带桥

图 7.106　矮寨悬索桥

我国现代悬索桥的建造起于 19 世纪 60 年代，在西南山区建造了一些跨度在 200m 以内的半加劲式单链和双链式悬索桥，其中较著名的是 1969 年建成的重庆朝阳大桥(图 7.3)，该桥位于重庆北碚区，是一座跨越嘉陵江的公路大桥。大桥总长 233.2m，共三孔，中孔跨度 186m，两边孔各长 21.6m。主桥采用双链加劲开口钢箱与钢筋混凝土桥面板结合的单箱双室组合箱梁，梁高 2m，索塔由混凝土和钢筋混凝土门架组成，全高 64.8m，门架高 31.6m。该桥是我国对现代悬索桥进行探索阶段中的一座重要桥梁。

虎门大桥(图 7.107)位于广州东南珠江出海口附近，是广深和广珠高速公路网的主要组成部分，也是连接珠江两岸及深圳、珠海两个经济特区，沟通港澳及广东沿海地区的重要枢纽。大桥全长 3618m，主航道桥为跨径 888m 的单跨双铰加劲钢箱梁悬索桥，桥面宽

31m，桥下通航净空：主航道 60m×300m，辅航道 40m×160m。索塔为门式框架结构，塔高自基顶算起为 147.55m。选择悬索桥方案基于如下理由：加大跨径避开深水基础，确保工期；施工期间保证航运通畅；施工期间，斜拉桥悬臂抗风稳定性差，悬索桥加劲梁安装风险则要小得多；相同跨径下，悬索桥塔高为斜拉桥的 2/3 左右，单跨悬索桥在主桥长度上要比三跨斜拉桥短，造价相对要低。该桥于 1997 年 6 月 9 日在香港回归前建成，大桥与古炮台相互辉映，让人产生不忘国耻、振兴中华的情感。

我国于 1999 年建成的江阴长江公路大桥(图 7.108)，位于江苏省长江三角洲地段的中部，连接江北靖江市和江南江阴市，是我国东部沿海公路干线——同三线跨越长江的重要工程，也是我国首座跨径超千米的特大型钢箱梁悬索桥梁。主桥分孔为 336m＋1385m＋309m。主梁梁体采用流线型扁平钢箱梁，箱高 3m，宽 32m，高跨比 1/461.7，宽跨比 1/43.3，主跨垂跨比 1/10.5，缆距 32.5m，吊索间距 16m。桥塔高 190m，为两根钢筋混凝土空心塔柱与三道横梁组成的门式框架结构，重力式锚碇。桥面宽 29.5m，双向六车道。大桥造型优美、刚劲流畅，真正实现了一跨过江、飞架大江南北、天堑变通途的伟大理想。该桥的建设，标志着我国悬索桥的建设水平也已进入世界前列。

图 7.107 虎门大桥

图 7.108 江阴长江公路大桥

1992—1997 年在香港建成了青马大桥(图 7.109)，位于青衣岛与马湾岛之间，是通往香港新机场联络线上的一个重点工程。该桥主跨 1377m，跨越深水航道，桥下净空 70m。马湾塔建在浅水中，从塔到岸，加劲梁跨度为 355.5m。加劲梁由桁架梁四片组成。上层桥面为六车道，下层桥面分为三车道：中央道为双线机场铁路，左右分别为汽车应急单行(供紧急或天气恶劣时使用)。桁架梁全高为 7.64m。在左右桁架之外，设置尖形风嘴导流，以免气流产生漩涡。该桥在美学上也获得了壮丽的外观。

图 7.109 青马大桥

7.6 立 交 桥

立交桥全称“立体交叉桥”，是在城市重要交通交汇点或高速公路互通节点建立的上下分层、多方向行驶、互不相扰的现代化立体交叉结构桥。立交桥有人行立交桥和机动车立交桥。跨越道路上方的人行立交桥又称人行天桥，一般建造在车流量大、行人稠密的地段或者交叉口、广场及铁路上面。人行天桥只允许行人通过(有时也让自行车通过)，用于避免车流和人流平面相交时的冲突，以保障人流安全，提高车速，减少交通事故。

7.6.1 立交桥的结构形式与人行天桥的设计方案

1. 立交桥的结构形式

立交桥还可分为单纯式立交桥、简易式立交桥和互通式立交桥。

(1) 单纯式立交桥是立交桥中最简单的一种。这种立交桥主要用于高架道路与一般道路的立体交叉，铁路与一般道路的立体交叉，其通行方法极其简单，各自在自己的道路上行驶。

(2) 简易式立交桥主要是设置在城内交通要道上。主要形式有十字形立体交叉、Y形立体交叉和T形立体交叉。其通行方法：干线上的主交通流走上跨道或下穿道，左右转弯的车辆仍在平面交叉改变运动方向。

(3) 互通式立交桥又有三枝交叉互通式立交桥、四枝交叉互通式立交桥和多枝交叉互通式立交桥等三类。三枝交叉互通式立交桥，包括喇叭形互通式立交桥和定向形互通式立交桥。四枝交叉互通式立交桥，包括菱形互通式立交桥、不完全的苜蓿叶形互通式立交桥、完全的苜蓿叶形互通式立交桥和定向形互通式立交桥。

互通式立交桥的通行方法：苜蓿叶形立交桥通行方法和环形立交桥通行方法。

① 通过苜蓿叶形立交桥时，直行车辆按照原方向行驶，右转弯车辆通过右侧匝道行驶。左转弯车辆必须直行通过立交桥，然后转进入匝道再右转270°。

② 通过环形立交桥时，除下层路线的直行车辆可以按照原方向行驶以外，其他车辆都必须开上环道，绕行选择去向。

我国的人行天桥建设始于20世纪70年代，多为钢筋混凝土梁柱结构，以满足行人过街通行的需求。随着我国交通建设的发展，人民大众审美意识的提高，人们已经不再从纯粹的工程学角度来研究人行天桥，而是结合时代的背景特点、生态环境和可持续发展的观点，运用现代城市设计的理念，来设计人行天桥。我国的立交桥逐步向形式简洁、功能齐全、线形平顺、流畅美观、施工方便和工业化制造等方向发展。如今，富于形式变化的天桥造型，俨然已经成为美化城市轮廓线的有效手段。人行天桥与人行地道一起，成为城市道路交通中解决行人过街通行的两种主要途径。

2. 人行天桥的设计方案

城市人行天桥规划，必须结合城市交通网规划，根据道路机动车流的交通强度和过街行人的交通强度及两者的相互干扰程度，做好远近结合、合理选点、人车分离、各行其道。其设计与选型要依据道路交叉与路幅宽度，桥位地域地点、行人类型、行人速度及对人行桥的功能要求和地域环境景观能力的强弱来选择其造型。遵循安全、适用、经济、美观的原则。设计方案尽量做到以下几点。

(1) 因地制宜。人行天桥宜设置在交通繁忙及过街行人稠密的主干路和次干路的路段或者平面交叉处；宜设置在车流量较大，不能满足过街行人安全穿行的需要，或者车辆严重危及过街行人安全的路段。

(2) 节约用地，减少造价。地面梯口应尽量少占人行道空间，并尽可能与附近大型商业建筑出入口结合，从而减少工程投资。

(3) 结构合理。满足使用功能要求，选择合理的人行天桥建设标准，保证行人交通的安全、便捷；对于与自行车混行或专供自行车行驶的，在总体布局、建筑造型、设计坡度等方面要全面综合考虑，以达到预期效果。

(4) 人行天桥和人行地道要进行经济技术比较。一般人行地道不破坏地面自然景色，还便于与地下商店结合，具有一定的优越性。

(5) 便于施工。人行天桥设计要为文明快速施工创造条件，尽量采用预装配方案，并要注意对地下管线的影响。

(6) 与周围建筑物和环境相协调。应该结合周围的环境条件来选择合理的结构形式、建筑材料、色彩和设计细部构造，实现桥梁与环境的协调统一。充分考虑人行天桥周围地区的人文、历史和社会因素对桥型选择的影响，创建可驻留的、妙趣横生的人行天桥，使之成为城市空间的有机组成部分。

(7) 以人为本。满足行人以最短的距离及最小的爬高跨越道路的心理需求；成为兼顾行人交通和能够驻足休憩欣赏周围景观的场所；在其内部空间上应体现对行人的关照，尤其突出对老、少、病、残等特殊群体的照顾；多雨雪地区，天桥可加顶棚。

7.6.2 人行天桥的构造及平面布置

人行天桥由桥跨结构、墩台基础、上下桥步梯及附属栏杆、灯柱构成。人行地道由通道、出入口梯道、平台构成。人行天桥的主体结构在平面上的投影即为其平面布置形式，其主要形式如图 7.110 所示。

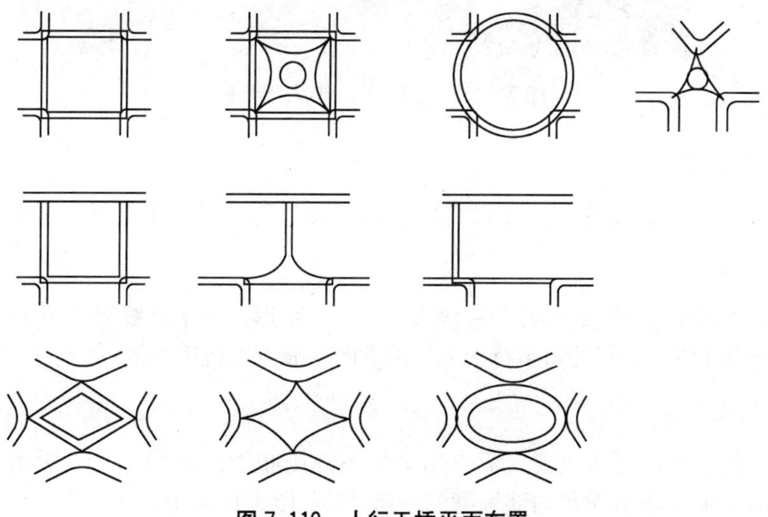

图 7.110 人行天桥平面布置

人行天桥的平面布置形式首先取决于相交道路平面的交叉类型。

1. 十字形交叉口

十字形交叉口一般可采用“口”字形、“X”形、“O”形等平面形状。

(1)“口”字形。适用于十字路口，行人需绕直角才能到达对角方向，上下梯道设于路口四角人行道。图 7.111 为上海四平路人行天桥。

(2)“X”形。是十字形的发展，适用于更大交叉口。如图 7.112 所示为“X”形人行天桥，该桥在中间开口，使桥下光线通风改善，造型美观。

图 7.111 上海四平路人行天桥

图 7.112 “X”形人行天桥

(3)“O”形。适用于多岔交叉口，由于曲线形，造型流畅优美。如图 7.113 所示为武汉“O”形人行天桥。

图 7.113 武汉“O”形人行天桥

2. 丁字形交叉口

丁字形交叉口一般采用“T”形、“Y”形、“L”形、“Ⅱ”形等平面形状。

3. 错位交叉口

错位交叉口(包括路段人行天桥)一般采用“一”字形，一字直线形常用于跨越铁路路线或市区商业繁华地段。上下梯道平行于人行道方向并靠近人行道外侧，便于行人上下使用。

4. 复合交叉口

对于不规则交叉，可按主要人流方向采用不规则布置。如图 7.114 所示为“S”形人行天桥，如图 7.115 所示为我国陆家嘴的一座“C”形人行天桥。

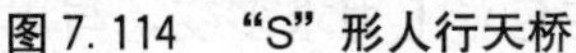

图 7.114 “S”形人行天桥

图 7.115 “C”形人行天桥

一般而言，预应力混凝土箱梁桥和钢箱梁桥在各种平面构成中均可采用，但当采用“Y”形、“X”形及“S”形等特殊形态时，钢箱梁桥以其主体结构轻巧灵活的特点，更易在平面构成上取得与周围建筑物的协调性。

人行天桥的平面布置还应考虑主导人流流向，给人一种便捷感，真正起到诱导集散人流的作用。其平面形状不应单调呆板，在可能情况下，尽量与周围环境相配合，以达到美化交叉口的作用。

7.6.3 人行天桥的结构及审美

人行天桥的结构对“一”字形来说形式较多，可以是梁式结构、拱式结构、刚架结构、斜拉结构等。

目前我国已建成的人行天桥大部分采用刚架体系或连续梁体系，其目的主要是降低主跨的建筑高度，从而降低桥面标高。侧面的变断面是利用非机动车道净空要求小的特点，采用折线刚架，上设梯道，缓和行人上下步梯的劳累，给人轻盈的美感。

为了加快施工速度，人行天桥上部结构一般采用钢结构，在工厂预制，现场吊装焊接施工，可不影响道路交通。根据桥面宽度，也可采用单室或双室的钢箱梁断面，箱形截面抗弯扭刚度大，截面受力好，抗振动性能好，给行人以安全舒适感。

还可采用焊接工字形钢板梁组成框架梁，把横梁和悬臂梁焊接于主梁腹板上，使纵向小梁与主梁上翼板顶面平齐，为增加主梁抗扭刚度，主梁之间增设剪刀撑。

与跨越大江大河的大跨度桥梁相比，人行天桥的计算跨径一般不会很大(通常在 50m 以内)，因此在结构设计上没有更多的困难。但应注意在选用钢箱梁的结构体系时，设计中需要尽量提高结构刚度，或采用吸振器减振，或在箱梁内部安装消能减振装置等措施，以增强天桥结构使用中的舒适性和耐久性。

对于城市中公园、河流等特殊地方的人行天桥，由于建造环境各异，差别很大，对于城市景观的影响相当大，因而设计要求也很高。对于这一类城市人行天桥，主要应该把握建造场地的环境特色，大胆创造，设计出独具特色的结构形式，使它成为一个引人注目的焦点。同时，这一类人行天桥往往最具休憩的潜力，在选择人行天桥建造地点的时候还应当充分考虑在桥上所能观看到的风景。

对于建筑物间的人行天桥，由于其对城市景观的影响相对较小，一般要求与周围的建筑物风格统一协调，其设计手法基本采用建筑设计中的常用手法，一般需要设置顶盖。过街人行天桥在桥上设置顶盖，应充分考虑与所连接建筑的风格统一及观景的功能。

人行天桥通常桥面较窄，跨径较小，承担的活载较小，因而有利于新结构、新体系、新材料的应用。从国内外城市人行天桥的建设可见，人行天桥结构创新方面有明显的特点：新结构、新体系的采用，推动了人行天桥形式的不断创新、发展；轻型结构、空间结构、柔性结构在人行天桥上的应用可谓层出不穷；新材料的应用，为人行天桥的创新提供了更广阔的空间。近些年来铝材、玻璃、FRP(Fiber Reinforced Polymer，纤维增强复合塑料)等材料在国外人行天桥上的应用屡见不鲜。

桥梁结构的色彩对景观的影响也非常大。现代城市人行天桥除了钢结构通常涂漆以外，大都采用材料本色，不能完全适应环境。因而，应在色彩上力求多变，与周围环境紧密配合。

7.6.4 机动车立交桥

我国大城市交通向多层次、多平面发展，缓解了市区的交通压力，取得较大的社会经济效益，对改善城市环境与改善人民生活发挥了巨大作用。现选择部分各有特色的机动车与非机动车分行的立交桥做简要介绍。

北京四元桥(图 7.116)位于东四环路、首都机场高速路、京顺路三条道路相交处，是机动车与非机动车分行的四层定向型互通式立交桥。第一层于匝道的周围设辅路(非机动车、行人道)系统；第二层为东西向的机场路、京顺路；第三层为南北向，直行四环路；第四层为三条定向弯匝道。除三条主路外，还有 12 条匝道，8 条辅路。共有桥梁 26 座，总建筑面积 42 000m^2，是目前国内工程规模最大的立交桥之一。主桥为预应力混凝土连续箱梁，桥宽 38～47.2m。匝道桥上部结构为预应力混凝土连续弯箱梁，最长的桥全长 619m。下部结构系单支承钢管混凝土独柱墩。各联连续梁的分联处为双柱墩，隐形盖梁。为适应弯匝道桥受力的需要，采取独柱偏置和球形支座等技术措施。整座立交桥气势宏伟，交通功能完善，桥梁平、立面舒展大方，于 1993 年 9 月建成。

广州区庄立交桥(图 7.117)位于环市东路和先烈路相交处，是机动车和非机动车分行的四层环形互通式立交桥，是我国最早的环形立交桥。第一层为下穿的环市东路；第二层是原地面，为非机动车与行人环路；第三层为机动车转弯环道；第四层为先烈路直行高架桥。第二层环路建非机动车桥两座；第三层环形桥为弯板结构；第四层主跨为两跨双悬臂

图 7.116　北京四元桥

图 7.117　广州区庄立交桥

T形梁，引桥长488m。下部结构为矩形独柱墩。该立交桥于1983年建成。

沈阳文化路立交桥(图7.118)位于一环路与青年大街相交处，是机动车与非机动车分行的四层环形互通式立交。占地8hm^2，桥梁总面积13 800m^2。立交桥第一层为下穿路，第二层为非机动车环路，第三层为机动车环道，第四层为机动车直行高架桥。中间两层为三跨连续无梁板结构。第四层高架桥为变截面钢筋混凝土连续梁，全长477m。下部结构为Y形墩与T形盖梁独柱墩。该桥造型轻柔美丽，令人赏心悦目，于1986年建成。

修建更宽的公路对于绝大多数城市来说并不具有可行性。美国得克萨斯州达拉斯五层立交桥(图7.119)是美国一条公路立交桥。达拉斯的解决之道简单地说就是选择“垂直”方式。五层立交桥一些区域的高度相当于一座12层建筑，每天输送人数大约在50万人左右。整个立交桥由37座永久性桥梁和六个临时桥梁组成。

图7.118 沈阳文化路立交桥

图7.119 美国达拉斯五层立交桥

深圳雅园桥(图7.120)位于文锦路与东门、笋岗两条道路相交处，是机动车与非机动车分行的三层喇叭形定向型立交，占地11.2hm^2，共27座桥，总面积21 300m^2，是深圳最大的立交桥。主桥上部结构采用预应力混凝土连续弯箱梁，最长的一座桥全长117m，桥宽8～19m，用加宽支点横梁和增设中横梁来改善弯梁的受力。立交桥在受到用地严格限制条件下，充分满足了交通功能，造型也新颖美观，犹如一对比翼双飞的金凤凰。该立交桥于1993年建成。

图7.120 深圳雅园桥

上海沪青平立交桥(图7.121)为目前世界上最大的立交桥，该枢纽是上海国际航空港的重要门户和上海路网格局的核心工程之一。设计师们开拓创新，在设计技术上取得了重大突破，在保证立交桥无交织、无冲突运行的前提下，成功地解决了20个流向的完全互通难题；建成后的立交桥枢纽占地面积近550亩，其中立交桥新增面积150亩，仅仅为常规占地的1/3，再次体现了设计的独特之处。整个立交桥分为四层、三个系统，总建筑面积创12万m^2的新纪录，被称为“世界第一立交桥”。

图7.121 上海沪青平立交桥

7.6.5 人行天桥桥例

立交桥本身线条应简洁明快、轻柔纤细、连续流畅，给人以明快清新的印象。立交桥各构件之间应协调统一，此时作为桥梁整体就会犹如音乐的美妙旋律，带给行人无限美感，这种协调一般借助于协调、韵律、匀称、平衡、比例、色彩、交替、层次等众多手法来共同完成。也可以突破几何对称的传统结构，因地制宜地采用非对称结构，使桥梁造型构思奇特、趣味横生。另外，人行天桥巧妙的细部构造和装饰处理也会达到令人赏心悦目的效果。随着人们对城市美化要求的提高，越来越多造型优美的立交桥出现在人们眼前，让人赏心悦目。

英国伦敦千禧桥(图7.122)是一座人行天桥。它连接北岸的圣保罗大教堂和南岸的环球大剧院及泰特现代馆，深深地影响到了该区域经济、文化的发展。该桥跨度320m，两个“V”字形墩支承八根钢缆，钢缆高出桥面不超过2.3m，构成一座矢跨比不足正常悬索桥1/10的极小矢跨比的悬索桥。该桥以简洁轻盈的结构跨越较大的空间，实在令人惊叹不已。桥栏利用挡风玻璃为行人提供舒适的逗留场所，行人可尽情观赏伦敦美景。桥面以上材料选用不锈钢栏杆和铝制桥面，白天的它宛如一条细长的缎带，夜晚的它犹如熠熠生辉的剑刃。这座桥表现出新千禧年来临之际英国桥梁建筑的独特魅力。

亨德森波浪人行天桥(图7.123)是新加坡最高的人行天桥，它衔接了花柏山公园和直落布兰雅山公园。造型优雅别致，桥身宛如波浪，有四个波峰和三个波谷，给行人提供了观景的新高度，其波浪状的设计带给人视觉上的冲击力，动感十足。全桥采用无障碍设置，桥面防滑，没有梯阶，设有扶手，其巧夺天工的造型备受人们的喜爱。

位于荷兰阿姆斯特丹的“红色大桥”(图7.124)是一座曲线起伏变化的桁架人行天桥。该桥将斯波伦堡半岛和博尼奥半岛联在一起，并且不设桥墩，利用桁架的竖向曲线形成桥下的通航净空。线形曲折流畅，从下面通过桥孔，会有一种新奇感，桥两侧有铝制的海鸥造型装饰，为阿姆斯特丹增添了别样的风情。

(a)

(b)

图 7.122　英国伦敦千禧桥

(a)

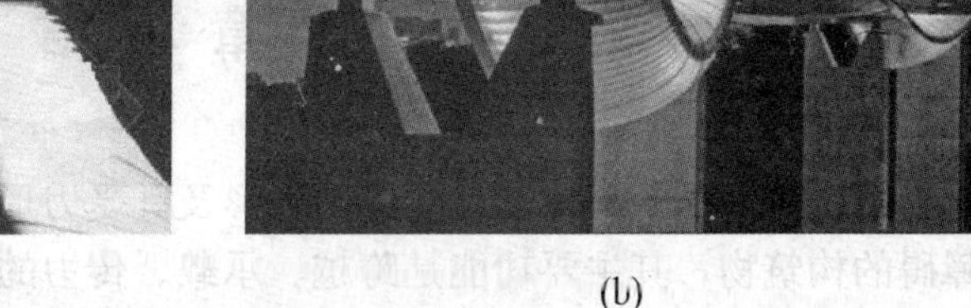

(b)

图 7.123　亨德森波浪人行天桥

图 7.124　阿姆斯特丹的“红色大桥”

图 7.125 为德国在基尔港修建的一座折叠式人行天桥。该桥关闭时就像一般单跨斜拉桥，打开时拉索体系使桥板迅速折叠起来。桥梁的折叠是由一个恒速绞盘，把缆绳盘绕在绞盘上实现的，当然桥塔架也要随之转动。该桥构思奇特，工艺独特，成为人行天桥中的精品。

图7.126为一座神奇的可收缩移动的桥梁，位于英国伦敦帕丁顿，由托马斯·赫斯维克(Thomas Heatherwick)设计，桥身长12m。它的独特之处在于平时只是一座普通的钢结构人行天桥，但它却具有特别的可伸展、可收缩的八段结构，一旦有船只通过河面时，桥身就会自动卷起变成圆环形，使得船只可以顺利通过，这种设计创新大胆，实在令人叹为观止。

图7.125　德国折叠式人行天桥

图7.126　可收缩移动的桥梁

本章小结

桥梁结构体系是桥梁功能、构造、外形及其受力形态的统一。桥梁是人工修建的跨越交通障碍的构筑物，其主要功能是跨越、承载、传力的作用，它是在梁、拱、索三种基本体系的基础上组合成了丰富多彩的桥梁结构体系。根据结构形式，桥梁结构体系可分为拱桥、梁桥、刚构桥、斜拉桥、悬索桥和立交桥。桥梁受力形态包括结构内部荷载的传递方式及平衡时的内力状态，它是结构体系的内核。随着桥梁技术水平不断提高，各种类型的桥梁得到了不同程度的发展与演变，桥梁结构体系也在得到相应的优化与创新，功能愈加完善，结构形式灵活多变，结构受力更加合理，整体结构趋于现代化、富有时代感。

思考题

7-1　拱桥受力特点有哪些？简述拱桥主要结构形式。

7-2　梁桥的结构形式有哪几种？试分析其优缺点。

7-3　刚构桥的受力特点有哪些？简述刚构桥主要结构形式。

7-4　简述斜拉桥的构造及受力特点，以及斜拉桥桥塔和索面的功能。什么是矮塔斜拉桥?

7-5　简述悬索桥的构造及受理特点。说明自锚式悬索桥和混凝土悬索桥的适用条件。

7-6　人行天桥的设计应注意哪几点？人行天桥的平面布置形式有哪些?

第8章 桥梁结构及其附属设施的造型设计

教学目标

本章主要讲述桥梁结构的选型与造型设计，介绍了桥梁建筑的附属设施的美学造型设计的特点。通过学习，应达到以下目标。

(1) 掌握桥梁结构选型及其美学要求。

(2) 掌握桥梁墩台的美学造型设计。

(3) 理解桥梁建筑附属设施的美学造型。

教学要求

知识要点	能力要求	相关知识
桥梁结构选型与造型设计	(1) 掌握桥梁结构选型的原则 (2) 熟悉桥梁结构形式的设计要点	(1) 了解各类桥梁结构概念设计 (2) 桥梁结构设计与美学造型
桥梁墩台的造型设计	掌握桥墩与桥台的造型设计	熟悉著名桥梁的墩台造型
桥梁附属设施的造型设计	(1) 了解桥上建筑的美学造型 (2) 了解桥头建筑的美学造型 (3) 掌握栏杆、端柱、雕塑等美学处理	(1) 了解国内外著名的桥上建筑 (2) 了解国内外著名的桥头建筑

基本概念

桥型、桥梁结构、桥墩、桥台、桥头堡、桥上建筑、桥头建筑、桥梁附属设施

引例

美丽的龙津风雨桥

龙津风雨桥(图 8.1)是世界上最长的侗乡风雨桥之一，位于湖南芷江县城中心，初建于明代万历十九年(1591 年)，几经圮毁，多次修复，历经四百余年，一直是湘黔公路交通要塞，亦是商贾游客往来云集最繁华的地方，史称“西南三楚第一桥”。1999 年，该桥重新修复，现全桥长 246.7m，宽 12.2m，桥上设三层檐的长廊，长廊面侧设厢房店面 94 间，隔间建有七处五层檐的凉亭，亭最高 17.99m，登上观赏亭，舞水两岸风光尽收眼底。此桥为全木质结构，无一钉一铆，整体气势恢宏，犹如一条长廊横卧舞水。2000 年 12 月，上海大世界基尼斯总部授予该桥“大世界基尼斯之最”称号，该桥远望似长龙戏水，近看似迎波斩浪的快舰，威武雄俊、气势磅礴，可谓华夏侗族工艺之精华，堪称江南一绝。

图 8.1　龙津风雨桥

8.1　桥梁结构形式的选择

桥梁设计中，我们常从桥型的选择，合理的规划布局，材料和色彩的运用，点、线、面、体的配合和环境协调等多方面来考虑桥梁的美学要求，但体现桥梁美学的最重要的环节却是桥梁选型。桥型选择合理再配以良好的比例，其结构本身就具有一种原始美和韵律感，无须过多装饰，桥建成以后不仅能够满足使用功能，还能给人以美感，使人得到精神上的享受；桥梁选型不好，桥建成后虽能满足使用功能，但由于其或是与周围环境格格不入或是呆板单调、杂乱无章，因而无法唤起人们的美感。所以作为桥梁设计者，要设计出一座既能满足使用功能，又能给人以无限美感的桥梁，桥型方案的比选尤为重要。

1. 桥型选择原则

桥梁形式主要有梁式结构、拱式结构和索结构，也可以通过创新构思出新的结构形式，但无论是选择常用桥型还是创造新的桥型，满足承载、跨越的基本功能要求，符合适用、安全、经济等基本条件都是最重要的。桥型的选择应符合如下主要原则。

(1) 跨径。应能满足总体布局设计中各工程技术条件所需要的最大跨径。一般情况下，增大跨径会使总造价增加，所以最佳桥型通常是将设计跨径控制在总造价较为经济的跨径范围。

(2) 形象。应符合景观规划的要求。

(3) 经济。尽量就地取材，选择施工难度可以控制的方案，尽量选择社会效益较高的设计。

(4) 创新。桥型不应该千篇一律，应该独具特色，当然也不能盲目地追求创新而忽略社会效益等因素。

香港青马大桥(图 7.109)横跨青衣岛及马湾岛之间的马湾海峡。根据两侧地形条件差异及青衣岛一侧公路立交布置要求提出了不对称布跨，即中跨和马湾岛一侧边跨悬吊的双塔两跨悬索桥构思，它与连接马湾、大屿山的汲水门大桥一起，像两道彩虹，成为香港新的观光景点。

图 8.2 为上海卢浦大桥，采用全焊钢结构箱形拱桥，造型简洁流畅，跨度 550m，成为上海世博园标志性建筑之一。

图 8.2 上海卢浦大桥

2. 桥型选择方法要点

(1) 先总体后局部。首先明确桥梁所需的最大跨度及高度；其次明确桥梁在周围环境中应具有的特色；然后进行桥梁建筑设计。

(2) 先确定桥型后分析。不管选择常用桥型还是创新桥型，都应在桥型的形态确定后，再对其主要受力特点及变化规律结合实际情况进行分析，以便修正桥型，进一步优化等。

(3) 选择截面形式。结合施工条件、材料和结构构件主要受力特征，参考已建桥梁的经验，选择结构效率较高的常用截面形式。

(4) 综合检验。最后应对全桥的合理性、施工可行性、造价及养护总费用的经济性等进行综合检验，最终认定是否符合最佳桥梁的条件。图 8.3 为美国彩虹桥，该桥位于美国与加拿大两国交界处旅游名胜区，桥跨为 289.5m，桥梁造型秀美飘逸，就如同彩虹跨江，与尼亚加拉瀑布下游自然景色融为一体，给人以浓重的直观美感，如果改为任何一其他桥型都会令人感到逊色失美。

图 8.3 美国彩虹桥

(5) 确定桥型之后，就应对所选桥型进行形态设计，即造型设计。

8.2 桥梁结构造型设计

8.2.1 桥梁结构造型设计原则

桥梁结构造型设计的基本原则如下。

（1）应首先满足基本功能要求，满足桥梁的使用需要。

（2）应符合力学规律，保证结构的安全性，具有可靠的传力方式和传力系统。力学合理性本身就蕴含着力感美，不当的造型会破坏这种美感。

（3）应重视与周围环境的协调，应发扬创新精神，更应该重视形态细节的推敲和细部设计。

8.2.2 梁桥与刚构桥造型设计

梁桥和刚构桥，形态简单，水平方向延伸感强，造型设计的重点应表现其轻巧匀称、连续流畅的形象。

1. 梁桥造型设计特点

梁桥的桥跨结构仅有一个梁单元，主梁与支撑结构——墩台是分离的，桥墩对桥梁造型的影响很大，梁桥的造型设计最主要的就是主梁立面、平面和桥墩的造型设计(桥墩造型设计的相关问题，将在后面详细介绍)。在各种桥型中，梁桥是一种可以在很大程度上适应道路曲线(或折线)平面布局要求的桥型。

1）主梁轴线设计

梁桥是以其结构的主要承重构件——主梁来直接承载通行车辆或行人的桥型，墩、台为分离的支撑结构，所以全桥轴线的立面线形是水平连续直线和分离的竖向直线。主梁轴线需要根据道路纵断面设计的技术要求进行竖曲线调整，同时考虑主梁结构设置预拱对造型带来的影响。梁桥轴线立面线形还有分段问题，即全桥分跨数及跨径之间的比例问题。轴线的平面线形则要根据路、桥的总体布局，决定采用直线形、曲线形或折线形。

2）主梁轮廓设计

桥梁轮廓设计首先根据选型所确定的梁横截面形状来决定组成主梁的基本单元类型及截面状况“基调”。桥的宽度比梁高大得多，如果梁选用空心板、整体板或整体箱形截面，则全桥主梁基本单元类型就是板，应同时考虑其侧界面及底界面的轮廓设计。如果梁选用下穿式封闭截面，全桥基本单元类型就是杆，则需统一考虑侧界面、顶界面及底界面设计。最后，选定轮廓界面沿梁轴线的变化。而“鱼腹式”简支梁不宜多跨布置，其形态的连续、流畅性很差。如果用上缘线形的变化来确定梁高变化，可采用上承式混凝土单跨简支梁，或下承式钢板单跨简支梁和下穿式连续钢桁架梁。

桥梁构件单元轮廓面的变化应考虑其内部传力路径的分布，连续梁采用下缘或上缘变化形态与应力迹线分布有关，采用侧面下缘变化形态，则是与梁压应力迹线分布一致，将支点固定即演变为压力结构；采用侧界面上缘变化形态，则是与梁拉应力迹线分布一致，将凸起的腹板挖空，即演变成拉力结构。结构形态与受力状态如图 8.4 所示。

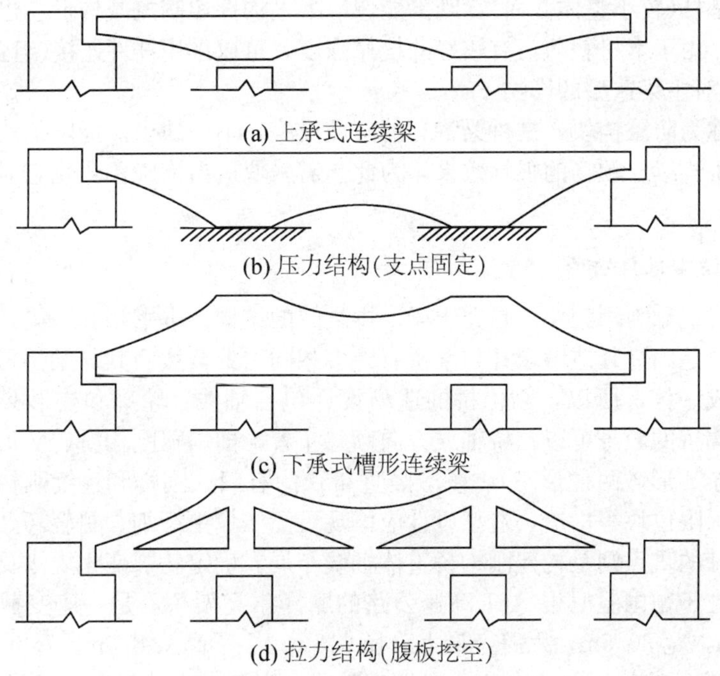

(a) 上承式连续梁

(b) 压力结构(支点固定)

(c) 下承式槽形连续梁

(d) 拉力结构(腹板挖空)

图 8.4 结构形态与受力状态

主梁侧界面的高跨比、梁高沿轴线变化的形态、相应布局比例的确定，以及全桥形态的连续性处理等均为轮廓设计的要点。

3）主梁构形设计

主梁构形设计主要是对构件单元体态进行构形设计，其目的是突出主梁的连续性，同时避免大面积立面的单调、呆板、沉重感，构建轻巧且富有韵律变化的美观形态。

4）不同材质主梁构形设计特点

（1）钢筋混凝土和预应力钢筋混凝土梁桥。

钢筋混凝土和预应力钢筋混凝土梁式桥都是采用抗压性能好的混凝土和抗拉能力强的钢筋结合在一起简称的。基本组成单元是板或杆，相对钢桥而言，其板单元应该是厚板。所以混凝土梁桥的构形变化主要采用切割挖减构形法，其构形措施的尺度较大、线形简单。

（2）钢梁桥。有下承式钢箱(板)梁桥、上承式钢板梁桥和钢桁梁桥等形式，基本组成单元是薄板或由板组合成杆，可充分利用钢材可焊接的特性，主要采用组合叠加构形法丰富造型。

下承式钢板梁桥的基本组成单元主要是板，最简单的形态就是一张薄板。构形措施的尺度可以很小而较复杂。上承式钢箱(板)梁桥整体由钢板组合而成，可以在梁侧界面上利用组合叠加(焊接)构形措施，构建富有活力的形态。钢桁梁桥由主桁、联结系、桥面系、制动联结系、桥面、支座及桥墩(桥台)组成，为主要承受弯矩和剪力的结构。稀疏的腹杆既节省钢材，又放宽了钢桁梁的高度限值。

(3) 木梁桥。采用胶合夹层木料或经过防腐等处理后的木料，可克服木材的缺陷，保持木桥的耐久性。木梁桥常应用于特定的环境，形态古朴、自然，合乎环保要求。其基本组成单元主要是杆(较小整体截面)，既不能像混凝土构件切割挖减构形，也不能像钢构件组合叠加构形，由于木材轻巧，有较好的抗拉强度，可以采用杆件连接(组合)构形。

5) 限位块对主梁造型的影响

限位块也称为防震挡块，是桥梁特有的防震设施，不可缺少，但限位块设置在边梁外侧，会破坏梁桥连续、顺畅的视觉效果，为此，需采取适当措施，弱化它对桥梁造型的不利影响。

2. 刚构桥造型设计特点

刚构桥有时也称为刚架桥，是介于梁、拱之间的结构。本书将其与梁式桥一起介绍其造型设计，主要是因为其造型设计与梁桥有许多相同之处，然而其与梁桥形态的最大差异就是梁与墩连成一体，所以，刚构桥的造型设计包括轴线、轮廓和构形必须与墩整体考虑。此外，刚构桥的墩身可以在桥轴线方向倾斜布置，即斜腿刚构桥、V形支撑连续刚构桥(有V形墩与Y形墩两种形态)。桥墩竖直布置的有门式刚构和连续刚构等。刚构桥省去了墩顶支座、限位块等构造，造型设计应体现更简洁、更纤细、更轻巧及整体性和连续性。其造型设计的重点则是构建刚构桥整体轴线布局，确定轮廓变化规律及桥墩形态等。

图 8.5 为位于德国温尼根 A61 高速公路的摩泽尔高架桥，是一座变截面连续钢箱梁桥，全长 935m，宽 30.5m，六跨，最大跨径 218m，主梁高从 8.5m、7.8m 到 6m 组建过渡，桥面高出河面 136m。大跨径、大悬臂钢箱梁、高墩成为其亮点。它采用先进的技术，具有简洁大方的造型，虽然桥墩尺度较大，但总体比例恰当，和摩泽尔峡谷融为一体，给人很强的力度感。

图 8.5 摩泽尔高架桥

8.2.3 拱桥造型设计

拱桥是古老而美丽的桥型，拱与梁是曲、直相配的，它们形态相对于位置的不同变化，可以构建千姿百态的拱桥造型。如今，历经千年沧桑的古老桥型更加风姿绰约，曼妙多姿，焕发着灿烂的青春。

1. 拱桥造型的构成

拱桥的桥垮结构由梁(桥面)、拱和拱上建筑(或拉杆)等单元构成，桥面梁所承接的车和人等荷载需要通过拱上建筑(或拉杆)传递到拱(肋或圈)——主要承重构建上。拱和梁的相对位置及它们之间相互连接的布局形式是构建拱桥造型的主要内容。拱和梁的相对位置是由轴线关系来表达的，所以拱轴线的布局是拱桥造型设计的重点。而拱、梁之间的基本关联形式分为两类：一是梁(桥面及荷载)上重力以压力形式通过拱上建筑传递到拱单元上方；二是梁(桥面及荷载)上重力以拉力形式通过拉杆(索)传递到拱单元下方，拱上建筑构形设计也是拱桥造型设计的重点之一。

2. 拱桥设计的内容

1）拱桥轴线设计

拱桥主要有两类轴线：拱轴线和梁轴线。所谓拱桥的轴线设计，实质就是在拱桥设计中拱轴线和梁轴线组合变化的具体处理。拱上建筑或拉索(杆)轴线设计比较单纯，为配合传递压力或拉力的需要，其形态只能是直线，位态仅有竖直和倾斜两种。

2）拱桥轮廓设计

拱桥轮廓设计包括拱肋(圈)、桥面梁及拱上建筑的构成单元类型，轮廓界面形态及变化规律的确定。拱肋(圈)构成基本单元类型为杆或板(主要是曲杆或曲板)；桥面梁为板单元；而块单元是拱上建筑构成的基础，可以从块单元演化成杆与板单元。拱肋(圈)轮廓的界面状况一般为平面，根据使用材料情况有时为曲面或折面，造型设计中其侧界面下缘线形基本可按拱轴线的几何曲线状态设置，而侧界面上缘线形及顶、底界面宽度沿拱轴线的变化规律可以按受力特征与艺术形象相结合处理。

3）拱桥构形设计

拱桥构形设计包括桥面(梁)、拱肋(圈)与桥面关联部分(包括拱上建筑、吊索等)、拱肋(圈)的构形设计等，然而全桥构形设计应整体统一考虑、协调和谐。其中拱上建筑构形设计是重点，可以深化为次级轴线设计、次级轮廓设计及次级构形设计。

萨尔基那桥(图 8.6)为钢筋混凝土三铰拱桥，桥长 132.3m，桥面宽 3.5m，跨径 90.04m，拱高 12.99m。此桥的特点：拱为薄壁空箱界面，拱肋在拱顶处宽 3.6m，拱脚处以曲线加宽至 6m；拱肋高度在拱脚处最小，在 1/4 处变为最大，呈鱼腹形，与结构受力十分协调。该桥上下部巧妙结合，结构坚固稳定，诠释了桥梁的力度美。

儒塞利诺·库比契克(Juscelino Kubitschek)桥简称 JK 桥(图 8.7)，该桥线条简洁，造型独特，是世界上最美的大桥之一。它是不对称的悬吊梁拱桥，也是一座梁拱混合结构。这座桥提示人们：随着科学技术进步及人类审美情趣的发展，拱桥也由传统对称的单一形式向非传统非对称的多重形式进行演变。同时，也证明桥梁的形式还有很多，需要人们不断地探索。

盖茨亥德千禧桥(图 5.32)是一座倾斜的双拱钢拱桥，倾斜的拱为主要受力部分，水平的弧形拱为受力的桥面。这个能旋转的弧形步行桥水平横跨在河面上，供两岸的行人通过。倾斜的一对拱，一个构成桥面，另一个把它支撑起。主梁无论从侧面还是平面，都呈拱形，这座桥一开一合，恰似一位美人眨眼，由此它还赢得了“眨眼桥”的雅号。

图 8.6　萨尔基那桥

图 8.7　JK 桥

8.2.4　索桥造型设计

索桥包括悬索桥和斜拉桥两类桥型。

悬索桥源自古铁索桥，首创于我国。斜拉桥的完备形态在第二次世界大战以后才出现。索、梁和塔是索桥的基本组成单元(悬索桥还有锚碇)，其形态各有特点，但必须在整体创意构思的基础上统一进行造型设计，构建整体最佳形态。

索有主索和吊索，主索形态分为两类：一类是斜拉桥直线索，刚性形态；一类是悬索桥曲线主索，同时配置直线吊索，刚柔并济、以柔为主。吊索是悬索桥联系主索和加劲梁的组成单元。索为线形形态，仅能承受拉力，无须进行轮廓、构形设计，但有排列方式、数量及颜色变化，其排列方式和数量会对桥梁造型有相当大的影响。

梁(悬索桥称加劲梁，斜拉桥称主梁)界面有许多形式，其立面主要形式就是桁架式和实体式(板式、工字形、箱形等)两种，桁架式便于布置双层桥面。其桥面的纵向整体连续性、立面形式、梁高与主跨之比例等对桥梁整体造型有较大影响。塔是竖向延伸的结构，为索桥中形态最富于变化的单元，也是与拉索配合使塔、梁、索整体造型相得益彰的主体，对全桥造型有极为重要的影响。塔的造型可分为塔顶、塔身和塔座三部分，其中塔身又可分为桥面(梁)以上部分和以下部分，每一部分对全桥整体造型的影响不同。悬索桥的锚定对整体造型也有重要影响。

图 8.8 为马拉开波桥。它是一座六塔双索面稀索体系双箱单室预应力混凝土斜拉桥，24 组拉锁从塔顶拉向桥面，桥塔纵向为 A 形，横向为门字形，下塔柱设有 X 形桥墩支撑桥面。它是为纪念独立战争时期的英雄乌尔塔内塔而建，它也是马拉开波湖的一景，对当地发展有着重要意义。在结构上的特点：预应力混凝土斜拉悬臂加挂梁；主桥墩支撑预应力混凝土连续梁，梁两端悬臂伸出墩外，其伸出端部以斜拉索系于 A 形塔架顶部，组成一组独立的悬臂结构，两组悬臂端之间搁置挂梁，形成连续桥面结构。在艺术上的特点：用简洁明确的结构体系使人获得美的感受。

伦敦千禧桥(图 7.122)是目前世界上垂跨比最小的悬索桥，两个 Y 形混凝土椭圆断面桥墩支撑起八条钢缆，它们悬在 4m 宽的桥面两侧，就像泰晤士河上的一条“银带”。每隔 8m 就有一个钢横梁紧紧夹住钢缆，薄薄的铝材桥面就加载在钢横梁之上。

图 8.8 马拉开波桥

伦敦塔桥(图 5.44)是一座开启桥，桥宽约 30m，全长 244m，中央开启部分跨长 79m，两侧的吊桥跨径均为 82.3m。在相距 76m 的桥基上建有两座高耸的方形主塔，为钢铁结构花岗岩装饰的方形五层塔，高 65m，远看仿佛为两顶王冠，双塔高耸，壮观华丽。如遇上薄雾锁桥，景观更为一绝。

8.3 桥梁墩台造型设计

桥梁墩台是桥墩和桥台的合称，是支撑桥梁上部结构的结构物，与桥梁基础统称为桥梁下部结构。选择合理的墩台造型使桥梁上部结构和下部结构相协调，满足结构功能的需求，满足桥梁建筑美学需求，尤为重要。

8.3.1 桥墩

桥墩是桥梁的重要结构，支撑着上部结构的荷载并将它传递给地基基础。同时桥墩的设计还必须考虑到桥下交通、水流等因素的制约。对于绝大部分桥梁，墩柱在桥梁美学中的位置很重要，有必要也有条件加强墩的造型方面的工作。桥墩造型设计有以下几个要点。

1. 桥墩轴线设计及轮廓设计

桥墩是支撑承重和传力结构，桥墩的形状和尺寸要符合这种受力规律，有强劲稳定的安全感。墩的基本形态有柱式墩和板式墩两种。

2. 桥墩构形设计

(1) 避免不协调的单调大面积实体笨重感。“切割挖减”构形法是避免桥墩不协调的单调大面积常用的构形方法，“挖除”法将墩顶部挖空呈 V 形。

(2) 组合形态要合理，可归结为稳定、有力、轻巧。桥墩组合形态多种多样，除了“切割挖减”构形法外，如“相交”、“贴附”、“成簇”、“层叠”、“镶嵌”等“组合叠加”措施，可以构建多种形态。

3. 桥墩造型的变化

1）柱墩

柱墩按截面分类有五角柱、八角柱、圆柱等形式。柱墩包括两部分：墩柱和柱间联系。柱墩造型上的变化也是在这两部分基础上展开的。其中墩柱的造型变化有收缩、切面、纹理、组合等。柱间联系的造型以联系墩柱为目的，可直可曲，变化万千。柱间联系也可和墩柱整合，极限的情况如拱墩。陕西省安康汉江公路桥(图 7.5)，X 形桥墩，造型优美。

2）板墩

板墩的造型和柱墩类似，也有收缩、切面、纹理、组合等变化方式。板墩也可以进行局部的挖空来改善造型效果，挖空的多少在某些程度上还将影响到板墩—柱墩的转化。

不论桥墩造型如何多变，桥墩形体中总会蕴涵竖向的心理引诱力，造型给人以承受荷载的竖向动势和力感。除此之外，在大多数桥墩造型中还有水平向的心里诱导力用以联系多个墩柱的竖向力感并体现稳定性，同时表达桥下水流、交通流的方向性。就板墩而言，其形式本身就具有了竖向和水平方向的视觉张力。柱墩自身的造型只能体现竖向的因素，一般多用多柱的并列及柱间的联系来表现水平方向的视觉引导。总之，柱墩的方向感较弱而板墩的方向感较强；柱墩适用于视界要求较高、视觉方向很多、交通流汇集的地方，板墩适用于视觉方向和交通流单一的地方。

3）线形设计在桥墩造型中的应用

虽然桥墩造型千变万化，但从线形设计的角度讲，只要把握墩体的竖向线形要素和水平线形要素就等于把握了桥墩造型的主线。把握好这两方面就能处理好桥墩的力感和动势，避免造型上大的纰漏。

图 8.9　罗马天使桥

就竖向力感和动势的强调而言，采用下大上小、逐渐收缩的墩形会有好的效果。在这样的桥墩造型基础上，通过墩壁凹槽产生的竖向线条会进一步加强竖向的力感和动势。一般高墩的力感和动势比矮墩要好，而矮墩转向强调桥墩的力感或水平方向的动势，如果矮墩需要特别强化竖向动势，可以将墩竖向要素高出主梁，如古罗马时期修建的天使桥(图 8.9)，在桥面以上部分设置天使雕塑，显得富丽堂皇。

从线形设计的角度讲，桥墩造型的线形包括轮廓线形和纹理线形，都应和桥梁整体造型特别是主梁造型协调一致。

4. 桥墩造型的外形表现

在桥墩造型中，常常需要桥墩表现轻巧感、稳定感及运动感等效果。

1）轻巧感

在桥墩造型中，对于某些体量较大的情况，特别是桥下景观和交通要求较高的时候，良好的轻巧效果的表现可通过以下几种处理方法来实现：一是“形”的处理，如提高重心可取得轻巧的造型效果，为了提高重心，可采用缩小底部面积，做内敛、挖空的处理；二是“色”的处理，如将明度高的色彩(轻感色)设置于结构上部，在视觉上会获得较好的轻巧感；三是“质”的处理，采用细密、光泽的表面能给人以轻巧感；四是“饰”的处理，如标志、纹理、色带等设置于结构的上部，也可产生重心上提的效果，给人以轻巧感。

2）稳定感

桥墩要表现对上部荷载的承载能力和对汹涌水流的中流砥柱效果就必须体现稳定感，其做法基本上和轻巧感相反。桥墩造型的重心越低，越显得稳固，具有下大上小、扁平的形体有良好的稳定效果。深色量感大，将其装饰在桥墩下部，可增加下部的重量感，加强稳定感。在桥墩造型设计中，将表面粗糙、无光泽、具有较大量感的材料如砌石、毛石置于其下部，就会明显地增加整体的稳定感。另外，如在结构下部采用浮雕形式，装饰醒目的标志、图案或纹理等，也能增强视觉上的稳定感。

3）运动感

正如前面所讲，运动与速度的直觉性可采用斜线的方法来现实，而且两条斜线相交，夹角越小，速度感越强。桥墩造型中常常采用斜墩配合水平主梁的方法共同表现出动感。

桥墩与主梁造型的统一是桥梁造型设计中一个重要内容。首先，从尺度方面桥墩造型应与主梁造型搭配。梁高与墩厚相当或墩厚比梁高稍大，就不会给人以头重脚轻或头轻脚重的感觉。其次，墩形也要适应主梁的形式，尤其是主梁两侧的线形、凹凸，实际的造型设计中可以从线形设计和造型单元设计的角度把握两者的统一和协调。

图 7.52 的长沙猴子石大桥是 V 形墩斜撑预应力连续梁桥。梁底线随着梁高变化而形成一条连绵优美的曲线，墩顶主梁直线作为曲线的停顿，形成强烈的节奏感。V 形墩造型令人明显感觉到荷载自然流畅地通过 V 形墩斜腿迅速集中传至基础，心理引诱力线非常清晰。V 形墩在横桥方向分为并列两个，侧面观之虚实相间，空透活泼。桥墩的造型成为该桥独具特色的整体形象表现。

图 7.65 的广西桂林雉山漓江桥是连续 V 形墩钢筋混凝土变截面刚构桥，其景观的表现重点是 V 形墩的造型，不仅结构合理、经济，而且形成强劲稳重、落落大方的形象。

图 7.66 的台湾台北忠孝桥是预应力混凝土 Y 形墩刚构桥。上部结构按照连续梁设计，而梁高只有 2.6m，建筑高度甚小，造型轻巧，颇具风格。

利用桥墩造型来调节桥梁总体造型不乏典型桥例。图 8.8 的委内瑞拉的马拉开波桥是 V 形墩和 X 形墩。该墩特点是斜腿纤细、截面变化明显，横桥方向四片墩柱形成明暗透视极佳的效果。因主孔桥面高，采用 X 形墩避免上口张得过大，造型轻盈有力，构思别出新意。

8.3.2 桥台

桥台位于桥梁两端，起着支撑桥跨结构和衔接桥跨与路基的作用。桥台可分为重力式桥台包括 U 形桥台、T 形桥台、耳墙式桥台等；轻型桥台有八字形桥台、一字形桥台、框架式桥台、组合桥台等构造形式。

1. 桥台造型设计要点

桥台体积一般比较庞大，且处于路堤与桥梁的连接处，主要作用是传递上部桥跨结构的竖向压力及解决路堤填土与桥身的关系。就传递竖向压力而言，其轴线为竖向直线。构形设计主要以外露侧界面的构形处理为主，同时桥台处于桥、路、桥台环境三者的结合点，因此其构形设计必然要考虑到桥头环境处理问题。

1）与桥身连接的连续性处理

(1) 连续性处理：应在桥台的两个侧界面保持与桥身侧界面一致的形态。

(2) 对桥下通视条件的影响：特别是桥下通行车辆的中小跨径桥梁，桥台的构形将影响桥下空间的视野和驾驶员的视觉障碍感，宜采用台身后退的布局与构形，以便具有较大的桥下视觉空间，保持前后“景观”的连续性，使行车保持舒畅感。

2）侧界面构形设计与桥头景观环境

(1) 埋置式桥台处理原则：桥头锥坡成为突出部分，一般采用两种措施弱化刺激视觉的大面积石砌护坡。一是采用分层的阶梯式桥台代替原来的大面积桥台锥坡，将大面积的石砌锥坡变成两道或多道小的梯台，可以避免大尺度的石砌锥坡对环境造成的视觉冲击。二是梯面上可进行绿化，类似梯田的处理，使得原来显眼刺目的大体积承台和锥坡隐于一片翠绿之中，在很大程度上维护了景观环境。

(2) 挡土式桥台处理原则：桥台侧面有较大暴露，成为影响环境“景观”的焦点，根据桥梁建筑类别，配合桥头空间总体布局设计。

(3) 大而平淡的侧界面处理原则如下。

①对桥下空间的影响：特别是桥面较宽的中小跨径桥台，减小面积较大的前侧界面。

②与环境“景观”的协调：特别是挡土式桥台的侧界面与道路挡土墙相连接，常常需连续相当一段长度。

2. 桥台形式与造型特点

一般对于中小跨径桥梁和部分大跨径桥梁，桥台在视点场中的位置很重要，有必要也有条件加强桥台造型方面的工作。关于桥台的形式特点，主要是不同情况下轻巧感和稳定感两个方向视觉强化的内容。

对于有些桥台像两堵高墙侵入主线路基边坡，则不仅严重影响视线，而且也带来压抑感。桥台尽量地向后退，虽然会增加一点跨径，但却大大地改善了视觉效果。

对于相对隐形的桥台，也可通过植栽来改善桥与路的视觉连接效果。

8.4 桥梁附属设施造型设计

桥梁附属设施是附属于桥梁结构上或桥梁两端的建筑物或构造物。桥梁附属设施虽然不是桥梁跨越功能所必需的，但是是保证桥梁正常使用和满足人们艺术欣赏所必不可少的辅助设施。这里主要研究其对整体造型美可能产生的影响。本节主要介绍桥上建筑、桥头建筑、栏杆、端柱和步梯等。

8.4.1 桥上建筑

桥上建筑是指建造在桥梁主桥上的供人们休息、欣赏风景等建筑物。如芷江龙津风雨桥的桥上建筑(图 8.1)、意大利威尼斯里亚托石拱桥桥上建筑(图 8.10)、扬州瘦西湖五亭桥桥上建筑(图 8.11)。

图 8.10　威尼斯里亚托石拱桥桥上建筑

图 8.11　扬州瘦西湖五亭桥桥上建筑

8.4.2　桥头建筑

桥头建筑是指桥梁主桥与引桥之结合处或桥头附近附加的桥头堡、独立雕塑及其他标志物等，美化和标志性是它们的共同特点。我国古代桥头建筑主要是为了纪事、抒情、构景，同时也具有标志作用，常用的形式有塔、牌楼、亭、碑、雕像、华表等。而欧洲桥头建筑多为配合战争需求的城堡，后来为桥梁建筑艺术形象需要而设置的桥头建筑也称为“桥头堡”。

1. 桥头建筑形式

1）塔

在桥头建塔并非我国所固有，它起源于印度，并在公元前后随着佛教的传入而出现于中国，是外来文化在我国原有传统的基础上进行的创新，是我国不可或缺的一种民族文化。图 8.12 为福建省泉州市的洛阳桥南端石塔，以纵横垒砌石条和方形墩座为基。塔六角三层，葫芦刹尖。与桥相呼应，丰富了桥梁整体形象。

图 8.12　泉州洛阳桥桥头塔

2）牌楼

牌楼也叫牌坊，最早见于周朝，最初用于旌表节孝的纪念物，后来在牌坊上刻桥面。牌楼的作用有三种：一是作为装饰性建筑；二是增加主体建筑的气势，三是表彰纪念某人或某事。图 8.13 为位于四川省泸定县的泸定桥入口牌楼，立于桥东，辉煌壮丽、气派雄伟，与康熙年间的“御制泸定桥碑记”相对。图 8.14 为安澜桥入口牌楼，它由当地先贤何先德夫妇募捐集资兴建，牌楼高两层，翘角飞檐，雕梁画栋，气势不凡。

3）亭、碑、雕像

亭、碑、雕像是较小的桥头建筑，碑、亭可以结合。北京卢沟桥碑文“卢沟晓月”(图 8.15)就是乾隆皇帝所题写的。

图 8.13 泸定桥入口牌楼

图 8.14 安澜桥入口牌楼

图 8.15 卢沟晓月

雕像有人(神)像或瑞兽，象征威武、强大、吉祥等美好寓意。陕西咸阳的渭桥是桥头有神像的最早的桥。建河神像以镇压水怪，保护桥梁。石狮雕像象征权利与威严；石象又是福禄康宁、美满如意的象征；龙是万兽之首，是皇权的象征；石龟代表长寿、清静无为、修身养性等；虎则是正义、勇猛、威严的象征，雕刻虎纹，有压邪之意；瑞草即蔓生的草，人们寄予它茂盛、长久的吉祥寓意；还有鹤、云纹等。图 8.16 为卢沟桥不同形态的狮子雕塑，图 8.17 为塞纳河桥中不同形态的人体雕塑。

图 8.16 卢沟桥形态各异的狮子雕塑

图 8.17 巴黎塞纳河桥中雕塑

4) 华表

华表是中国特有的柱形装饰物。卢沟桥西桥头的华表(图 8.18)为多边形石材立柱，高约 4.65m，无论从哪个方向看，其高度同桥的比例都很协调，上部雕刻蟠龙云纹，柱头有云斑，顶部雕有一对狮子，石狮低头张嘴，面朝西，下部有基座。古朴精美的华表与大桥浑然一体，使人感到一种艺术上的和谐，又感到历史的厚重和威严。

图 8.18 卢沟桥华表

5) 桥头堡

国外一些的桥梁，其桥头建筑多采用对称布置的堡塔式或教堂式的建筑，故称桥头堡，如布达佩斯链子桥的桥头堡(图 8.19)。这种建筑高耸庞大，气势雄伟，组合复杂，而我国武汉江汉桥的桥头堡(图 8.20)则显得简洁明快。

图 8.19 布达佩斯链子桥的桥头堡

图 8.20 武汉江汉桥的桥头堡

2. 桥头建筑形态设计

(1) 设置桥头建筑要考虑其综合作用，根据桥型、桥长、桥位及周围人文环境进行全面考虑分析，确定其建筑造型设计方案。

(2) 要具有时代特点、地方风格和民族特色。

(3) 应选用具有美好而深刻寓意、充满活力的象征形象，并考虑是否设置附加功能，如可否登顶观光等。

3. 独立雕塑

这里所说的独立雕塑是指附加于桥上或桥头、强化桥梁形象的、视觉审美效果突出的独立雕塑艺术作品，如图 8.21 和图 8.22 所示。

图 8.21　南京长江大桥桥头雕塑

图 8.22　国外某桥的独立雕塑

雕塑作为一种桥头建筑应具有如下特点。

(1) 应符合桥梁总体造型的需要。

(2) 体量大小应选择确当，特别是高、宽与桥高和桥面宽度相匹配。

(3) 可以配合桥头堡或塔柱式桥头建筑组合造型。

4. 规划与布局

桥头规划设计内容较多，桥头空间可以分为上部分和下部分。上部分包括桥头建筑、雕塑、栏杆端柱、灯柱、桥名牌等，下部分包括桥头绿地、桥头广场及桥头公园等。桥头空间的景观特征应在平面总体布局设计中统筹考虑、整体安排，保留或利用自然景观是桥头空间平面总体布局设计中首先要考虑的问题。

一般桥头建筑平面布局方法分为对称布置和不对称布置。对称布置为常规方法，即桥头建筑在桥一端或两端以不同形式对称布置形成庄重宏伟的建筑风格。不对称布置，就是在有限的空间范围内，以桥头主体建筑为中心，运用空间组合方式形成一个层次变化、交错转折的活动空间。

1) 桥梁出入口

处于交通要津的桥梁出入口，是桥头建设的重点。桥头构筑建筑物作为桥梁出入口的标志，兼有衬托、拱卫和装饰桥梁的作用。在桥的两头，有的立碑，或是记载建桥的经过，或是表达对建桥者的敬仰；有的建牌楼，立佛、塔，示以祈求。这些桥头建筑，与桥身既各自独立，又相互陪衬，既突出了桥的美观，又扩大了桥的整体性。

2) 桥头广场、桥头绿地与桥头公园

桥头广场(图 8.23)可以布局在桥头的一端或两端。面积稍大，开放式空间；除绿化外，可布置多种功能，主要功能是为行人提供方便，如设置公共厕所或者成为休闲场所。

桥头广场有两种：一种是上部桥头广场，其表面高程与桥头路面高程基本一致，实际布局是桥头多条道路的平面交叉；另一种是下部桥头广场，其表面高程与桥下地面高程一致。上部桥头广场以交通为主要目的，往往利用绿化来作为引导交通的一种标志；下部桥头广场以行人休闲为主要目的。

图 8.23　桥头广场

桥头绿地一般面积较小，以绿色植物覆盖为主，需要时可配置少量雕塑，主要功能是保护环境和目视观赏。根据总体布局需要及实际可能，配合桥梁建筑形态进行布局设计，其形状有规则和不规则两种形式。规则形式有正方形、矩形、三角形等几何形态；不规则形式可以设置为不规则多边形、曲边形等。

桥头公园面积较大，封闭空间，按园林布局；设置桥梁观赏点，主要功能是为游人提供最佳观赏视点场，休闲、娱乐场所，优化生态环境。例如，南京长江大桥(图 6.5)桥头公园，它位于桥头一端或两端附近，其地面高程通常低于桥头路面高程，也可以借助桥头附近较高的地势，将公园建筑在山上。其规划设计以景观规划为基础，结合城市规划统筹安排，因地制宜，以绿化和观赏桥梁景色为主要目的。

8.4.3　栏杆、端柱和步梯

1. 栏杆

栏杆是桥梁构造的重要部分，是桥边缘的标志，给过桥人以明确的界限和心理上的安全感，防止行人落水。同时，凭栏眺望为人们观赏、抒情提供保障。好的栏杆能突出桥梁建筑的艺术气息，美化桥梁空间，并与环境协调一致，给人以美的享受。

1）栏杆造型设计一般原则

(1) 其造型设计必须与桥梁结构总体造型相协调，也应与人文环境和自然环境相协调。其基本尺寸应该符合设计规范有关规定。

(2) 其造型设计应避免琐碎、零乱，线条应简洁、适当变化。

(3) 造型设计不宜怪异、扭曲，以免分散驾车者的注意力。

2）栏杆形态分类

(1) 按结构形式，栏杆可分为节间式与连续式两种。前者由立柱、扶手及横挡组成，扶手支撑于立柱上，如图 8.24 和图 8.25 所示；后者具有连续的扶手，由扶手、栏杆柱及底座组成，如图 8.26 所示。

图 8.24　中国古桥汉白玉栏杆

图 8.25　扶手支撑于立柱

图 8.26　意大利威尼斯的人行桥栏杆

(2) 按形式分主要有四类：栅栏式、栏板式、棂格式和混合式。

(3) 从材料上分类，常见种类有木制栏杆、石栏杆、不锈钢栏杆、铸铁栏杆、铸造石栏杆、水泥栏杆、组合式栏杆。

(4) 按高度分类，有高栏、低栏、中栏和坐凳式栏杆。

(5) 按使用目的分类，有人行栏杆和防撞栏杆。人行栏杆主要是为保障行人安全，但难以抵挡车辆的意外冲击，设置防撞栏杆可以在一定程度上阻止冲出桥面。

3) 栏杆造型基本方法

栏杆是用来保障行人或车辆行驶安全，防止坠落或冲撞的一种必要的安全设施，也是与行人最接近的部分，其造型设计影响着桥梁的整体美观。栏杆的设计应满足安全性、适用性和艺术性。

(1) 栏杆造型的基本特征。

① 栏杆构件单元布置是以竖向形态为主，还是以水平形态为主，是栏杆形态的两大主调。栏杆造型设计首先应根据主体造型风格确定栏杆形态主调，一般为打破主体单调的水平形态，可配合以竖向形态为主的栏杆造型；如果主体纤细、轻盈，为强化主体水平连续形象，可配合以水平形态为主的栏杆造型。

② 栏杆构件单元形态有两大类型：杆式或板(墙)式。杆式具有截面尺寸比其长度小

得多的形态；板式的截面尺寸中宽度比厚度大得多，墙式的截面尺寸犹如厚板。板或墙多用于古代桥梁，或为仿古现代桥梁，组成厚重、稳定、古朴、刚性的栏杆。杆形态多为现代桥梁栏杆所采用。

③ 栏杆整体布设的两大格局："虚"与"实"的变化。所谓"虚"即栏杆空隙或透明所占的部分，"实"就是有构件实体阻挡视线的部分，说明栏杆构件单元布局比细节刻画对桥梁整体形态的影响突出。栏杆虚与实的布局首先应结合主体造型风格，且布局比例协调，造型错落有致，节奏变化有韵律感，效果通透秀美。

（2）不同桥型栏杆造型特点。

① 梁式桥栏杆。形态应向水平延伸，突出纤细、轻巧、连续、流畅的形态，如图 8.27 所示。

图 8.27 梁式桥栏杆

② 拱桥栏杆。上承式拱桥，特别是上承式空腹拱，栏杆不宜采用曲线形，而桁架拱栏杆不宜采用斜杆形，因为栏杆与主体形态雷同，主次不分，整体形态显得不简洁，缺少上下层次形态变化的韵律感。如果设计具有古典风格的拱桥(包括类似拱桥的曲梁桥)，宜采用栏杆柱顶凸于扶手之上的造型。对于下承式拱桥，其栏杆可用确当的曲线形与主肋相呼应，组成多重节奏与旋律，如图 8.26 所示。

③ 斜拉桥、悬索桥栏杆。现代索结构桥梁是现代桥梁技术的应用成果，其栏杆造型反映时代风貌，简洁、明确，如图 8.28 所示。

图 8.28 悬索桥栏杆

2. 端柱

端柱的造型特色会增加栏杆及整座桥梁在人们观赏中的印象。

1）端柱的作用

(1) 栏杆端柱可作为路桥界的分界标识，起到提示作用。

(2) 端柱可以活跃桥梁整体形象，提升桥梁的美感。

(3) 端柱可以构建艺术形象或镌刻桥名，具有纪念和标志作用。

2）端柱造型要点

(1) 高度。墙式端柱整体高度一般接近桥栏杆高度，局部可以比栏杆高一些；而柱式端柱可以超过栏杆高度，但也不宜太高。

(2) 长度和宽度。墙式端柱顺桥方向的长度不宜太长，建议一般不超过栏杆高度的2～2.5倍。

(3) 形态要点。作为一种界分标志物，首先要有方向性，即指向桥梁前进的方向，采取的构形措施如“前直后圆”。墙式端柱形态采取“前虚后实”或“倾向前方”等措施。

3. 步梯

步梯的建设标准，应根据立交性质、人流强度等综合考虑确定。布置形式除根据人流交通组织方向及现场建设条件，保证行人上、下桥的安全和便捷外，还应考虑美学造型及桥梁整体结构造型的协调一致。

1）悬挑人行梯道

悬挑人行梯道有悬臂式与螺旋式之分，具有简洁、轻巧而富有动势的形态，合理布局可为城市桥梁建筑形象增色。悬臂式楼梯接近 2∶1 坡度比较适宜，不仅结构较为合理，而且造型美观，如图 8.29 所示。环抱螺旋式步梯，占地面积小，以柔和的曲线上升，体现了柔美和刚劲的结合，但人行量有限。

图 8.29 悬臂式楼梯

2）台阶式步梯

台阶式步梯往往在大桥桥头建筑环境较充裕、人流强度较大时采用。

本章小结

世界各国工程师都认为功效、经济、美观是建筑(包括桥梁)设计的三个要素。随着人们生活水平的不断提高，人们对桥梁美学的要求也不断加强，反映出人们在生活改善以后对桥梁景观功能和美学价值的需求。增强桥梁美学理念是每一位桥梁工程师都必须具备的基本素养。

每一座桥梁在设计的过程中不仅要保证寿命期内优良的使用功能，还必须给使用者美的享受，即桥梁不仅要具有交通功能，还应具有美学和景观价值。当然，美学考虑不应违反技术安全、适用和经济的基本原则。同样，按技术和经济的标准选择方案时，也不应背离美学的目标。

思考题

8-1 试用桥梁美学的知识评价你所熟悉的中国桥梁结构造型。

8-2 简述桥梁结构选型的原则与方法。

8-3 简述梁式桥与拱桥美学设计方法。

8-4 简述桥墩与桥台的美学造型设计。

8-5 如何认识桥梁附属设施的美学设计?

8-6 通过对本章的学习，谈谈你对桥上建筑的美学思考。

8-7 浅谈桥梁结构及其附属设施的城市景观作用。

第9章 桥梁照明与城市景观

教学目标

本章主要讲述桥梁建筑照明的意义及桥梁的城市景观功能。通过学习，应达到以下目标。

(1) 掌握景观桥梁照明设计理念。

(2) 掌握桥梁建筑的城市景观功能。

(2) 了解景观桥的概念及设计方式。

教学要求

知识要点	能力要求	相关知识
桥梁照明与城市夜景	掌握桥梁照明的概念、设计原则、功能性照明设计原则、照明布灯方式等	景观桥梁照明设计理念、桥梁照明对城市夜景的影响
桥梁建筑的城市景观	掌握桥梁城市景观的功能	桥梁城市景观的研究意义、桥梁城市景观的特性
景观桥的概念及其设计	了解景观桥的概念、设计方式及设计范例	桥梁景观设计的发展阶段、泰州鼓楼景观桥

基本概念

桥梁照明、功能性照明、桥梁景观、城市景观、景观桥

引例

大桥夜色美

锦州云飞大桥，位于辽宁省锦州市小凌河上，全长1188.94m，其中桥梁长665m、宽30m，为双向四车道、双向各4m宽非机动车道、2.5m宽人行道。设计宽度为27～30m。桥型采用同济大学建筑设计研究院提交的“天圆地方，中兴之门”双套拱钢塔斜拉桥方案。大桥于2009年2月27日开工建设，2010年10月15日11时18分竣工通车，是目前小凌河上最长和最宽的一座大桥。

大桥亮化工程，分为墩柱、梁身、拱塔三部分。用不同的泛光灯、射灯、洗墙灯塑造出大桥靓丽的夜晚景象。从远处看，该桥像一条白玉腰带系在小凌河上，连接锦州南北，拉大城市框架，如图9.1所示；从近处看，其羽翼般斜拉的钢索振翅向上，好像竖琴的琴弦，如图9.2所示。夜幕降临，大桥动态的照明更加美轮美奂，钢拱斜拉桥的刚度与拱塔的飘逸有机结合，穿行其间的车辆更成了琴弦上跳跃的音符。

图9.1 锦州云飞大桥照明的远景

图9.2 锦州云飞大桥照明的近景

9.1 桥梁照明与城市夜景

近年来，随着经济社会的快速发展，桥梁照明从关注功能照明到兼顾景观照明，这是现代桥梁建设发展的必然趋势，也是城市的文化内涵、建筑师的创意、功能照明和景观照明的统一，同时也是桥梁夜景设计应当注重的方面。科学合理地进行照明设计，可以更好地展示城市文化内涵。

9.1.1 桥梁照明概念

桥梁的照明主要是对桥体各主要部件的侧面(竖向部分)进行照明，包括桥塔、悬索、栏杆、桥身、桥柱等。同时适当兼顾桥梁底面的照明，各个部分的照明应遵循相应桥体部分各自结构特点及其在整个桥梁中的地位来进行。

在现代城市中桥梁通常是具有城市特色的建筑物，彰显整座城市的文化。然而，如果要使桥梁在夜间也能够散发出独特魅力，这就离不开桥梁照明设计了。运用灯光来表现这些具有城市特色的桥梁，创造迷人绚丽的城市夜景观，实现突出城市魅力的目标。

桥梁作为交通通道，首先应满足其功能性照明，其次考虑其景观性。完美的桥梁照明应该是两者的有机统一，达到安全舒适的照明效果。

英国盖茨亥德千禧桥(图 9.3)由两部分组成：一条像彩虹般横跨泰恩河的固定拱门和一个能往上旋转提升 45°圆弧形步行及自行车专用桥。这个能旋转的弧形步行桥，平时水平地横跨在河面上，供两岸的行人来往。普通大小的船只可以直接穿过弧形桥下面通行。遇到特别高大的船只不能直接通过时，这座弧形旋桥可以往上提升 45°，这样一来，大船就得以顺利通过。

大桥设计者所持的设计理念是能够建造出一座同时造福于行人和车辆的大桥，并且大桥的吨位也能使轮船顺利通过；而且这座新大桥的出现不会影响到此处原已著名的桥梁之风貌，如图 9.4 所示。

图 9.3　盖茨亥德千禧桥

图 9.4　盖茨亥德千禧桥与其他桥梁相映成趣

这座大桥所运用的照明设计理念十分简朴，它的目的便是能够在夜间来临时将这座建筑物的轮廓和气势塑造得更加恢宏。大桥在灯光的雕塑下有如夜间闪烁的繁星点缀于城市之间，如图 9.5 所示。

另外，这个工程的照明设计是以低耗能和高使用寿命的光源为基准的，并且着力于避免光源和其设备对于天空所产生的光污染。桥的主体拱形处是用具备色彩变化技术的窄光束光源进行照明的，如图 9.6 所示；主打光色为白光，这些光源也被事先设计安排好，由此创造出十分具有流畅性的色彩渐变效果，将大桥的线条表现得更加流畅、优美。

图 9.5　盖茨亥德千禧桥的星光点缀

图 9.6　白光照射下的盖茨亥德千禧桥

平缓流淌的泰恩河，在宽阔的有如镜面的河面反射映衬下，桥梁的下侧部位也被照亮得熠熠生辉。不过值得说明的是，用于桥梁的所有的照明设备都是被安装在桥梁的正面上侧的。低耗能、长寿命的 LED 光源在勾勒出整座大桥的鲜明轮廓的同时，又为桥上的栏杆提供了辅助照明，如图 9.7 和图 9.8 所示。桥梁中央的人行道与车道被隔离带分割成了两个区域，隔离带本身被冷光管光源由内而外地照亮，同时，光线穿过隔板层将车道也照亮了。这里的人行道、车道及栏杆由一整排的白色 LED 光源进行照明，每单个光源耗电仅为 3W。

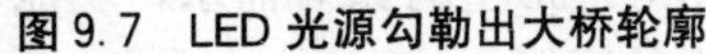

图 9.7 LED 光源勾勒出大桥轮廓

图 9.8 人行道光源

最后，为了对桥梁上的人行道和车道的路口及出口处产生警示的作用，按照设计的惯例，此处使用了绿色和红色 LED 灯具。嵌入在地面上的绿色 LED 灯以箭头的形式表示“行驶”，同时，红色 LED 灯则表示禁止进入的意思。当有高大的船只需要通行的时候，还会配有与灯光同步的警示声音来提醒行人和自行车弧形旋桥即将提升。

入夜，这座极富人性化设计理念的“眨眼桥”，在灯光的照射下与满天的繁星相互辉映，极佳地体现出了现代照明技术与艺术相互融合的独具魅力的效果。

9.1.2 景观桥梁照明设计理念

景观桥梁在构思照明设计时，考虑的因素应该包括当地的历史文化、桥梁的类型、建筑师对于桥梁的创意及桥梁所处的环境，从而形成夜景照明的主题与创意。应充分地了解、准确地把握建筑师的设计意图，清晰明了地展示桥梁的重点部位及细部装饰，突出桥梁的特色与建筑形象。

在进行桥梁景观照明设计时，有许多因素应在考虑之列，对于背景单纯、环境光简单的中大型跨水面桥梁，比较容易成为视觉中心。因此，一座城市的文化、适当的照明亮度与灯光色彩、建筑的形式与结构特点及光源的选择与灯具的布置都十分重要，这些因素都必须在照明方案构思时加以考虑。

整体照明效果既要塑造好桥梁夜间形象，也要考虑到灯具的布置不影响桥梁日间形象；另外，照明设计要体现安全性、便于维护，又要兼顾合理性；大桥作为一座城市的交通纽带，应该体现其安全性，景观照明强度的设计应避免光线外溢，不宜过度强调亮度，避重就轻地重视景观功能而忽略其功能照明。

功能照明和景观照明开启的时段稍有分别，景观照明不同于功能照明每天全夜开启，景观照明往往只是在某个时间段或者是特殊需要的日子开启，如果取代功能照明则会造成能源及资源的浪费。大桥的景观照明须以不影响主要的交通功能为出发点，保证其所需的亮度及亮度均匀度，从行车安全方面考虑，照明要能够不干扰驾驶员对路面情况的辨认，并且不会使驾驶员感到疲劳。道路照明设计应与大桥照明设计协调起来共同塑造大桥良好的夜间形象，成为照明整体中的一个有机部分。

9.1.3 功能照明的设计原则

桥梁的功能照明主要有路灯、航空障碍灯、航标灯、检修用照明灯等。以下着重介绍路灯照明及航空障碍灯照明。

1. 路灯照明

路灯照明的设置目的是满足桥面的车辆行驶、行人的安全、维护桥梁而设置。可按照《城市道路照明设计标准》(CJJ 45—2006)进行设置。因为道路有环境光的补充，所以大桥照明不能低于道路照明的技术指标要求。在桥面路灯外形上有景观需求，功能与景观照明不能达到一致时，满足功能性要求是首先需要考虑的问题。

设计者通常会过于地关注灯柱外形，担心它是否会破坏整体造型，实际上对于大型的桥梁建筑而言，灯柱只是像桥梁上的一颗螺钉一样是整体不可或缺的部分，人们不会去关注它，当夜色降临时，照明的功能性如果不能得到充分的满足，就会给司机带来不舒服的感觉，甚至会引发交通事故。功能性照明的缺失往往很难补救。

功能性照明对于位置特殊且空间比较狭小的大型桥梁来说尤为重要。路灯须与道路衔接。例如，司机从较亮的区域突然进入一个较暗区域，较大的亮度差异，使司机的眼睛可能会不能及时适应光线而感到不适应，从而引发交通事故，故灯光的连贯性在设计时应充分考虑。

2. 航空障碍灯照明

当桥梁建筑的高度超过 45m 时，就应该设置航空障碍灯；当高度超过 90m 时，在中部应该增设航空障碍灯，并且要经过当地航空部门或者空军部门的认可。跨越通航河流的桥梁，也须增设航标灯等标志。通过设置航标牌及航标灯来标示船只通航的高度及宽度。

9.1.4 景观照明的设计原则

对于跨江跨海的桥梁来说，由于其地理位置与结构的局限性，利用灯光展现桥梁的魅力，在灯具的设置上就会有一定的困难，所以在设计之前，了解桥梁的结构特点是一项重要工作。因为桥梁空间具有局限性，照明既要做到展现其结构，展示出不同于白天的魅力，又要根据其结构，尽量地隐藏灯具，做到见光不见灯，从而避免眩光，并且不影响桥梁白天的景观。但是这种见光不见灯的情况在实际的桥型中，不太容易做到，所以为了避免人们直接看到光源，在设计时往往给灯具加遮光板或者是增加灯具的高度来避免眩光。

除了特殊的标志灯以外，一些频繁闪烁的灯光也不宜在桥面设置，这样的灯光容易转移司机的视线，特别是过量溢光而引起的眩光，严重地影响过往车辆的行车安全，行人也会感到不适，这样的设计是不合理的。因此，在进行景观照明设计时，对于眩光的控制非常重要，对光源的位置、亮度、角度必须进行严格的控制。此外，亮度分布不合理，不仅会影响行车安全，也可能会造成桥下船舶的交通事故。夜间江面的能见度非常低，对于易发事故的桥墩等部位，照明的设置不应形成对助航标志引导作用的干扰，应当选用透雾效果较好的光源。

9.1.5 桥梁照明的布灯方式

桥梁照明的布灯方式包括单侧、双侧、双侧对称、中心对称布置4种方式。

桥面的宽度、桥面的构造决定了布灯方式、灯具安装的高度、灯柱位置，从而进一步决定了布灯间距。桥梁的布灯方式应该考虑很多因素，从灯的重量及桥梁所在位置的风速等方面考虑，灯具应该具备减振设施，对于斜拉桥和悬索桥等类型的桥梁来说，要考虑灯具是否会碰撞到索。

9.2 桥梁建筑的城市景观

9.2.1 概述

桥梁不仅是连接两个地域之间的纽带，而且是连接人们和城市之间的纽带。桥梁的美，通过延伸的曲线到达人们的心中，城市的灯火，也使桥梁在它的灯火辉煌中更显得风姿绰约。

巨大的体量及独特的造型使城市桥梁景观成为一座城市的标志、市民的骄傲，在反映着社会政治经济发展与进步的同时还表达了一种对于人类智慧与力量的讴歌。此外，桥梁景观还有一种地理坐标的意味，所谓“城市之窗”的意义，这就使桥梁景观成为一座城市的文化的凝聚及形象的窗口。同时景观桥梁便也有了社会精神文明的寓意。

城市桥梁景观除了以其简单大气的造型、大尺度的空间跨越带来强烈的视觉感受外，还因历史事件及历史人物的介入表现出崇高的人文价值，使桥梁景观凸显出文化景观的韵味。桥梁景观在整座的城市景观中发挥着越来越大的功能，优秀的桥梁景观能够避免城市景观的杂乱无章，起到连接过渡、衔接作用，成为城市的形象，更能够让人们体会城市美感，被人们所喜爱。

首先，良好的城市桥梁设计首先必须从整个城市景观考虑，使所设计的桥梁景观与整座城市的景观相协调，进行实地考察后，根据实际情况，运用桥梁造型法对桥梁造型、桥梁轮廓进行精心设计，将桥梁造型轮廓与城市大空间完美结合，从而进行桥梁建设，保证其景观能够真正地融入自然。同时桥梁作为城市与自然的衔接物，能够使城市融入自然，这对于城市景观的美化作用是非常重要的。

其次，就是要从桥梁的附属结构——临近路桥的设计上考量，通过简单地规划布局，在不影响附属物的功能的基础上，增添一些色彩修饰，这类桥梁会因其优美的形体及舒适的色彩让人眼前一亮。

最后，要做好观景设计。一般来说，桥梁都具有城市符号的意义，又有其自身独特的观景设计。按照我国的历史传统，对于景观的理解通常是在对“景观”一词的分开解读上，即观桥、观景。这一点在中国古典园林中早就体现得淋漓尽致。我国传统意义上理解的“景”与“观”反映了环境、桥与人之间的空间关系，寓意也蕴含着中国特色。观景设计是随着社会的日益发展、生态环境日益受到人们的关注而对桥梁设计提出的新要求。其中最能够提升城市美感的就是桥梁的夜景设计。桥梁的夜景设计丰富了桥梁景观设计的内容，充实了桥梁景观设计表达，全面地展示了桥梁景观的魅力，做到了景观在时间上和空间上的延伸。良好的桥梁夜景设计能够满足人们在夜间漫步眺望的审美情趣，为城市生活增添韵味。

20 世纪中叶，建筑师、艺术家、桥梁工程师等对武汉长江大桥的景观建设就进行了反复的斟酌比较，如图 9.9 所示；武汉长江大桥的桥型、桥塔、两侧观景台和一些景观元素——灯具、雕塑等无一不是经过反复设计、斟酌才向世人展现出今天大桥的独特景观、耐人寻味的细部及完整优美的桥姿，使其成为武汉的城市标志与市民的骄傲。

图 9.9　武汉长江大桥的城市景观

自 20 世纪中叶以来，随着经济的发展和综合国力的增强，人们对桥梁建设提出了更高的要求。在我国的江、河、湖和高速公路上随处可见的立交桥、高架桥、高速铁路桥、海峡大桥等这些新型桥梁，犹如一条条地上的彩虹，将城市装扮得格外美丽。

9.2.2　景观桥的概念及设计

1. 概念

景观桥是指能够唤起人们美感的，具有良好的审美价值与视觉效果的，与桥位环境共同构成景观的桥梁。景观桥一般具有以下 3 个特征。

(1) 符合桥梁的美学法则——造型美、功能美、形式美。

(2) 与环境相协调。

(3) 体现地域的自然、人文与历史文化的内涵或具有象征作用。

2. 发展阶段

一般桥梁的设计历程包括桥梁造型设计及桥梁景观设计两个阶段。

桥梁景观的概念在国外提出得相对较早，审美对象包括桥梁造型及周围环境。自国内景观桥概念提出后，厦门海沧大桥(图 9.10)，是我国首座完成全面的景观设计的桥梁。

3. 设计方式

1) 桥面表面装饰

景观桥通过对色彩及质感的处理，恰如其分地表现出桥梁各部分的结构特征，也能够更好地兼顾桥梁与周围环境的关系，体现当地的民风民俗。桥面主要的装饰方式有花岗岩饰面、混凝土装饰、预制板块材饰面。

2）桥面的处理

桥面的处理方式主要有设置桥体景观、人行道景观、路缘景观、栏杆景观、亭廊景观及分车绿带景观。这些景观设计能够丰富桥面层次，对桥面进行有序的分割，如图 9.11 所示。

图 9.10 厦门海沧大桥

图 9.11 桥梁效果图

3）桥梁照明装饰

(1) 通过人工灯光诠释桥体的形态特征和风格。通过泛光灯和线光源的运用，亭廊内灯光产生奇妙的形状与色彩变化，在城市夜空中展示出亭与廊高低起伏的变化，如图 9.12～图 9.19 所示；桥上流动的车形灯光加上夜光下波光潋滟的水面，随着桥体形态的变换，在整座城市灯光背景下显得非常美丽，形成独特的夜间景观。

图 9.12 铜陵长江公路大桥夜景

图 9.13 钱塘江大桥夜景

图 9.14 日本明石海峡大桥夜景

图 9.15 密苏里河桥夜景

图 9.16　日本永代桥夜景

图 9.17　金门大桥夜景

图 9.18　武汉长江大桥夜景

图 9.19　华盛顿大桥夜景

(2) 利用灯光效果改善桥梁外观。照明主题是借助光的照度和色彩表达的，柔和均匀的色彩会给人以舒适之感。桥梁夜景照明中灯具占据着不可替代的重要地位，现今建筑夜景观设计提出桥梁景观的照明灯具要与桥梁景观构成一个整体的概念。灯具的造型要与桥梁建筑的造型相呼应，因为桥梁建筑会反映所造地域的人文风情，则灯具的造型也应当符合这一追求。

4. 泰州鼓楼大桥景观设计

1) 地理位置

泰州市位于江苏省中部，鼓楼大桥(图 9.20)位于泰州市鼓楼路北端，跨越北城河，桥南紧接人民东路，桥北穿过规划中的城河北岸带状绿地之后，再与东进路相接。

2) 指导思想

(1) 遵循环境原则，大桥的设计既要体现出泰州的人文风貌，体现独特性，又要充分地考虑周边环境特征，更要赋予大桥泰州的历史文化内涵，增加大桥的文化底蕴。

(2) 力求景观桥梁达到“宏观构景、中观造势、近观显巧”的景观效果。

(3) 处理好道路交通、观景、人行与休闲游船的关系，保证车行、人行畅通，观光舒适方便。

(4) 大桥廊桥要便于管理，达到避雨、防晒、不挡风的效果。

图 9.20　泰州鼓楼大桥

(5) 与景观照明完美结合，使大桥白天与夜间的景观一样吸引人，成为全天候的景观。

3) 设计定位

泰州具有两千多年的历史，百年来，风调雨顺，安定祥和，被誉为“祥瑞福地”、“祥泰之州”。有很多的文物古迹，大桥底下是护城河，邻近的还有古城墙烽火台、天滋亭和南岸长廊。大桥的造型承袭了当地的建筑文化，这也成为泰州大桥设计构思的主题。

(1) 采用传统的多孔腹式拱，两侧面为了体现古城墙在大桥上的一种延伸而采用古城墙的料石进行贴面。

(2) 桥上设置以长廊相连接的亭子，构成道路与人行观光的延续。

(3) 将路上的绿化分隔带延伸至桥上。

(4) 体现“鼓”文化。桥栏板、路灯造型和桥头广场上有鼓造型，是对“鼓”文化造型与历史传统在空间上的延伸。

4) 设计特点

桥梁的结构设计、照明设计和建筑设计均围绕先前的主题设计。根据拱桥的结构布置和桥两端的接线情况，设置 2.5%的纵坡，河道中间 80m 范围内设置半径为 1600m 的凸形竖曲线，如图 9.21 和图 9.22 所示。

图 9.21　桥拱的布置

图 9.22　拱高

起拱线设置在常水位以上 10cm 处，这样做是为了呈现拱圈的完整性。在拱顶外侧共设有五个亭子，以长廊相连接，漏窗作为点缀。亭子的主要类型有中檐亭和单檐攒尖顶。桥的设计将拱、亭、廊三种建筑形式有机地结合在了一起，高低起伏，错落有致，有良好的节奏韵律，十分优美，如图 9.23 所示。

图 9.23　鼓楼桥与环境相映得彰

在大桥的夜景照明设计中，重点突出拱、桥面饰边和亭廊作为主要的照明要素，灯具的设计简洁却不失韵味，整体的照明效果与整体的建筑风格十分融合，更加体现出了建筑的美和城市的美，如图 9.24 和图 9.25 所示。

图 9.24　泰州鼓楼大桥夜景照明

图 9.25　鼓楼大桥照明工具的设置

本 章 小 结

通过本章的学习，理解桥梁照明概念、桥梁景观的研究意义及城市桥梁景观等。

从桥梁照明的概念及相关手法入手，明确桥梁照明设计的设计理念、设计原则、功能性照明设计原则，学习照明布灯方式，从光照和色彩的角度分别研究和综合分析。掌握现代桥梁设计的城市景观功能。

最后提出景观桥的概念。分析当代景观桥的各方面特性，以泰州鼓楼大桥为例，明确现代桥梁设计过程中的美学、生态学及社会学意义。

思 考 题

9－1 什么是桥梁照明？

9－2 简述盖茨亥德千禧桥的设计特点。

9－3 桥梁的功能性照明有哪几类？

9－4 景观照明的设计原则是什么？

9－5 桥梁照明的布灯方式有几种？

9－6 举例说明优秀的桥梁设计方案对城市景观的积极意义。

9－7 什么是景观桥？举例说明生活中常见的景观桥。

9－8 景观桥的审美对象有哪些？其照明特点是什么？

参考文献

[1] 朱光潜．西方美学史[M]. 北京：人民文学出版社，1979.
[2] 宗白华．美学散步[M]. 上海：上海人民出版社，1981.
[3] 邓友生．土木工程概论[M]. 北京：北京大学出版社，2012.
[4] 朱立元．现代西方美学史[M]. 上海：上海文艺出版社，1993.
[5] [德]黑格尔．美学(第一卷)[M]. 朱光潜，译．北京：商务印书馆，1997.
[6] 李泽厚，刘纲纪．中国美学史[M]. 合肥：安徽文艺出版社，1999.
[7] [德]康德．论优美感和崇高感[M]. 何兆武，译．北京：商务印书馆，2001.
[8] [英]特里·伊格尔顿．审美意识形态[M]. 王杰，傅德根，麦永雄，译．柏敬泽，校．桂林：广西师范大学出版社，2001.
[9] [法]米歇尔·福柯．激进的美学锋芒[M]. 周宪，译．北京：中国人民大学出版社，2003.
[10] 朱良志．中国美学十五讲[M]. 北京：北京大学出版社，2006.
[11] 邓晓芒．西方美学史纲[M]. 武汉：武汉大学出版社，2008.
[12] 叶郎．美学原理[M]. 北京：北京大学出版社，2009.
[13] [德]沃林格．抽象与移情：对艺术风格的心理学研究[M]. 王才勇，译．北京：金城出版社，2010.
[14] [美]托伯特·哈姆林．建筑形式美的原则[M]. 邹德侬，译．北京：中国建筑工业出版社，1982.
[15] 刘敦桢．中国古代建筑史[M]. 2版．北京：中国建筑工业出版社，1984.
[16] 汪正章．建筑美学[M]. 北京：人民出版社，1991.
[17] 孙祥斌，孙汝建，陈从耘．建筑美学[M]. 上海：学林出版社，1997.
[18] 许祖华．建筑美学原理及应用[M]. 南宁：广西科学技术出版社，1997.
[19] 吕道馨．建筑美学[M]. 重庆：重庆大学出版社，2001.
[20] [德]托马斯·史密特．建筑形式的逻辑概念[M]. 肖毅强，译．北京：中国建筑工业出版社，2003.
[21] 谭元亨．城市建筑美学[M]. 广州：华南理工大学出版社，2004.
[22] 陈文捷．世界建筑艺术史[M]. 长沙：湖南美术出版社，2004.
[23] 王振复．建筑美学笔记[M]. 天津：百花文艺出版社，2005.
[24] 汪洪澜．月明华屋：中国古典建筑美学漫步[M]. 银川：宁夏人民出版社，2006.
[25] 李卫，费凯．建筑哲学[M]. 上海：学林出版社，2006.
[26] 刘月．中西建筑美学比较论纲[M]. 上海：复旦大学出版社，2008.
[27] 侯幼彬．中国建筑美学[M]. 北京：中国建筑工业出版社，2009.
[28] 陈志华．外国建筑史[M]. 北京：中国建筑工业出版社，2010.
[29] 赵鑫珊．建筑是首哲理诗[M]. 天津：百花文艺出版社，1998.
[30] 谭垣，吕典雅，朱谋隆．纪念性建筑[M]. 上海：上海科学技术出版社，1987.
[31] 游明国．景观纪念性建筑[M]. 台北：艺术家出版社，1994.
[32] 齐康．纪念的凝思[M]. 北京：中国建筑工业出版社，1996.
[33] 林玉莲，胡正凡．环境心理学[M]. 北京：中国建筑工业出版社，2000.
[34] [英]埃德温·希思科特．纪念性建筑[M]. 朱劲松，林莹，译．大连：大连理工大学出版社，2003.
[35] [美]巫鸿．中国古代艺术与建筑中的“纪念碑性”[M]. 李清泉，郑岩，译．上海：上海人民出版社，2009.
[36] 盛洪飞．桥梁建筑美学[M]. 北京：人民交通出版社，2001.
[37] 滕家俊，沈平．现代桥梁建筑设计[M]. 北京：人民交通出版社，2008.
[38] 陈艾荣，盛勇，钱锋．桥梁造型[M]. 北京：人民交通出版社，2005.

[39] 高宗余，张强，龙涛．桥梁的人文内涵[J]．桥梁建设，2006(5)：44－47.
[40] 牛润明，张耀辉．桥梁设计的美学考虑[J]．东北公路，2003，26(1)：90－92.
[41] 杨士金，唐虎翔．景观桥梁设计[M]．上海：同济大学出版社，2003.
[42] 张阳．公路景观学[M]．北京：中国建材工业出版社，2004.
[43] 樊凡．桥梁美学[M]．北京：人民交通出版社，1987.
[44] 姚玲森．桥梁工程[M]．北京：人民交通出版社，1995.
[45] 俞孔坚，李迪华．景观设计：专业学科与教育[M]．北京：中国建筑工业出版社，2003.
[46] 刘滨谊．景观规划设计三元论——寻求中国景观规划设计发展创新的基点[J]．新建筑，2001，(5)：1－3.
[47] 尚玉昌．生态学概论[M]．北京：北京大学出版社，2003.
[48] 杨淑秋，李炳发．道路系统绿化美化[M]．北京：中国林业出版社，2003.
[49] 董俊．基于人文艺术视角的景观桥梁设计研究[J]．交通世界(建养·机械)，2011，(4)：228－229.
[50] 杨德灿，张先蓉．桥梁美学的价值需求与体现[J]．中外公路，2004，(1)：36－38.
[51] 万敏，周倜，吴新华．桥梁景观的创作与思考[J]．新建筑，2004，(2)：72－74.
[52] 龙翔．桥梁的景观设计[J]．公路交通技术，2004，10(5)：73－74.
[53] 唐寰澄．桥梁美的哲学[M]．北京：中国铁道出版社，2000.
[54] 沈福煦．建筑美学[M]．北京：中国建筑工业出版社，2007.
[55] 徐风云，陈德荣．桥梁审美原理[M]．北京：人民交通出版社，2007.
[56] [英]马修·韦尔斯．世界著名桥梁设计[M]．张慧，黎楠，译．北京：中国建筑工业出版社，2003.
[57] [英]马丁·皮尔斯，理查德·乔布森．桥梁建筑[M]．吴静姝，王荣武，译．大连：大连理工大学出版社，2003.
[58] 苏松源．世界桥梁瑰宝[M]．北京：人民交通出版社，2010.
[59] 贾军政．世界百桥掠影[M]．北京：人民交通出版社，2011.
[60] 鲍家声．现代图书馆建筑设计[M]．北京：中国建筑工业出版社，2002.
[61] 周进良．城市图书馆建筑研究[M]．北京：中国水利水电出版社，2013.
[62] 孙澄．当代图书馆建筑创作[M]．北京：中国建筑工业出版社，2012.
[63] 顾建新．图书馆建筑的发展：多元生态和谐[M]．南京：东南大学出版社，2012.
[64] [古罗马]维特鲁威．建筑十书[M]．陈平，译．北京：北京大学出版社，2012.
[65] [西]弗朗西斯科·埃森西奥．公共建筑[M]．万小梅，译．北京：中国建筑工业出版社，2003.
[66]《读点经典》编委会．读点经典：世界最美的建筑[M]．南京：凤凰出版社，2012.
[67] 万明坤，程庆国，项海帆，等．桥梁漫笔[M]．北京：中国铁道出版社，1997.
[68] 周先雁，王解军．桥梁工程[M]．北京：北京大学出版社，2008.

北京大学出版社土木建筑系列教材(已出版)

序号	书名	主编	定价	序号	书名	主编	定价
1	建筑设备(第2版)	刘源全　张国军	46.00	50	土木工程施工	石海均　马　哲	40.00
2	土木工程测量(第2版)	陈久强　刘文生	40.00	51	土木工程制图	张会平	34.00
3	土木工程材料(第2版)	柯国军	45.00	52	土木工程制图习题集	张会平	22.00
4	土木工程计算机绘图	袁　果　张渝生	28.00	53	土木工程材料(第2版)	王春阳	50.00
5	工程地质(第2版)	何培玲　张　婷	26.00	54	结构抗震设计	祝英杰	30.00
6	建设工程监理概论(第3版)	巩天真　张泽平	40.00	55	土木工程专业英语	霍俊芳　姜丽云	35.00
7	工程经济学(第2版)	冯为民　付晓灵	42.00	56	混凝土结构设计原理(第2版)	邵永健	52.00
8	工程项目管理(第2版)	仲景冰　王红兵	45.00	57	土木工程计量与计价	王翠琴　李春燕	35.00
9	工程造价管理	车春鹂　杜春艳	24.00	58	房地产开发与管理	刘　薇	38.00
10	工程招标投标管理(第2版)	刘昌明	30.00	59	土力学	高向阳	32.00
11	工程合同管理	方　俊　胡向真	23.00	60	建筑表现技法	冯　柯	42.00
12	建筑工程施工组织与管理(第2版)	余群舟　宋会莲	31.00	61	工程招投标与合同管理	吴　芳　冯　宁	39.00
13	建设法规(第2版)	肖　铭　潘安平	32.00	62	工程施工组织	周国恩	28.00
14	建设项目评估	王　华	35.00	63	建筑力学	邹建奇	34.00
15	工程量清单的编制与投标报价	刘富勤　陈德方	25.00	64	土力学学习指导与考题精解	高向阳	26.00
16	土木工程概预算与投标报价(第2版)	刘　薇　叶　良	37.00	65	建筑概论	钱　坤	28.00
17	室内装饰工程预算	陈祖建	30.00	66	岩石力学	高　玮	35.00
18	力学与结构	徐吉恩　唐小弟	42.00	67	交通工程学	李　杰　王　富	39.00
19	理论力学(第2版)	张俊彦　赵荣国	40.00	68	房地产策划	王直民	42.00
20	材料力学	金康宁　谢群丹	27.00	69	中国传统建筑构造	李合群	35.00
21	结构力学简明教程	张系斌	20.00	70	房地产开发	石海均　王　宏	34.00
22	流体力学(第2版)	章宝华	25.00	71	室内设计原理	冯　柯	28.00
23	弹性力学	薛　强	22.00	72	建筑结构优化及应用	朱杰江	30.00
24	工程力学(第2版)	罗迎社　喻小明	39.00	73	高层与大跨建筑结构施工	王绍君	45.00
25	土力学(第2版)	肖仁成　俞　晓	25.00	74	工程造价管理	周国恩	42.00
26	基础工程	王协群　章宝华	32.00	75	土建工程制图	张黎骅	29.00
27	有限单元法(第2版)	丁　科　殷水平	30.00	76	土建工程制图习题集	张黎骅	26.00
28	土木工程施工	邓寿昌　李晓目	42.00	77	材料力学	章宝华	36.00
29	房屋建筑学(第2版)	聂洪达　郄恩田	48.00	78	土力学教程	孟祥波	30.00
30	混凝土结构设计原理	许成祥　何培玲	28.00	79	土力学	曹卫平	34.00
31	混凝土结构设计	彭　刚　蔡江勇	28.00	80	土木工程项目管理	郑文新	41.00
32	钢结构设计原理	石建军　姜　袁	32.00	81	工程力学	王明斌　庞永平	37.00
33	结构抗震设计	马成松　苏　原	25.00	82	建筑工程造价	郑文新	39.00
34	高层建筑施工	张厚先　陈德方	32.00	83	土力学(中英双语)	郎煜华	38.00
35	高层建筑结构设计	张仲先　王海波	23.00	84	土木建筑 CAD 实用教程	王文达	30.00
36	工程事故分析与工程安全(第2版)	谢征勋　罗　章	38.00	85	工程管理概论	郑文新　李献涛	26.00
37	砌体结构(第2版)	何培玲　尹维新	26.00	86	景观设计	陈玲玲	49.00
38	荷载与结构设计方法(第2版)	许成祥　何培玲	30.00	87	色彩景观基础教程	阮正仪	42.00
39	工程结构检测	周　详　刘益虹	20.00	88	工程力学	杨云芳	42.00
40	土木工程课程设计指南	许　明　孟茁超	25.00	89	工程设计软件应用	孙香红	39.00
41	桥梁工程(第2版)	周先雁　王解军	37.00	90	城市轨道交通工程建设风险与保险	吴宏建　刘宽亮	75.00
42	房屋建筑学(上：民用建筑)	钱　坤　王若竹	32.00	91	混凝土结构设计原理	熊丹安	32.00
43	房屋建筑学(下：工业建筑)	钱　坤　吴　歌	26.00	92	城市详细规划原理与设计方法	姜　云	36.00
44	工程管理专业英语	王竹芳	24.00	93	工程经济学	都沁军	42.00
45	建筑结构 CAD 教程	崔钦淑	36.00	94	结构力学	边亚东	42.00
46	建设工程招投标与合同管理实务	崔东红	38.00	95	房地产估价	沈良峰	45.00
47	工程地质（第2版）	倪宏革　周建波	30.00	96	土木工程结构试验	叶成杰	39.00
48	工程经济学	张厚钧	36.00	97	土木工程概论	邓友生	34.00
49	工程财务管理	张学英	38.00	98	工程项目管理	邓铁军　杨亚频	48.00

序号	书名	主编	定价	序号	书名	主编	定价
99	误差理论与测量平差基础	胡圣武　肖本林	37.00	123	房屋建筑学	宿晓萍　隋艳娥	43.00
100	房地产估价理论与实务	李　龙	36.00	124	建筑工程计量与计价	张叶田	50.00
101	混凝土结构设计	熊丹安	37.00	125	工程力学	杨民献	50.00
102	钢结构设计原理	胡习兵	30.00	126	建筑工程管理专业英语	杨云会	36.00
103	钢结构设计	胡习兵　张再华	42.00	127	土木工程地质	陈文昭	32.00
104	土木工程材料	赵志曼	39.00	128	暖通空调节能运行	余晓平	30.00
105	工程项目投资控制	曲　娜　陈顺良	32.00	129	土工试验原理与操作	高向阳	25.00
106	建设项目评估	黄明知　尚华艳	38.00	130	理论力学	欧阳辉	48.00
107	结构力学实用教程	常伏德	47.00	131	土木工程材料习题与学习指导	鄢朝勇	35.00
108	道路勘测设计	刘文生	43.00	132	建筑构造原理与设计(上册)	陈玲玲	34.00
109	大跨桥梁	王解军　周先雁	30.00	133	城市生态与城市环境保护	梁彦兰　阎　利	36.00
110	工程爆破	段宝福	42.00	134	房地产法规	潘安平	45.00
111	地基处理	刘起霞	45.00	135	水泵与水泵站	张　伟　周书葵	35.00
112	水分析化学	宋吉娜	42.00	136	建筑工程施工	叶　良	55.00
113	基础工程	曹　云	43.00	137	建筑学导论	裘　鞠　常　悦	32.00
114	建筑结构抗震分析与设计	裴星洙	35.00	138	工程项目管理	王　华	42.00
115	建筑工程安全管理与技术	高向阳	40.00	139	园林工程计量与计价	温日琨　舒美英	45.00
116	土木工程施工与管理	李华锋　徐　芸	65.00	140	城市与区域规划实用模型	郭志恭	45.00
117	土木工程试验	王吉民	34.00	141	特殊土地基处理	刘起霞	50.00
118	土质学与土力学	刘红军	36.00	142	建筑节能概论	余晓平	34.00
119	建筑工程施工组织与概预算	钟吉湘	52.00	143	中国文物建筑保护及修复工程学	郭志恭	45.00
120	房地产测量	魏德宏	28.00	144	建筑电气	李　云	45.00
121	土力学	贾彩虹	38.00	145	建筑美学	邓友生	36.00
122	交通工程基础	王富	24.00				

相关教学资源如电子课件、电子教材、习题答案等可以登录 www.pup6.cn 下载或在线阅读。

扑六知识网(www.pup6.com)有海量的相关教学资源和电子教材供阅读及下载(包括北京大学出版社第六事业部的相关资源)，同时欢迎您将教学课件、视频、教案、素材、习题、试卷、辅导材料、课改成果、设计作品、论文等教学资源上传到 pup6.com，与全国高校师生分享您的教学成就与经验，并可自由设定价格，知识也能创造财富。具体情况请登录网站查询。

如您需要免费纸质样书用于教学，欢迎登录第六事业部门户网(www.pup6.com.cn)填表申请，并欢迎在线登记选题以到北京大学出版社来出版您的大作，也可下载相关表格填写后发到我们的邮箱，我们将及时与您取得联系并做好全方位的服务。

扑六知识网将打造成全国最大的教育资源共享平台，欢迎您的加入——让知识有价值，让教学无界限，让学习更轻松。

联系方式：010-62750667，donglu2004@163.com，linzhangbo@126.com，欢迎来电来信咨询。